Python程序设计基础与实训

（微课版）

朱荣 主编

吴俊华 尚军亮 赵景秀 王永 郭迎 焦春燕 副主编

清華大學出版社

北 京

内容简介

本书作为Python程序设计的入门教程，通过大量实例深入浅出地介绍了Python的相关常用基础知识。本书共分为11章，包括配置Python编程环境，变量、常量、数据类型与运算符，Python序列类型，最简单的Python语言程序——顺序结构，Python分支结构程序设计，Python循环结构程序设计，函数，模块，类的定义与使用，Python文件操作与Python绘图基础等内容。本书以知识内容为主线，以学生发展为中心，围绕实训项目递进式设计内容，全面提升学生的编程能力，解决学生在Python程序设计基础课中"学不会写程序"的通病。除了每一章都有相应的基础实训项目外，本书还设计了一个贯穿全书的增量式实训项目"简易的学生管理系统"。

本书可以作为高等院校相关专业的Python入门基础教材，也可以作为自学Python基础知识的读者的参考书。

图书在版编目(CIP)数据

Python程序设计基础与实训：微课版/朱荣主编. —北京：清华大学出版社，2023.6(2025.1重印)
ISBN 978-7-302-63292-4

Ⅰ. ①P… Ⅱ. ①朱… Ⅲ. ①软件工具－程序设计 Ⅳ. ①TP311.561

中国国家版本馆CIP数据核字(2023)第059315号

责任编辑：郭丽娜
封面设计：曹　来
责任校对：袁　芳
责任印制：宋　林

出版发行：清华大学出版社
网　　址：https://www.tup.com.cn，https://www.wqxuetang.com
地　　址：北京清华大学学研大厦A座　　**邮　　编**：100084
社 总 机：010-83470000　　**邮　　购**：010-62786544
投稿与读者服务：010-62776969，c-service@tup.tsinghua.edu.cn
质量反馈：010-62772015，zhiliang@tup.tsinghua.edu.cn
课件下载：https://www.tup.com.cn，010-83470410
印 装 者：三河市君旺印务有限公司
经　　销：全国新华书店
开　　本：185mm×260mm　　**印　　张**：17.25　　**字　　数**：417千字
版　　次：2023年6月第1版　　**印　　次**：2025年1月第2次印刷
定　　价：59.00元

产品编号：099805-01

前言

近年来，作为程序设计入门语言，Python语言不再仅面向计算机专业学生开设，大部分高校也已经在非计算机专业开设了相应的Python语言程序设计公共基础课。相比传统的C语言程序设计，Python更加简洁、清晰，易于理解。此外，Python还具有大量开源的第三方库，为学生后续在各领域的应用提供了有力的支持。

应用型人才的培养目标是培养学生学以致用的能力，即能够真正掌握所学知识，并能真正地运用所学知识去解决实际问题。而对程序设计课程来说，最终的教学目标是培养学生的动手编程能力，能够利用所学的程序设计语言进行编程开发与设计。

本书以程序实例为导向，理论与实践相结合，循序渐进地讲解了Python程序设计与开发的各项基础知识。通过本书的学习，学生能够理解Python的编程模式，熟练运用Python内置函数与运算符，掌握列表、元组、字典、集合等序列类型的基础用法，熟练掌握Python分支结构、循环结构、函数设计以及类的设计与使用，掌握numpy模块、pandas模块及matplotlib模块的基础用法。本书针对初学者的特点，以应用实践为目标，设计每一章节的语法知识内容与相应的实训项目，通过实训项目中的任务驱动，有效提升学生的编程实践能力。

本书在内容的选择和深度的把握上都充分考虑了初学者的特点，结合编者多年的教学经验进行编写。本书除了每一章都有相应的基础实训项目外，在第6章中还设计了一个贯穿全书的增量式实训项目“简易的学生管理系统”。“简易的学生管理系统”实训项目的系统功能包括添加学生信息、删除学生信息、修改学生信息、查询学生信息、显示学生信息和退出系统六个部分，具体要求：①每一个功能对应一个序号，由用户从键盘输入选择；②使用字典保存每个学生的信息，包括学生的学号、姓名及年龄；③使用列表保存所有学生的信息；④使用无限循环保证程序一直能接收用户从键盘输入的信息，在循环中根据用户输入的选择进行不同的操作，使用分支结构实现控制区分不同编号所对应的不同功能；⑤在循环中使用break控制何时结束循环。该实训项目涉及的知识点设计如下图所示。

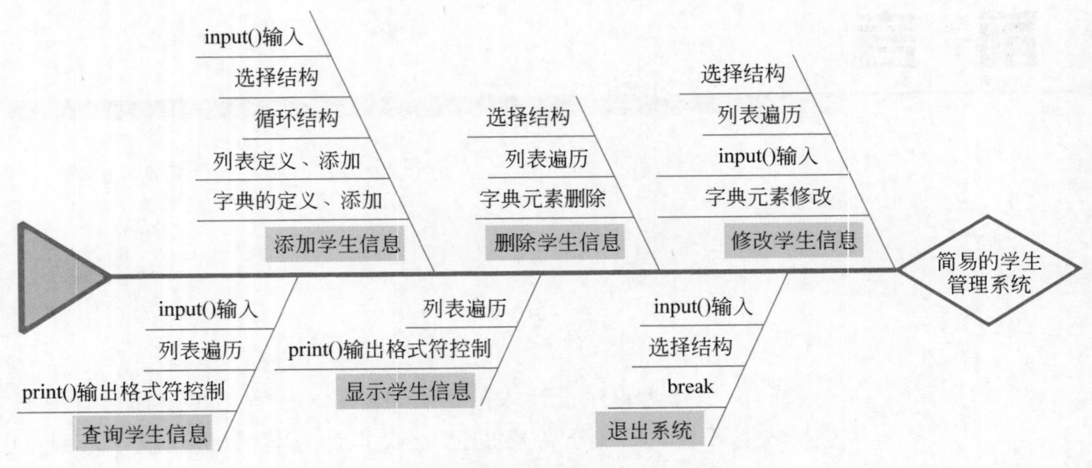

简易的学生管理系统知识点设计

该实训项目的目的是使学生真正理解列表、字典、选择结构及循环结构等知识点的应用方法。

针对该实训项目，本书在第 7 章中要求利用函数的思想改写该实训项目程序代码，将每个功能定义为一个函数，然后在主函数中调用各个功能函数，使学生真正理解函数的定义及调用方法；在第 8 章中要求利用模块的思想改写该实训项目程序代码，使学生真正理解模块的自定义及使用方法；在第 9 章中要求将相关功能函数的定义封装到一个类里，利用类的方法调用实现对实训项目程序代码的改写，使学生真正理解类的定义、类的属性和类的方法的使用方法；在第 10 章中要求将学生信息存储到文本文件中，使用时打开文件调用学生信息，新增或修改学生信息后要保存到同一个文本文件中，利用文件的知识改写实训项目程序代码，使学生真正理解文件打开、读写等相关操作。

通过这个贯穿始终的综合案例进行实训练习，循序渐进地安排相关教学内容，能够有效地提升学生的实践编程能力、解决复杂问题与创新能力。

本书在认真学习党的二十大精神的基础上，结合 Python 课程特点，充分挖掘课程思政元素，并将其潜移默化地融入一些课程实例中，在教材中落实党的二十大精神，充分发挥教材的铸魂育人功能。

本书除在相应实践部分增加微课，还提供了全套的配套教学课件、实例源代码及每章的课后习题参考答案，可登录清华大学出版社官方网站进行下载。

在本书的编写过程中得到学院领导和许多同人的指导与帮助，感谢所有参与书稿编写的老师。本书主要编写人员有朱荣、吴俊华、尚军亮、赵景秀、王永、郭迎、焦春燕等。

在本书的编写过程中，编者参考了大量文献，在此对文献作者表示感谢。尽管我们尽了最大努力，但仍难免有不妥之处，真诚地希望专家及读者朋友提出宝贵意见，我们将不胜感激。

编　者

2023 年 2 月

目录

第1章 配置Python编程环境

Python 语言是一种跨平台的、完全面向对象的高级语言。因为 Python 语言是一种解释型的脚本编程语言，所以用 Python 语言编写开发的程序不需要事先编译成二进制代码，就可以直接从源代码运行程序。Python 语言的特点是面向对象、语法简单、易学易用、免费开源、可移植性好、库函数丰富。Python 自问世以来，主要经历了三个版本的变迁，目前主要使用的是 Python 3.x 版本。

1.1 Windows 系统下安装 Python 的步骤

在网上可以下载各种版本的 Python 安装软件。这里下载了 Python-3.10.5-amd64.exe 安装程序，以 Python 3.10.5 为例演示如何安装 Python 软件。安装 Python 3.10.5 软件的操作步骤如下。

(1) 双击 Python-3.10.5-amd64.exe 文件，启动 Python 安装程序向导，如图 1-1 所示。

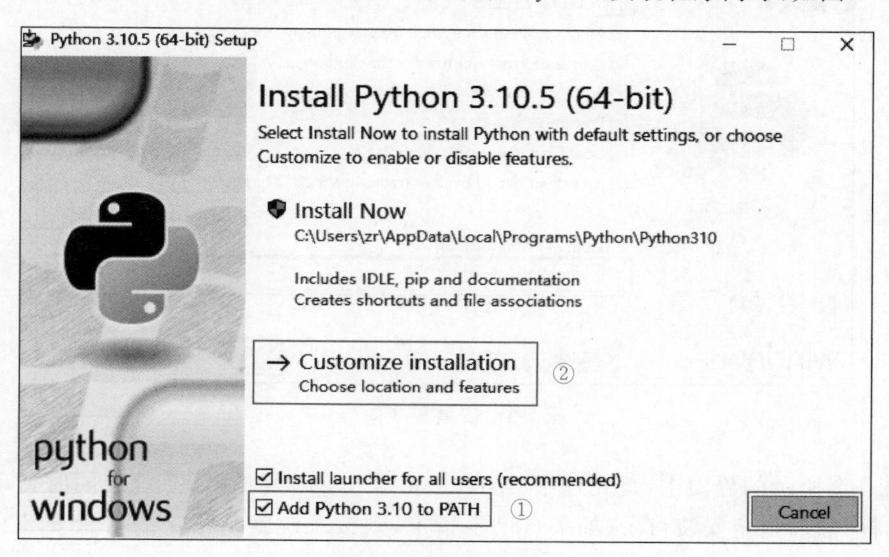

图 1-1 安装程序向导 1

Python 安装过程演示

如图 1-1 所示，首先选中 Add Python 3.10 to PATH 复选框，可以将 Python 环境的安装路径自动添加到 Windows 环境变量的路径中；然后单击 Customize installation 按钮，继续下面的安装步骤。在安装过程中建议采用自定义安装，把 Python 环境安装到个人指定的目录里，以便查找文件。

(2) 在图 1-2 所示的界面中不做任何修改,直接使用默认选项,单击 Next 按钮。

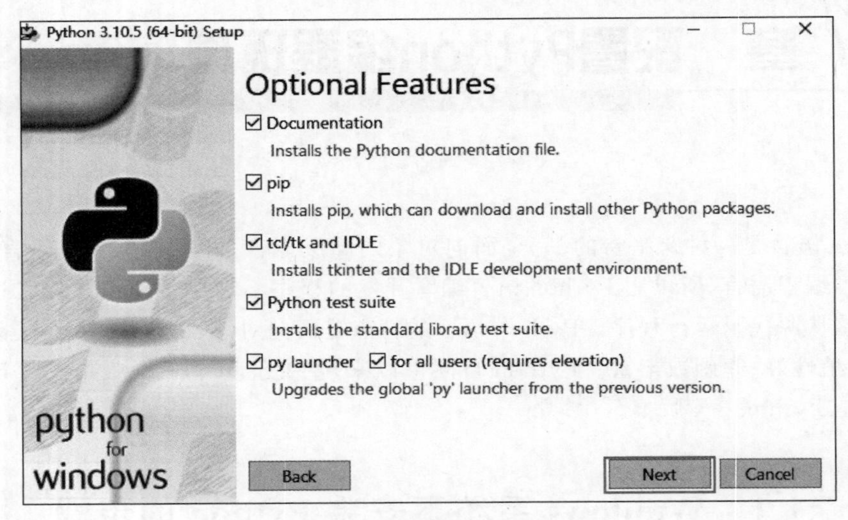

图 1-2　安装程序向导 2

(3) 在图 1-3 所示的安装向导界面中选择自定义目录及相关选项。

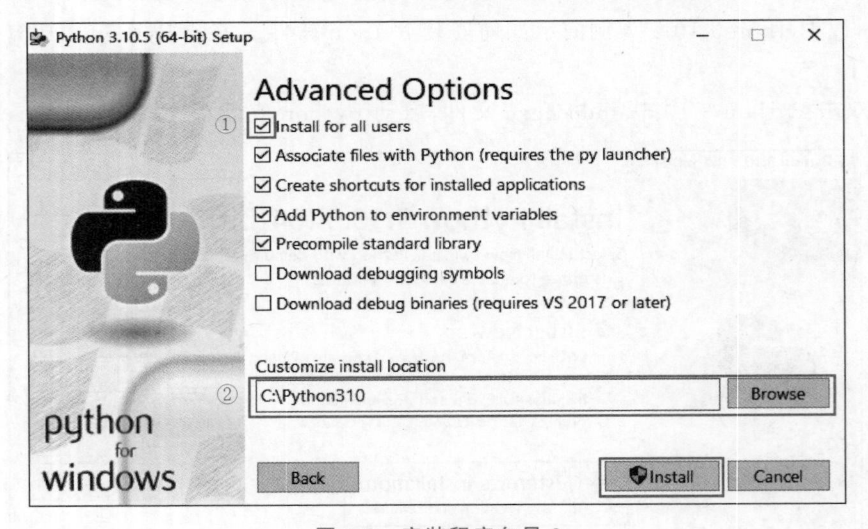

图 1-3　安装程序向导 3

在图 1-3 所示的界面中,首先选中 Install for all users 复选框,系统会同时自动选中第 5 个复选框;然后指定安装目录(如果自己不指定,则按系统默认指定的目录安装);最后单击 Install 按钮进行安装,这时出现安装进度界面(见图 1-4)。

(4) 安装完成后出现如图 1-5 所示的界面。

在图 1-5 所示的界面中单击 Close 按钮,完成整个 Python 环境的安装。

(5) 测试 Python 安装环境。在 Windows 操作系统的“运行”对话框中输入 cmd 命令(见图 1-6),打开 Windows 命令行程序窗口。

在命令行程序窗口中输入 python 命令,按回车键,出现如图 1-7 所示的界面。

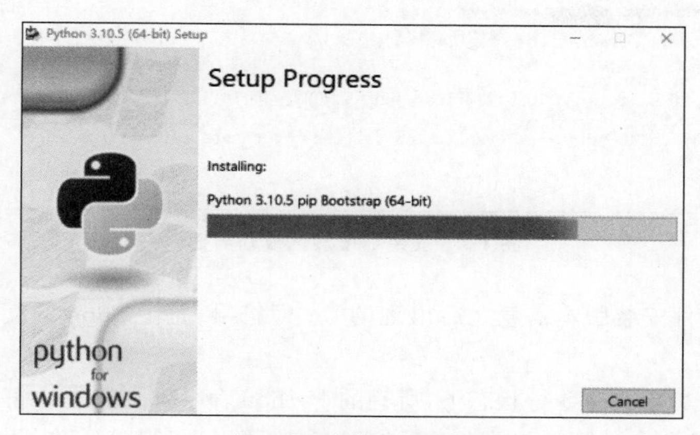

图 1-4　安装进度界面

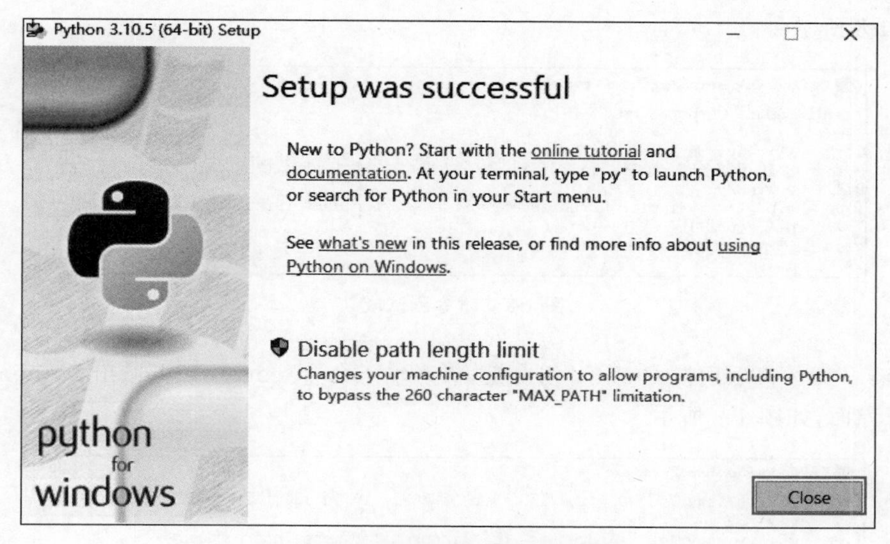

图 1-5　Python 安装完成界面

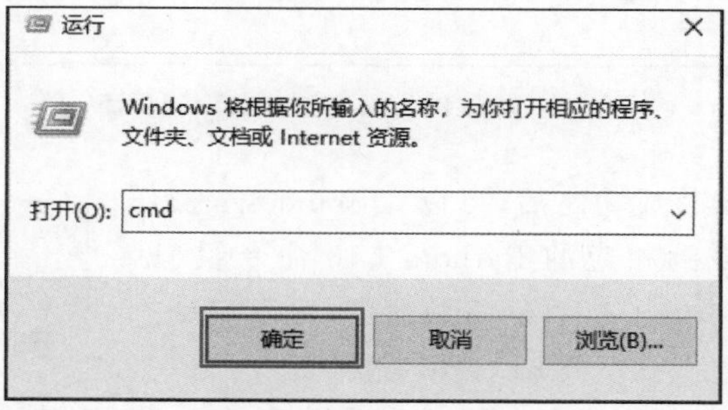

运行
Windows 将根据你所输入的名称，为你打开相应的程序、文件夹、文档或 Internet 资源。
打开(O): cmd
确定　取消　浏览(B)...

图 1-6　运行 cmd 命令

如果 Python 软件安装成功，在图 1-7 所示的界面中会出现当前计算机中已经安装的 Python 环境的版本信息，可以看到当前计算机上安装的 Python 版本为 Python 3.10.5。

```
C:\Windows\system32\cmd.exe - python
(c) Microsoft Corporation。保留所有权利。

C:\Users\zr>python
Python 3.10.5 (tags/v3.10.5:f377153, Jun  6 2022, 16:14:13) [MSC v.1929 64 bit (AMD64)] on win32
Type "help", "copyright", "credits" or "license" for more information.
>>>
```

图 1-7　安装环境测试成功界面

在 Python 软件安装版本信息之后出现的“>>>”符号，是 Python 的交互式命令行状态提示符。

在 Python 的交互式命令行状态下，所有的 Python 命令都要在提示符“>>>”后输入，但每次只能输入一条命令。输入相关命令后按回车键，可以看到其运行结果。

例如，在“>>>”提示符后面输入 print("good!")命令，可以在下方显示运行该语句的结果，如图 1-8 所示。

```
C:\Windows\system32\cmd.exe - python
(c) Microsoft Corporation。保留所有权利。

C:\Users\zr>python
Python 3.10.5 (tags/v3.10.5:f377153, Jun  6 2022, 16:14:13) [MSC v.1929 64 bit (AMD64)] on win32
Type "help", "copyright", "credits" or "license" for more information.
>>> print("good!")
good!
>>>
```

图 1-8　命令测试成功

在“>>>”提示符后面按 Ctrl+Z 组合键，或者输入命令 exit()，可以退出 Python 的交互式命令行界面，如图 1-9 所示。

```
C:\Windows\system32\cmd.exe
Python 3.10.5 (tags/v3.10.5:f377153, Jun  6 2022, 16:14:13) [MSC v.1929 64 bit (AMD64)] on win32
Type "help", "copyright", "credits" or "license" for more information.
>>> print("good!")
good!
>>> ^Z


C:\Users\zr>
```

图 1-9　退出 Python 交互式命令行界面

Python 语言环境安装成功之后，可以在 Windows 操作系统的“开始”菜单中找到相应的 Python 3.10 命令组(见图 1-10)，选择 IDLE(Python 3.10 64-bit)命令，可以启动一个简单的 Python 编辑工具——IDLE 编辑器。

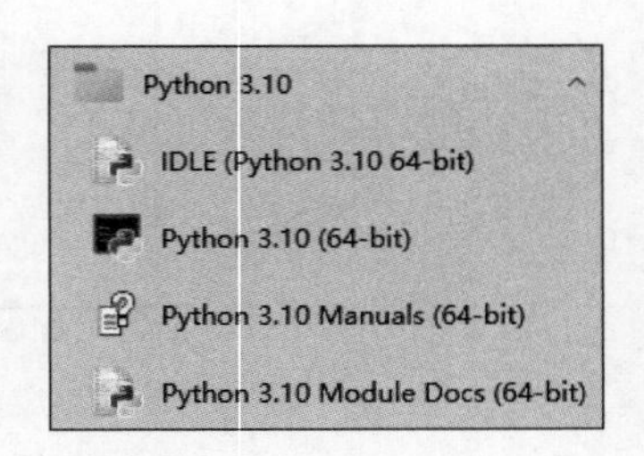

图 1-10　Python 3.10 命令组

在 IDLE 编辑器中可以使用命令行方式运行 Python 语言程序命令。例如，在 IDLE Shell 3.10.5 窗口中的“>>>”提示符后面输入 print("good!")代码，可以看到下方显示出运行该语句的结果，如图 1-11 所示。

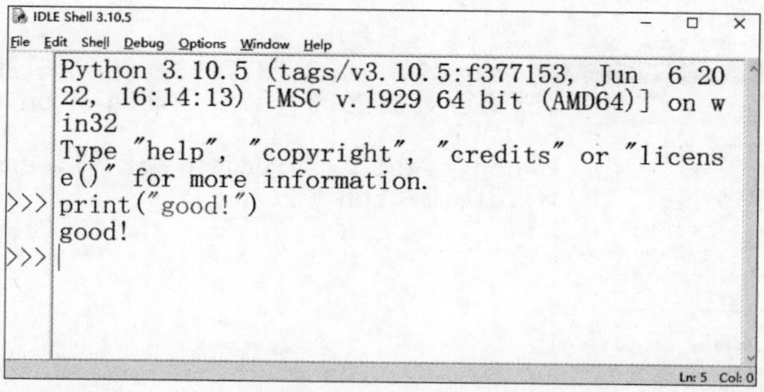

```
IDLE Shell 3.10.5
File Edit Shell Debug Options Window Help
Python 3.10.5 (tags/v3.10.5:f377153, Jun  6 20
22, 16:14:13) [MSC v.1929 64 bit (AMD64)] on w
in32
Type "help", "copyright", "credits" or "licens
e()" for more information.
>>> print("good!")
good!
>>>
Ln: 5  Col: 0
```

图 1-11　IDLE 编辑器中以命令行方式运行 Python 代码

1.2　简单的 Python 语言程序介绍

在 IDLE 编辑器中使用命令行交互的方式运行 Python 语言代码时，一次只能运行一条命令，但很多实际问题不是一句代码能解决的，所以在使用 Python 语言进行程序设计时通常会使用程序运行方式。使用程序运行方式可以将多句 Python 语言代码同时运行，查看最终的运行结果。最简单的 IDLE 编辑器中也具有编写 Python 语言程序文件的功能。下面通过实例演示在 IDLE 编辑器中编写 Python 语言程序的一般过程。

【例 1-1】　在 IDLE 中实现一个最简单的减法运算 Python 语言程序。

（1）依次选择“开始”→Python 3.10→IDLE(Python 3.10 64-bit)命令，打开 IDLE 编辑器，如图 1-12 所示。

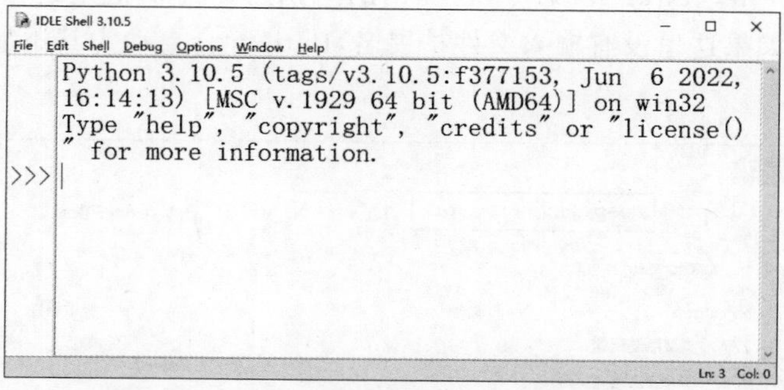

例 1-1 演示

```
IDLE Shell 3.10.5
File Edit Shell Debug Options Window Help
Python 3.10.5 (tags/v3.10.5:f377153, Jun  6 2022,
16:14:13) [MSC v.1929 64 bit (AMD64)] on win32
Type "help", "copyright", "credits" or "license()
" for more information.
>>>
Ln: 3  Col: 0
```

图 1-12　IDLE 编辑器命令行方式界面

（2）在 IDLE 编辑器中，依次选择 File→New File 命令（见图 1-13），新建一个空白程序编辑界面，如图 1-14 所示。

（3）在 Python 语言程序编辑界面中输入如下所示的程序代码。

```
x=8
y=3
z=x-y
print(z)
```

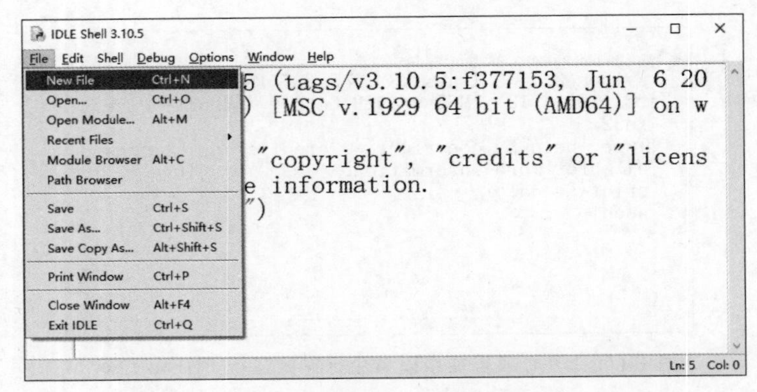

图 1-13 选择 New File 命令

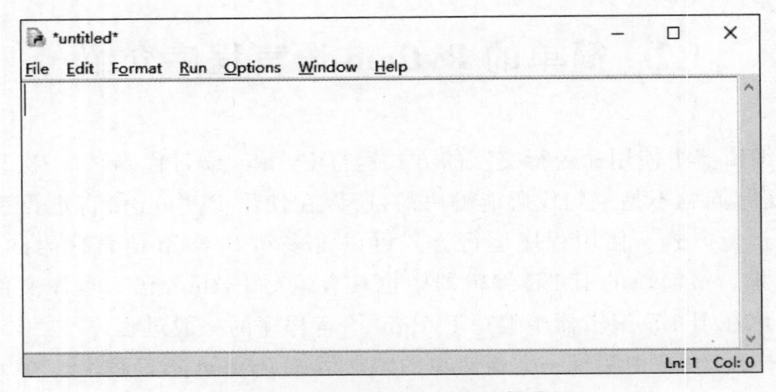

图 1-14 新建的空白程序编辑界面

(4) 依次选择 File→Save As 命令,在弹出的"另存为"对话框中选择要保存的目录,并输入文件名 li1_1(如果这里没有输入文件扩展名,Python 会自动为其添加.py),单击"保存"按钮,如图 1-15 所示。

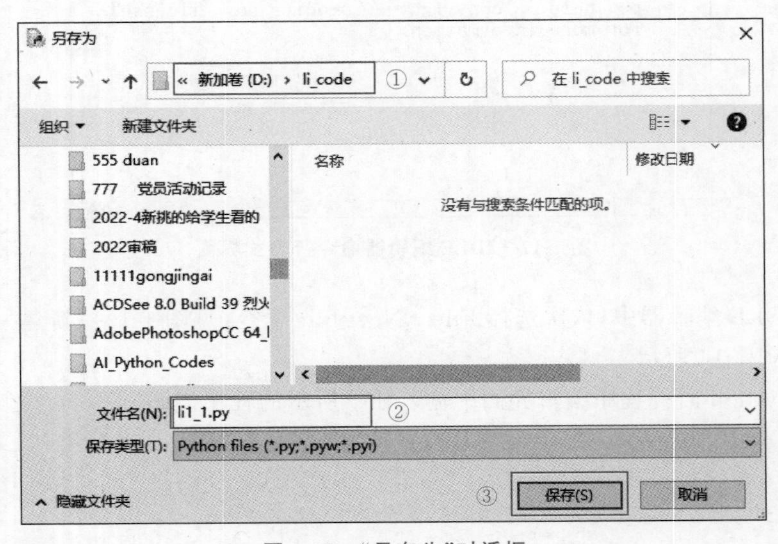

图 1-15 "另存为"对话框

（5）依次选择 Run→Run Module 命令（见图 1-16），或者按功能键 F5，运行此程序并显示运行的结果为 5，如图 1-17 所示。

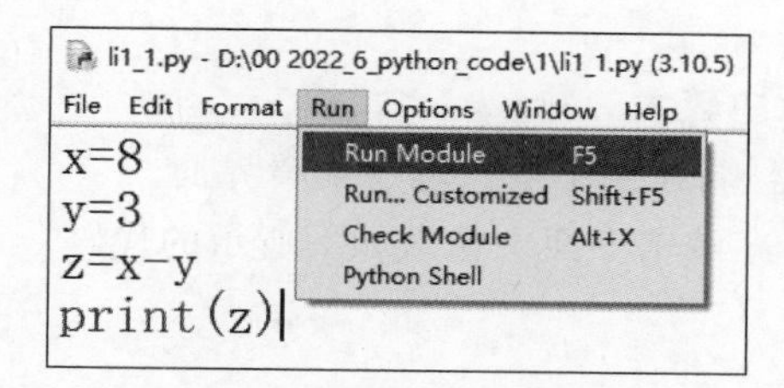

图 1-16　选择 Run Module 命令

```
IDLE Shell 3.10.5
File Edit Shell Debug Options Window Help
Python 3.10.5 (tags/v3.10.5:f377153, Jun  6 2022, 16:14:13
) [MSC v.1929 64 bit (AMD64)] on win32
Type "help", "copyright", "credits" or "license()" for mor
e information.
>>>
======================== RESTART: D:/li_code/li1_1.py ===
======================
5
>>>
Ln: 6  Col: 0
```

图 1-17　程序 li1_1.py 运行结果

代码解析：

（1）第 1 行代码的作用是定义变量 x 并赋值为 8。

（2）第 2 行代码的作用是定义变量 y 并赋值为 3。

（3）第 3 行代码的作用是定义变量 z 并赋值为变量 x 与变量 y 的差。

（4）第 4 行代码的作用是输出变量 z 的值，即变量 x 与变量 y 的差。

在 Python 语言程序设计中，大小写是严格区分的，如大写 A 和小写 a 被认为是两个不同的变量名（见图 1-18）。变量名用大写 A 和小写 a 都可以，通常用小写字母表示。

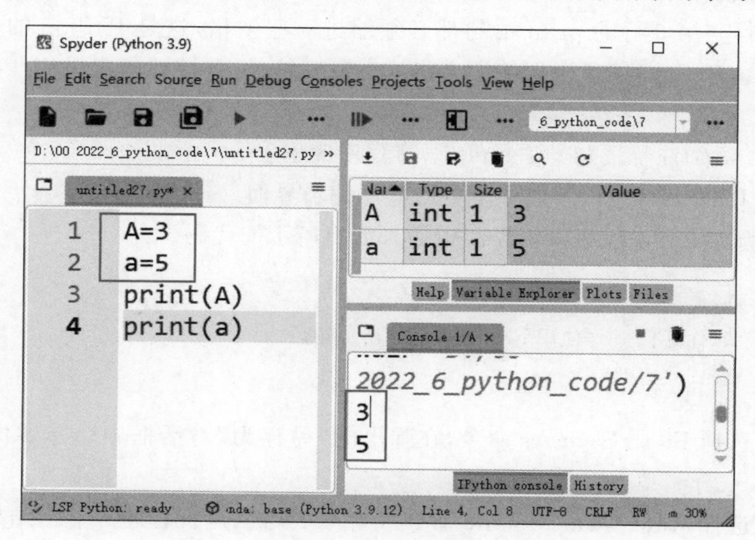

图 1-18　Python 中大小写字母严格区分

在 Python 语言程序设计中,已经规定好的一些函数名在使用时一定要严格区分大小写。如例 1-1 中第 4 行代码的 print 函数,其全部字母都必须小写,只要有一个字母大写就会提示程序错误。

【例 1-2】 输出两个数中较大的数。

(1) 打开 IDLE 编辑器,新建一个空白程序编辑界面。

(2) 在 Python 语言程序编辑界面中输入如下所示的代码。

```
a=3
b=5
if a>b:
    print(a)
else:
    print(b)
```

(3) 依次选择 File→Save As 命令,在弹出的“另存为”对话框中选择要保存的目录,并输入文件名 li1_2.py,单击“保存”按钮。

(4) 依次选择 Run→Run Module 命令或者按 F5 键,运行程序并显示结果。

本程序的运行结果为:

```
5
```

代码解析:

(1) 第 1 行代码用于定义变量 a 并赋值为 3。

(2) 第 2 行代码用于定义变量 b 并赋值为 5。

(3) 第 3~6 行共 4 行代码是一个完整 Python 选择结构语句,首先判断变量 a 是否大于变量 b,如果 a>b,则输出结果为 a 的值,结束程序;否则跳过 if 的输出语句,执行 else 后的输出语句,输出结果为 b 的值。

(4) 第 4 行与第 6 行的 print 语句都必须缩进一些空格,这是 Python 的 if-else 选择结构的语法要求。Python 缩进可以使用空格或者制表符(Tab 键),通常采用 4 个空格作为一个缩进量。

【例 1-3】 添加注释语句的 **Python** 语言程序实例。

(1) 打开 IDLE 编辑器,新建一个空白程序编辑界面。

(2) 在 Python 语言程序编辑界面中输入如下所示的代码。

```
print("*************")
print("朱荣,你好!")  #使用 print 函数输出一句话
print("*************")
```

(3) 依次选择 File→Save As 命令,在弹出的“另存为”对话框中选择要保存的目录,并输入文件名 li1_3.py,单击“保存”按钮。

(4) 依次选择 Run→Run Module 命令或者按 F5 键,运行程序并显示结果。

本程序的运行结果如图 1-19 所示。

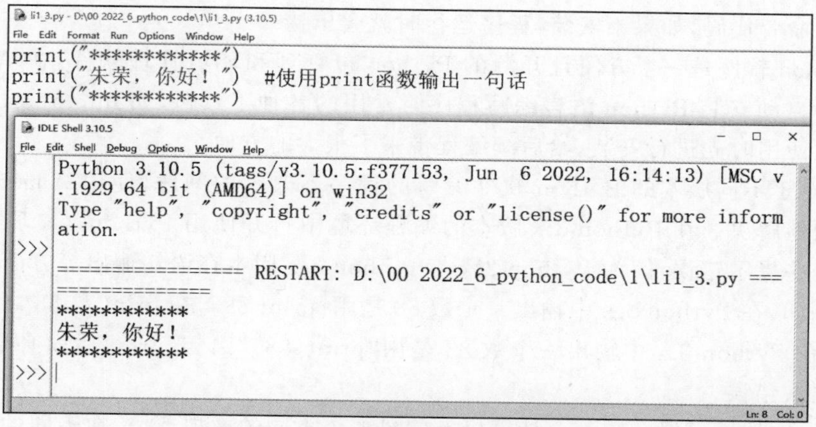

```
li1_3.py - D:\00 2022_6_python_code\1\li1_3.py (3.10.5)
File  Edit  Format  Run  Options  Window  Help
print("************")
print("朱荣，你好！")   #使用print函数输出一句话
print("************")
```

```
IDLE Shell 3.10.5
File  Edit  Shell  Debug  Options  Window  Help
Python 3.10.5 (tags/v3.10.5:f377153, Jun  6 2022, 16:14:13) [MSC v
.1929 64 bit (AMD64)] on win32
Type "help", "copyright", "credits" or "license()" for more inform
ation.
>>>
================== RESTART: D:\00 2022_6_python_code\1\li1_3.py ===
===============
************
朱荣，你好！
************
>>>
Ln: 8  Col: 0
```

图 1-19　例 1-3 的运行结果

代码解析：

（1）第 1 行代码使用 print 函数输出了 10 个“＊”。

（2）第 2 行代码输出了“朱荣，你好！”文字。

（3）第 3 行代码跟第 1 行代码完全一样，可以将第 1 行复制到第 3 行，再一次输出了 10 个“＊”。

在本程序中的第 2 行代码后面加了“#使用 print 函数输出一句话”。在 IDLE 编辑器中自动将这一句显示为红色。

在 Python 语言程序设计中，可以使用带“#”标记开头的语句作为这一行程序代码的注释语句。程序的注释语句不参与程序的运行，只是为了读程序进行提示的。一般当代码体量比较大、比较复杂时，写代码的人都不一定能记住每句代码的功能，通常会加一些注释语句，以便读程序时更容易理解。在英文半角输入状态下，按快捷键 Ctrl＋1 可以对当前行或选中的多行语句进行单行注释。

通过以上几个实例可以看到，在编写 Python 语言程序代码时要遵守一定的规则，归纳如下。

（1）Python 语言中是严格区分大小写的。

（2）Python 语言程序通常一行只写一句代码，不需要结束符。

（3）对于 Python 而言，缩进是格式要求，是必须有的，不是为了美化可有可无的。就像我们学英语时，英语句子需要遵守语法规则一样，Python 中也对相应的语句规定了语法规则，后面的学习中我们会逐渐了解各种语句的语法规则、缩进要求以及计算机是怎样执行的。

（4）在代码语句中用到的所有标点符号都必须是英文半角状态下输入的标点符号。

（5）可以使用“#”给 Python 语言程序的某一行添加注释，也可以用一对“"""”把某一段代码括起来添加多行注释，从而增加程序的可读性。

1.3　Anaconda 软件安装步骤

前面介绍了 Python 简单编程环境的安装。如果只安装 Python 3.10.5 软件，在后续编程过程中使用某些 Python 工具包时，需要单独安装相应工具包才能在 Python 语言程序中

使用相应的命令代码,如果不安装,程序运行时就会出错。

Anaconda 软件是一个方便且开源的 Python 包管理和环境管理软件,在 Anaconda 软件安装时会自动安装 Python 语言编写程序时常用的各种工具包,如 numpy、pandas 等,不需要在每次使用时先进行安装,给后续编程带来了很大的方便。

另外,对于不同版本的 Python 软件编写的程序不兼容的问题,使用 Anaconda 软件也可以很方便地解决。在 Python 3.x 版本的编程环境中打开使用 Python 2.x 环境编写的程序会出现一些提示错误,因为 Python 2.x 与 Python 3.x 版本在语句输出等方面有一定的语法区别。例如,在 Python 2.x 中输出一个数 88 是用“print 88”,在 print 与 88 之间加一个空格即可;而在 Python 3.x 中输出一个数 88 是用“print(88)”语句,print 后面必要加一对(),否则提示语法错误。

Anaconda 软件可以在同一台计算机上创建多个不同的虚拟环境,在不同的虚拟环境中安装不同版本的 Python 软件及其依赖的工具包,从而可以在同一台计算机上分别运行不同版本的 Python 语言程序。Anaconda 能够很方便地在不同的环境间进行切换,在不同的环境中运行不同版本编写的程序,能有效地解决不同版本软件编写的程序不兼容的问题。

在 Windows 系统下安装 Anaconda 的操作步骤如下所示。

(1) 下载 Anaconda 安装软件。Anaconda 的官方网站上提供了各种版本的 Anaconda 安装软件。网站首页上有一个最新版本的 Windows 下的 Anaconda 安装软件,如图 1-20 所示。

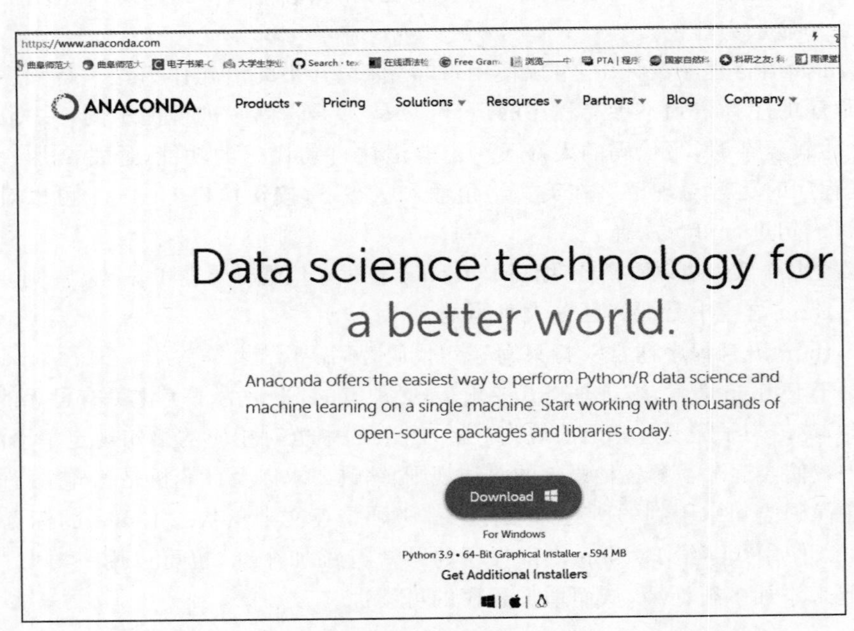

图 1-20 Anaconda 网站首页面

单击 Download 按钮出现如图 1-21 所示的“新建下载任务”界面,设置好保存位置,单击“下载”按钮把安装软件下载到本地磁盘。

下面以下载好的软件 Anaconda3-2022.05-Windows-x86_64.exe 为例,继续介绍 Anaconda 的安装过程。

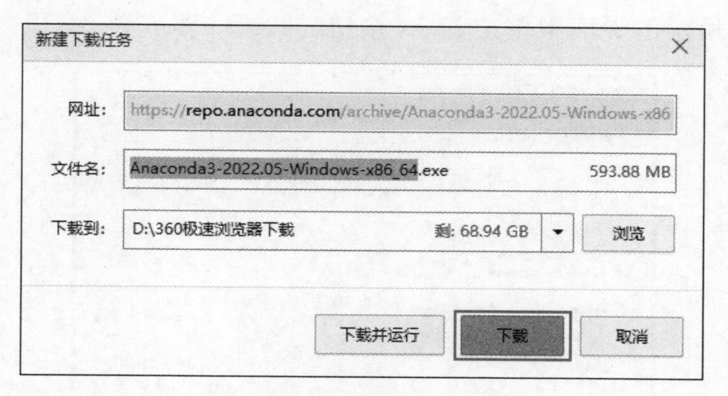

图 1-21 下载保存提示框

(2) 双击下载好的 Anaconda3-2022.05-Windows-x86_64.exe 文件,开始 Anaconda 软件的安装过程,在图 1-22 所示的界面中单击 Next 按钮继续下一步安装。

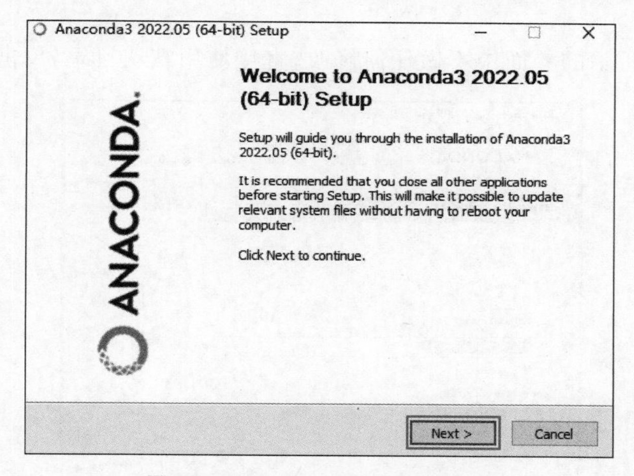

图 1-22 Anaconda 安装开始界面

(3) 在图 1-23 所示的界面中单击 I Agree 按钮继续后面的安装。

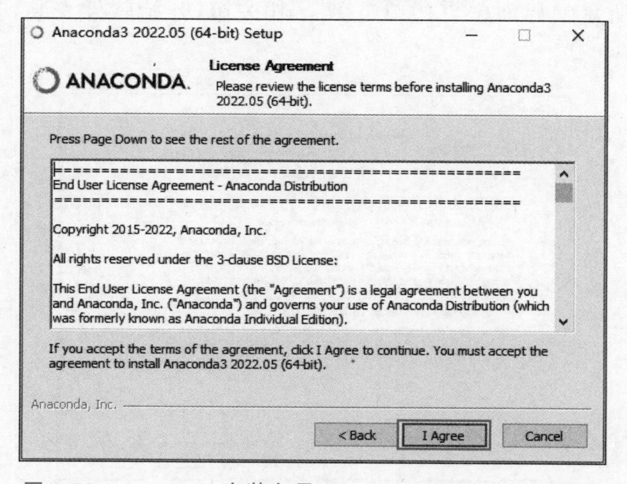

图 1-23 Anaconda 安装向导——License Agreement 界面

(4) 在图 1-24 所示的界面中单击 Next 按钮继续下一步安装。

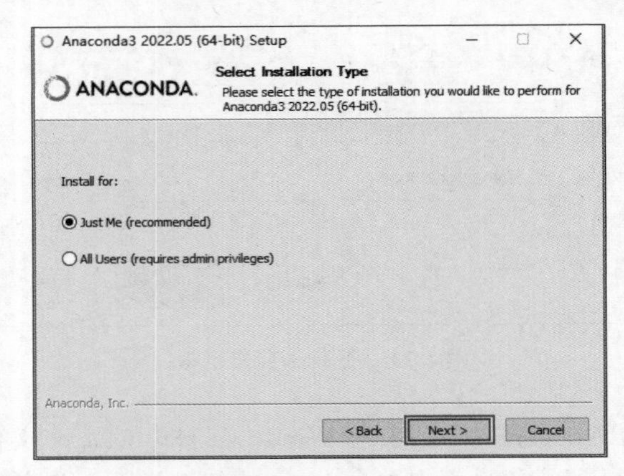

图 1-24 Anaconda 安装向导——Select Installation Type 界面

(5) 在图 1-25 所示的界面中不做任何修改,直接使用默认目录,单击 Next 按钮。

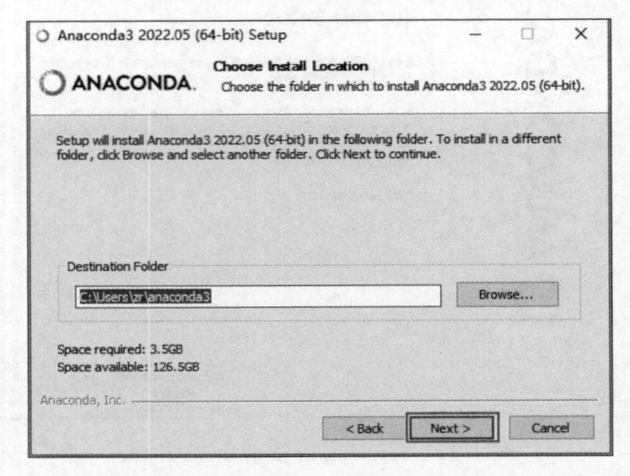

图 1-25 Anaconda 安装向导——Choose Install Location 界面

(6) 在图 1-26 所示的界面中直接单击 Install 按钮,开始软件安装,显示如图 1-27 所示的安装进度条。

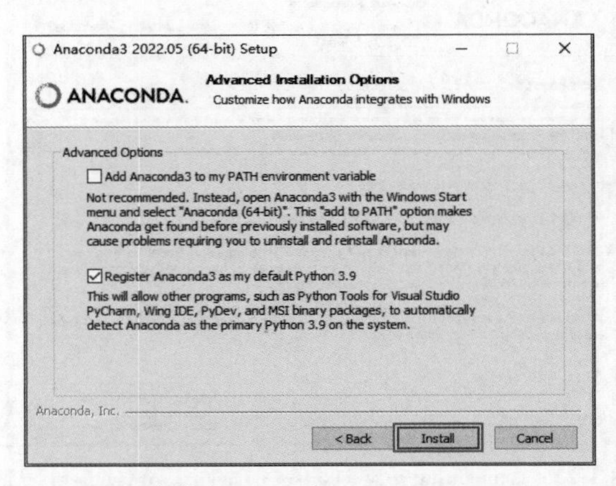

图 1-26 Anaconda 安装向导——Advanced Installation Options 界面

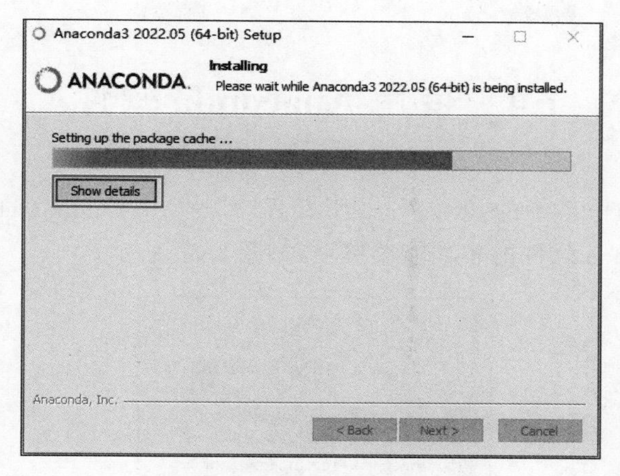

图 1-27　Anaconda 安装进度条

当进度条显示全部完成后，在出现的提示框中都单击 Next 按钮，最后出现如图 1-28 所示的界面，取消对两个复选框的勾选(见图 1-29)，单击 Finish 按钮，完成整个 Anaconda 安装过程。

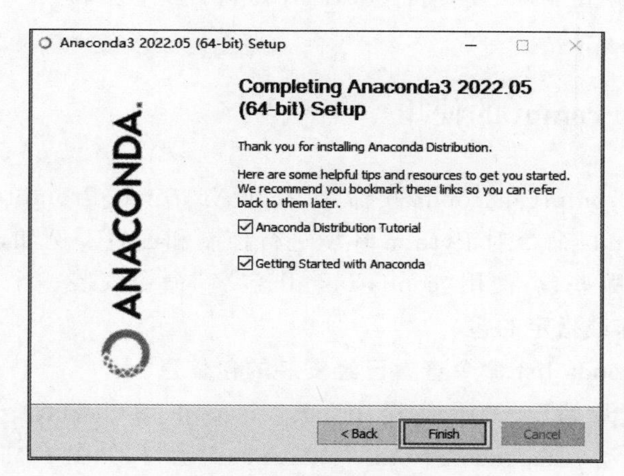

图 1-28　Anaconda 安装完成界面 1

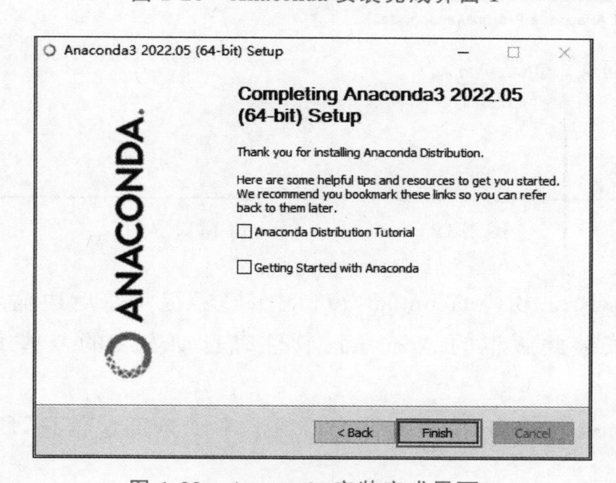

图 1-29　Anaconda 安装完成界面 2

1.4 使用 Anaconda 软件

选择 Windows 操作系统的“开始”→“所有程序”→Anaconda3(64-bit)命令,可以看到已经安装好的 Anaconda 软件的各功能菜单项,如图 1-30 所示。

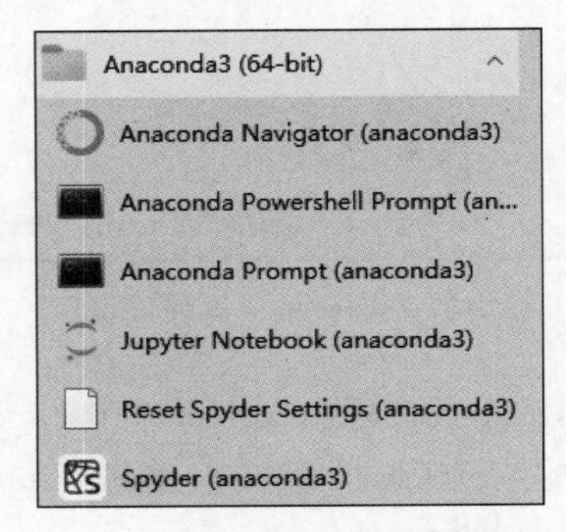

图 1-30 安装好的 Anaconda 软件的各功能菜单项

1.4.1 Anaconda Prompt 的使用

选择 Anaconda Prompt(anaconda3) 命令,打开 Anaconda Prompt(anaconda3)窗口,在此窗口中可以输入 conda 命令对 Python 环境进行控制和配置。例如,可以使用 conda list 命令查看已经安装了哪些包;使用“conda install 包名”命令安装一个新的包;使用“conda uninstall 包名”命令卸载指定的包。

【例 1-4】 使用 conda list 命令查看已经安装的包信息。

(1) 依次选择“开始”→“所有程序”→Anaconda 3(64-bit)→Anaconda Prompt (anaconda3) 命令,启动 Anaconda Prompt(anaconda3)窗口,如图 1-31 所示。

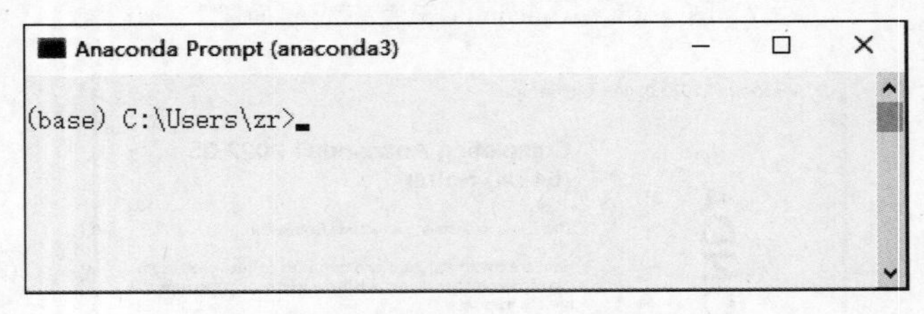

图 1-31 Anaconda Prompt 窗口界面

(2) 在 Anaconda Prompt(anaconda3)窗口中的“>”提示符后边输入命令 conda list 后,按回车键,可以看到安装此版本的 Anaconda 软件时自动安装的一些 Python 包,如图 1-32 所示。

自动安装的 Python 包很多,一个屏幕窗口显示不了全部包信息,所以需要拖动滚动条翻页查看后边的包信息。

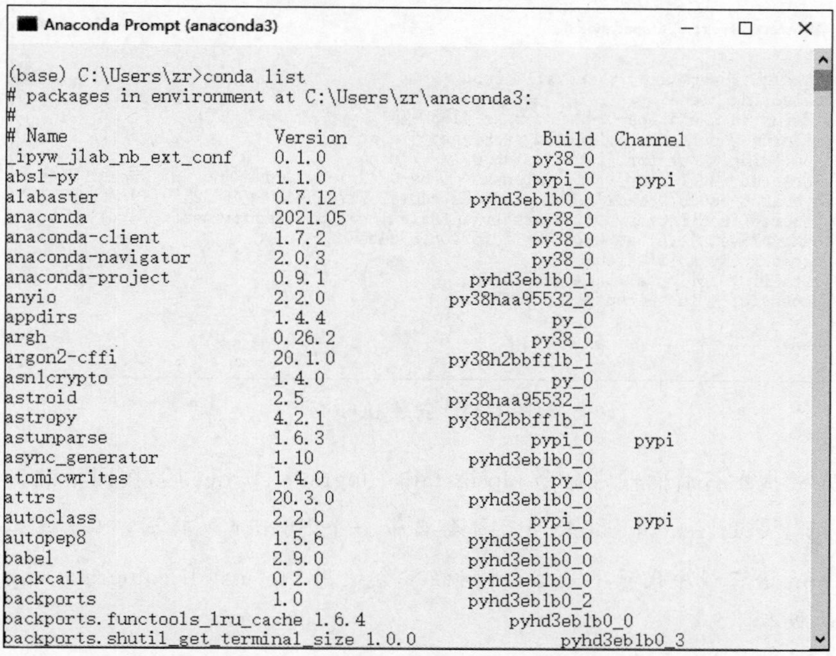

```
Anaconda Prompt (anaconda3)

(base) C:\Users\zr>conda list
# packages in environment at C:\Users\zr\anaconda3:
#
# Name                    Version                   Build  Channel
_ipyw_jlab_nb_ext_conf    0.1.0                     py38_0
absl-py                   1.1.0                     pypi_0    pypi
alabaster                 0.7.12             pyhd3eb1b0_0
anaconda                  2021.05                   py38_0
anaconda-client           1.7.2                     py38_0
anaconda-navigator        2.0.3                     py38_0
anaconda-project          0.9.1              pyhd3eb1b0_1
anyio                     2.2.0            py38haa95532_2
appdirs                   1.4.4                       py_0
argh                      0.26.2                    py38_0
argon2-cffi               20.1.0           py38h2bbff1b_1
asn1crypto                1.4.0                       py_0
astroid                   2.5              py38haa95532_1
astropy                   4.2.1            py38h2bbff1b_1
astunparse                1.6.3                     pypi_0    pypi
async_generator           1.10               pyhd3eb1b0_0
atomicwrites              1.4.0                       py_0
attrs                     20.3.0             pyhd3eb1b0_0
autoclass                 2.2.0                     pypi_0    pypi
autopep8                  1.5.6              pyhd3eb1b0_0
babel                     2.9.0              pyhd3eb1b0_0
backcall                  0.2.0              pyhd3eb1b0_0
backports                 1.0                pyhd3eb1b0_2
backports.functools_lru_cache 1.6.4              pyhd3eb1b0_0
backports.shutil_get_terminal_size 1.0.0              pyhd3eb1b0_3
```

图 1-32　Anaconda 已安装的部分 Python 包

在 Anaconda Prompt(anaconda3)窗口中也可以使用 Python 语言的 pip 命令对 Python 的扩展工具库进行管理。表 1-1 列出一些常用的 pip 命令。

表 1-1　常用的 pip 命令

pip 命令	功　能
pip list	显示当前已经安装的所有包的名称及版本
pip install 包名	安装某个包的最新版本
pip install 包名＝＝版本号	安装某个包的指定版本
pip install --upgrade 包名	升级某个包的版本
pip uninstall 包名	卸载某个包
pip install -i 源包名	通过指定某个源来安装某个包，国内目前常用的几个源。 清华大学：https://pypi.tuna.tsinghua.edu.cn/simple 中国科技大学：https://pypi.mirrors.ustc.edu.cn/simple/

【例 1-5】　使用 pip install jieba 命令安装指定版本的中文分词 jieba 包。

(1) 打开 Anaconda Prompt(anaconda3)窗口。

(2) 在“>”提示符后面输入命令 pip install jieba 后，按回车键，可以看到 jieba 包的安装版本及安装过程，如图 1-33 所示。

jieba 包安装成功后可以看到 Successfully installed jieba-0.42.1 的提示信息。

【例 1-6】　使用 pip install --upgrade spyder 命令更新 Spyder。

(1) 打开 Anaconda Prompt(anaconda3)窗口。

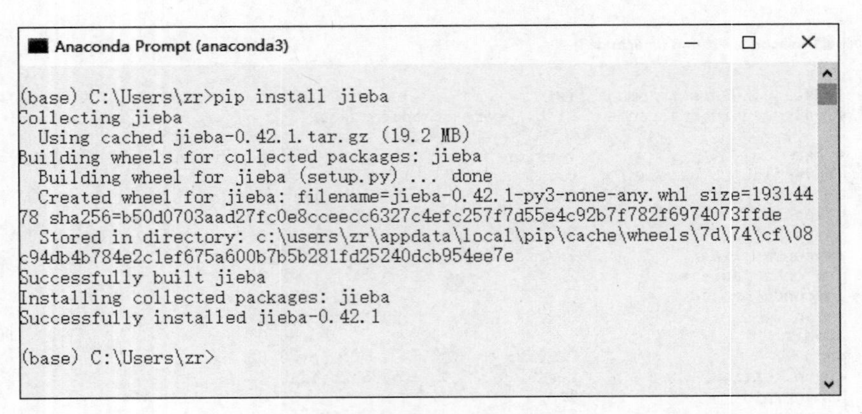

图 1-33　安装 jieba 包

(2) 在“>”提示符后面输入命令 pip install --upgrade spyder 后,按回车键。

提示:安装 Anaconda3 软件后都会自带一个 Spyder 编辑器,但当版本较低时,会对一些 Python 语言程序代码不兼容,所以经常会使用 pip install --upgrade spyder 命令更新 Spyder 的版本。

1.4.2　集成开发环境 Spyder 的使用

安装 Anaconda 软件时会自动安装 Spyder 包。Spyder 是一个简单方便的 Python 集成开发环境。在 Spyder 集成开发环境中,可以在同一个界面中编辑程序代码、运行并查看结果,不会像之前的 IDLE 编辑器那样运行之后另外弹出一个窗口显示结果。Spyder 的编辑窗口界面由许多窗格构成,最常用的是 Editor 和 Console 部分。所有 Python 程序代码的输入编辑都在 Editor 中完成,而程序运行结果的查看则在 Console 中。

依次选择“开始”→“所有程序”→Anaconda3(64-bit)→Spyder(anaconda3)命令,可以启动 Spyder 编辑器。Spyder 编辑器界面如图 1-34 所示。

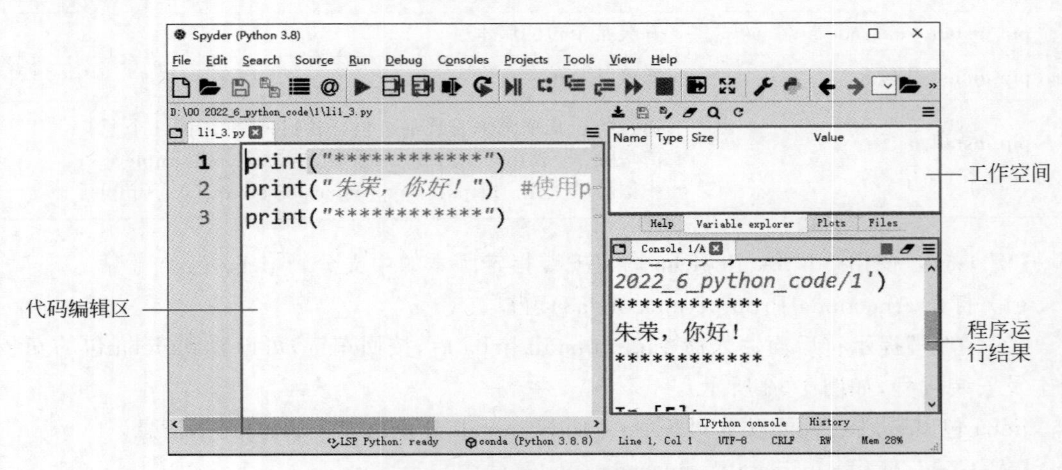

图 1-34　Spyder 编辑器界面

【例 1-7】　在 Spyder 编程环境中实现例 1-1 的操作步骤。

(1) 依次选择“开始”→“所有程序”→Anaconda3(64-bit)→Spyder(anaconda3)命令，启动 Spyder 编辑界面。

启动 Spyder 编程环境后，会自动新建一个空白的 Python 程序文件 untitled0.py。也可以单击 File 菜单下的 New file 命令，新建一个空白的 Python 程序文件。

(2) 在 Spyder 编程界面中单击 File 菜单下的 Save 命令，出现 Save file 对话框。在 Save file 对话框中选择要保存的位置后，在文件名后的文本框中输入程序文件名，这里命名为 li1_7.py，单击“保存”按钮。

(3) 在 Spyder 编辑器的代码编辑区中输入相关代码并保存，如图 1-35 所示。

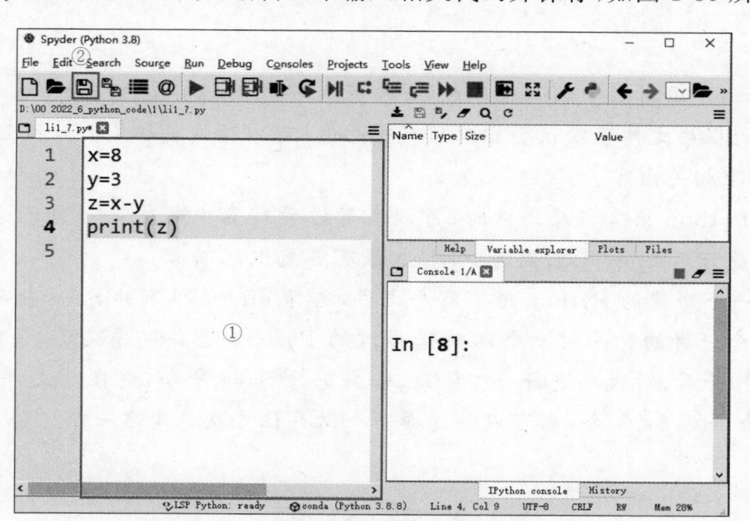

图 1-35　输入代码并保存的操作界面

Spyder 使用示例

(4) 单击工具栏中的 Run file(绿色三角)按钮或按快捷键 F5 运行代码，可以在 Spyder 编辑窗口右下角的 Console 窗格中看到运行结果，如图 1-36 所示。

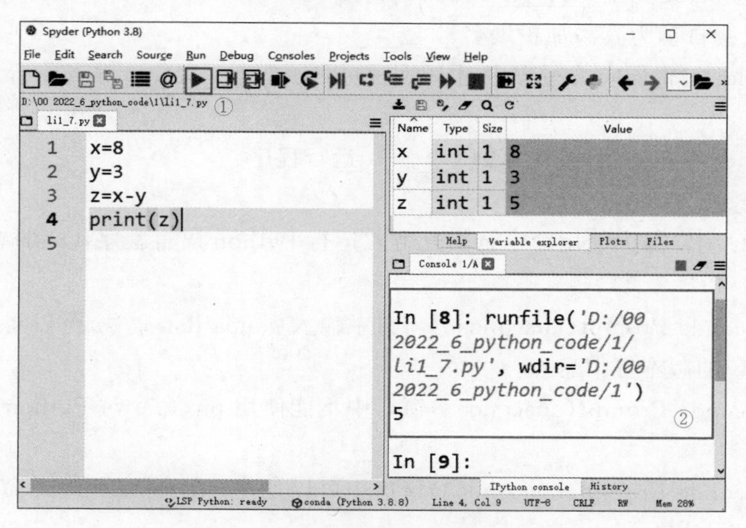

图 1-36　运行程序并查看运行结果

通过本例的演示可以看出,Spyder 编辑器中代码与结果都显示在同一个窗口中,比 IDLE 编辑器的使用更方便。

在图 1-36 的右上角还有一个工作空间窗格,单击 Variable Explorer 按钮,可以看到程序代码运行过程中的变量值等信息。

在 Spyder 编辑器中编写程序时,可以使用快捷键,提升编程效率。例如,按 Ctrl+1 组合键可以将选中的代码设置为注释语句,不再参与程序的运行,再按一次 Ctrl+1 组合键可以将代码注释设置取消;在 Python 代码中,缩进是格式要求,所以经常会对一些代码同时进行左缩进或右缩进,可以先选中要缩进的多行代码,然后按 Ctrl+"]"或者 Ctrl+"["组合键。

提示:

(1) 在 Spyder 编辑器中编写程序时,每一行代码前都有相应的编号。

(2) 新建的程序文件里默认会出现编码等信息,可以按快捷键 Ctrl+A 选中全部内容,按 Delete 键删除相关内容。

(3) 保存 Python 语言程序文件时,可以在资源管理器中新建一个自己专用的文件夹,文件夹命名时最好不要用中文,因为 Python 很有可能识别不出。

(4) 对于一个新建的 Python 语言程序文件,选择 File 菜单下的 Save 命令和 Save as 命令的作用是完全一样的。而对一个以前保存过的 Python 语言程序文件,使用 File 菜单下的 Open 命令打开后,对代码进行一些修改,如果选择 Save 命令,则在原文件的基础上进行保存;如果选择 Save as 命令,则可以另选择一个保存位置及另命名一个文件名进行保存。

本章习题

一、填空题

1. Python 语言是完全________的高级语言。

2. Python 会自动为其添加扩展名________。

3. 在 Spyder 编辑器中编写程序时,可以使用快捷键________对当前行语句进行单行注释。

4. 在 Spyder 编辑器中,按快捷键________运行程序。

二、判断题

1. 在 IDLE 编辑器中使用命令行交互方式运行 Python 语言程序代码时,一次只能运行一条命令。 (　　)

2. 在 Anaconda Prompt(anaconda3)窗口中输入 conda list 命令,可以看到已经安装成功的各种包及包的版本等信息。 (　　)

3. 在 Anaconda Prompt(anaconda3)窗口中不能使用 pip 命令对 Python 的扩展工具库进行管理。 (　　)

4. 在 Anaconda Prompt(anaconda3)窗口中可以使用 pip install jieba 命令安装指定版本的中文分词 jieba 包。 (　　)

5. 在 Anaconda Prompt(anaconda3)窗口中使用 pip install --upgrade spyder 命令更新 Spyder。 ( )

6. Python 语言中是严格区分大小写的。 ( )

7. Python 语言程序通常一行只写一句代码,不需要结束符。 ( )

8. 对于 Python 而言,缩进只是为了美化。 ( )

9. 在语句中用到的所有标点符号都必须是英文半角状态下输入的标点符号。 ( )

10. 可以使用"#"给 Python 语言程序的某一行添加注释,也可以用一对""""把某一段代码括起来添加多行注释,从而增加程序的可读性。 ( )

实训项目 Python 编程环境搭建

1. 实训目的

(1) 熟悉 Python 及 Anaconda 软件安装过程。

(2) 熟悉 IDLE 编辑器界面及编程步骤。

(3) 熟悉 Spyder 编辑器界面及编程步骤。

2. 实训内容

(1) 下载任意一个 Python 3.x 版本的安装软件并运行安装。

(2) 在 IDLE 编辑器中练习 Python 编程。

(3) 下载 Anaconda3-2022.05-Windows-x86_64.exe 软件并进行安装。

(4) 在 Anaconda Prompt(anaconda3)窗口中使用 pip install Keras==2.3.1 命令安装指定版本的 Keras 包。

(5) 在 Spyder 编辑器中练习 Python 编程。

3. 实训步骤

(1) 打开 Python 官方网站,下载 Python 软件并安装。

(2) 在 IDLE 编辑器中创建新的程序文件,输入代码并保存程序文件,运行程序并查看结果。

① 打开 IDLE 编辑器,新建一个 Python 语言程序文件。

② 在程序文件编辑界面中输入代码。

```
print("*****")
print("****")
print("***")
print("**")
print("*")
```

③ 依次选择 File→Save As 命令,在弹出的"另存为"对话框中选择要保存的目录,并输入文件名 lianxi1.py,单击"保存"按钮。

④ 依次选择 Run→Run Module 命令或者按 F5 键,运行程序并显示结果,如图 1-37 所示。

(3) 安装 Anaconda3-2022.05-Windows-x86_64.exe 软件。

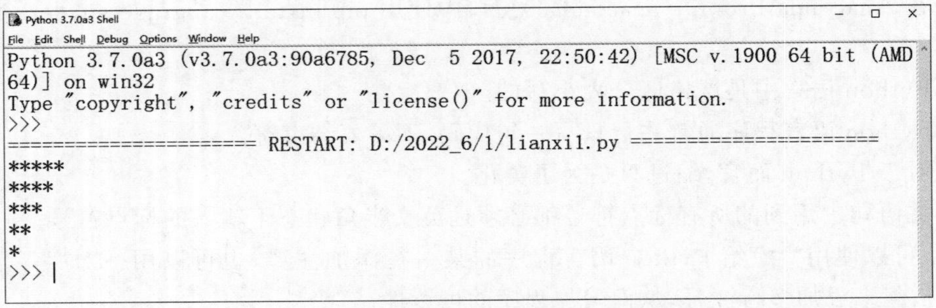

```
Python 3.7.0a3 Shell
File Edit Shell Debug Options Window Help
Python 3.7.0a3 (v3.7.0a3:90a6785, Dec  5 2017, 22:50:42) [MSC v.1900 64 bit (AMD
64)] on win32
Type "copyright", "credits" or "license()" for more information.
>>>
===================== RESTART: D:/2022_6/1/lianxi1.py =====================
*****
****
***
**
*
>>> |
```

图 1-37　程序 lianxi1.py 运行结果

(4) 在 Anaconda Prompt(anaconda3)窗口中使用 pip install Keras＝＝2.3.1 命令安装指定版本的 Keras 包。

① 启动 Anaconda Prompt(anaconda3)窗口。

② 在“>”提示符后面输入命令 pip install Keras＝＝2.3.1 后,按回车键,查看 Keras2.3.1 包的安装版本及安装过程。

(5) 在 Spyder 编辑器中输入步骤(2)中的代码并运行,查看运行结果。

① 打开 Spyder 编程界面。

② 选择 File 菜单下的 Save 命令,将程序文件命名为 lianxi2.py,保存到自己的文件夹中。

③ 在 Spyder 编辑器的代码编辑区输入代码并保存。

④ 单击工具栏中的 Run file 按钮运行代码,查看运行结果。

第2章　变量、常量、数据类型与运算符

在 Python 语言程序设计中，数据类型主要分为七种：数字、布尔、字符串、列表、元组、字典、集合类型。数字类型又可以分为整型和浮点型。其中，数字、布尔、字符串、元组属于不可变类型，列表、字典、集合属于可变类型。本章主要学习基本的数据类型以及常用的运算符与内置函数。

2.1　Python 语言中的基本数据类型

在 Python 语言程序设计中，常用的基本数据类型为整型、浮点型、布尔型及字符串类型。

2.1.1　整型

基本数据类型

整型就是通常所说的整数，如 1、200、3000、－50 等。在 Python 语言中，整型的类型名为 int。

【例 2-1】　Python 语言中的整型数据示例。

```
x=3
print(x)
print(type(x))
```

程序运行结果为：

```
3
<class 'int'>
```

代码解析：

(1) 第 1 行代码给变量 x 赋一个整数 3。

(2) 第 2 行代码用 print(x)输出变量 x 的值，结果为 3。

(3) 第 3 行代码用 print(type(x))输出变量 x 的数据类型，结果为＜class 'int'＞，说明变量 x 的类型为整型。

在 Python 语言程序设计中，可以通过使用 type 函数获取某个变量的数据类型。

2.1.2　浮点型

浮点型即通常说的实数，就是带小数点的数，如 5.8、1234.5678、－999.18 等。浮点型数

据可以使用科学计数法表示，格式为“实数 E 整数”或者“实数 e 整数”，E 或 e 用来表示基的值 10，E 或 e 后面的数为指数，正负都可以。例如，可以使用 3.87E5 表示 3.87×10^{5}，使用 3.87E−5 表示 3.87×10^{-5}。在 Python 语言程序设计中，浮点型的默认类型名为 float。

【例 2-2】 Python 中的浮点型数据示例。

```
y=3.14
print(y)
print(type(y))
```

程序运行结果为：

```
3.14
<class 'float'>
```

代码解析：

(1) 第 1 行代码给变量 y 赋一个浮点数 3.14。

(2) 第 2 行代码用 print(y)输出变量 y 的值，输出结果为 3.14。

(3) 第 3 行代码用 print(type(y))输出变量 y 的数据类型，输出结果为＜class 'float'＞，说明变量 y 的类型为浮点型。

2.1.3 布尔型

布尔型是只能表示“真”与“假”两种情况的类型，它的值只有两个：True 和 False。一般会把布尔值当作一类特殊的整数来处理，把 True 值表示为 1，False 值表示为 0。在 Python 语言程序设计中，布尔型的类型名为 bool。

【例 2-3】 布尔型数据示例。

```
a = 1>2
print(a)
print(type(a))
```

程序运行结果为：

```
False
<class 'bool'>
```

代码解析：

(1) 第 1 行代码首先判断 1＞2 的真假，然后把结果赋给变量 a。

(2) 第 2 行代码用 print(a)输出变量 a 的值，输出结果为 False。

(3) 第 3 行代码用 print(type(a))输出变量 a 的数据类型，输出结果为＜class 'bool'＞，说明变量 a 的类型为布尔型。

2.1.4 字符串类型

字符串类型是一种文本类型。在 Python 中字符串类型要通过定界符单引号、双引号或者三引号来表示。字符串中的字符内容可以是字母、数字及键盘上的其他符号。Python 2 中字符的默认编码是 ASCII,通常不能识别中文字符,需要显式指定字符编码;而 Python 3 中字符的默认编码为 Unicode,可以识别中文字符。在 Python 语言程序设计中,字符串类型的类型名为 str。

【例 2-4】 字符串类型数据示例。

```
str1 = 'qfnu'
str2 = "qfnu"
str3 = '''qfnu'''
print(str1,str2,str3)
```

程序运行结果为:

```
qfnu qfnu qfnu
```

代码解析:

(1) 第 1 行代码给变量 str1 赋值'qfnu'。

(2) 第 2 行代码给变量 str2 赋值"qfnu"。

(3) 第 3 行代码给变量 str3 赋值'''qfnu'''。

(4) 第 4 行代码输出三个变量的值,输出结果为 qfnu qfnu qfnu,可以看出三种定界符输出的结果是一样的。

在 Python 语言编程过程中使用这三种定界符中的任意一种表示字符串类型都可以,但是在一种定界符内部的字符串中不能再出现与使用的定界符相同的符号。例如,print('I'm a student')就是一个错误的用法,改为 print("I'm a student")才能正确运行。

在 Python 语言程序设计中,还允许使用一种特殊形式的字符串内容,即以一个字符"\"作为开始标志的字符序列,这种特殊形式的字符序列称为转义字符。大多数转义字符在程序中无法用一般形式的字符表示,只能使用以"\"开头的特殊字符序列表示。例如,'\n'表示一个换行符,起控制换行的作用,在屏幕上是不显示'\n'的,只是遇到一次换到下一行而已。以"\"开头的部分特殊字符序列如表 2-1 所示。

转义字符

表 2-1 常用的以"\"开头的部分特殊字符序列

字符序列	含 义
\n	换行,将当前位置移到下一行开头
\'	代表一个单引号字符
\"	代表一个双引号字符
\b	退格,删除当前位置的前一个字符
\t	水平制表符,代表空 4 个字符位置
\r	将当前位置移到本行开头
\\\\	代表一个反斜线字符"\"

【例 2-5】 特殊字符序列'\n'的用法。

```
A=3
B=5
C=7
print(A,B,C)
print(A,'\n',B,'\n',C)
```

本程序的运行结果为：

```
3 5 7
3
 5
 7
```

代码解析：

(1) 第 1～3 行代码分别定义三个变量 A、B、C 并赋值。

(2) 第 4 行代码输出三个变量的值。从本程序的运行结果可以看出,同一个 print 函数输出的三个变量值默认在同一行,每个变量值之间用空格间隔开。

(3) 第 5 行代码在 print 函数中添加了转义字符的用法,这里在变量 B 和变量 C 之前分别添加了'\n',所以输出结果为一行输出一个变量值。

【例 2-6】 字符串中转义字符的用法。

```
str1='党的二十大报告首次将"推进教育数字化"写入报告'
print(str1)
str2='党的\n二十大报告\n首次\t将"推进教育数字化"写入\b报告'
print(str2)
```

本程序的运行结果为：

```
党的二十大报告首次将"推进教育数字化"写入报告
党的
二十大报告
首次        将"推进教育数字化"写报告
```

代码解析：

(1) 第 1 行代码定义一个字符串变量 str1 并赋值,这里要特别注意因为字符串内容本身有双引号,所以字符串的定界符只能使用单引号或三引号,这里使用了单引号。

(2) 第 2 行代码原样输出字符串 str1。

(3) 第 3 行代码定义字符串变量 str2 并赋值,在赋值时将第一行代码同样的字符串中添加了三种转义字符,转义字符'\n'的作用是换行,转义字符'\t'的作用是横向制表符,空 4 个字符位置,转义字符'\b'的作用是退格符,即删除这个转义符之前的一个字符。

(4) 第 4 行代码输出变量 str2 的值。运行结果在两个'\n'的位置换了行,在一个'\t'的位置空了 4 个空格,删除了在'\b'位置之前的“入”字。

2.2 变量与常量

在 Python 语言程序设计中，通常把在程序运行时其值不能被改变的量称为常量。常量分不同的类型，如 88、−18、0 等为整型常量；5.678、8.1267、−345.226 等带小数点的数是浮点型常量；"C"、"c"、"123"等是字符串常量。

在 Python 语言程序设计中，在程序运行时其值可以根据需要随时改变的量称为变量。变量在使用时需要定义一个变量名，在程序设计时通过给变量名赋值的方式定义变量，变量代表了内存中的一个存储单元。

在 Python 语言程序设计中，使用赋值运算符"="在定义变量名的同时给变量赋值。Python 语言与其他高级程序设计语言相比，赋值方式更加简单方便，赋值之前不需要先定义变量的名称与类型，而是由所赋的值的数据类型决定其变量的类型。

在 Python 语言程序设计中，赋值语句使用的语法格式如下：

```
变量名=值
```

说明：

(1) 变量命名时要求只能使用字母、下画线及数字，可以用字母或者下画线开头，不可以用数字开头。

(2) 变量名不能使用 Python 中的关键字，如 for、else 等。

例如，以下列出的是合法的变量名：

```
He, he, pingjun, _qiuhe, stu_name, xingming1, xingming2
```

变量

以下列出的是不合法的变量名：

```
Q.He, *123, 6Abc, he1>he2
```

在 Python 语言程序设计中，大写字母与小写字母被认为是两个不同的字符，所以 He 与 he 是两个不同的变量名。

【例 2-7】 定义不同类型的变量并输出其变量值。

```
A=3
xm="朱荣"
fenshu=89.0
print(A,xm,fenshu)
```

本程序的运行结果为：

```
3 朱荣 89.0
```

代码解析：

(1) 第 1 行代码定义变量 A 并赋值为 3。

(2) 第 2 行代码定义变量 xm 并赋值为"朱荣"。

(3) 第 3 行代码定义变量 fenshu 并赋值为 89.0。

(4) 第 4 行代码同时输出三个变量的值。

【例 2-8】 同时给多个变量赋值。

```
x1,x2,x3=7,8,9
xuehao1, xuehao2, xuehao3="20221011","20221012","20221013"
print(x1,x2,x3)
print(xuehao1, xuehao2, xuehao3)
```

本程序的运行结果为:

```
7 8 9
20221011 20221012 20221013
```

代码解析:

(1) 第 1 行代码定义三个变量 x1、x2、x3 并赋值为 7、8、9,第一个值 7 赋给第一个变量 x1,第二个值 8 赋给第二个变量 x2,第三个值 9 赋给第三个变量 x3。

(2) 第 2 行代码定义三个变量 xuehao1、xuehao2、xuehao3 并赋值为"20221011"、"20221012"、"20221013"。

(3) 第 3 行代码同时输出三个变量 x1、x2、x3 的值。

(4) 第 4 行代码同时输出三个变量 xuehao1、xuehao2、xuehao3 的值。

在 Python 语言程序设计中,允许给多个变量同时赋值,在"="的左边显示多个变量名,通过","隔开,右边是对应的变量值。另外,还可以给不同的变量分别赋不同类型的变量值。

【例 2-9】 同时给多个变量赋不同类型的变量值。

```
A,B,C=200,"朱荣",98.88
print(A,B,C)
```

本程序的运行结果为:

```
200 朱荣 98.88
```

代码解析:

(1) 第 1 行代码定义三个变量 A、B、C 并赋值为 200、"朱荣"、98.88。

(2) 第 2 行代码同时输出三个变量的值。

在 Python 语言程序设计中,同时给多个变量赋值时,要求赋值号"="左边变量名的数量与右边的变量值的数量必须相同。即使想给多个变量赋同一个值,也要让左、右两边的个数相同,否则就会出错。例如,若将例 2-9 的第 1 行代码三个变量的值全部赋为 200,修改后,赋值号"="左边有三个变量名,赋值号"="右边只给一个值 200,则运行出错,如图 2-1 所示。

将赋值号"="右边改为三个 200,使赋值号"="左、右两边变量的个数与值的个数相同,就可以正确运行程序。

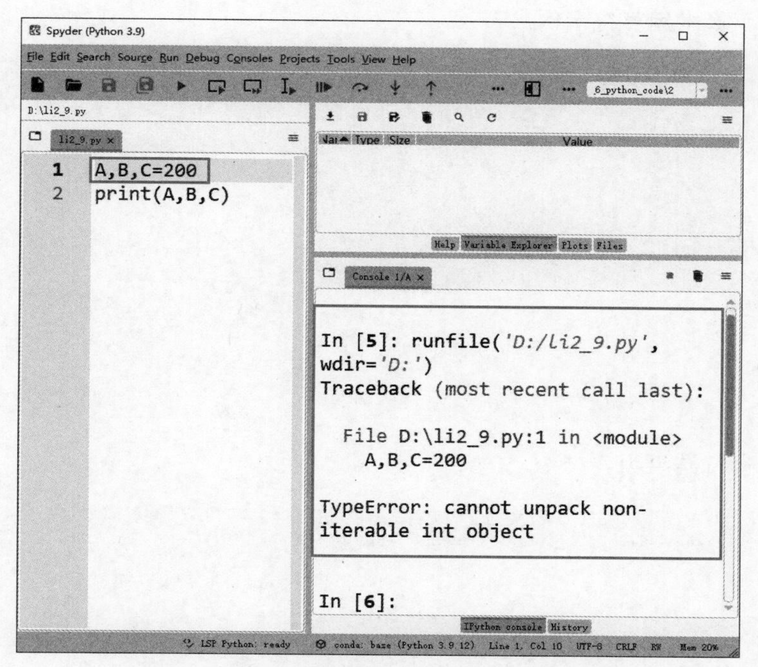

图 2-1　变量名与变量值数量不一致的错误提示

2.3 运　算　符

在 Python 语言程序设计中,可以使用运算符对数据进行运算。常见的运算符有算术运算符、比较运算符、逻辑运算符及成员运算符。

2.3.1　算术运算符

算术运算符是最常见的运算符,用于数值之间的加、减、乘、除等运算。Python 中的算术运算符如表 2-2 所示。

表 2-2　Python 中的算术运算符

算术运算符	描　述
+	加法运算符。例如,2+4 的结果为 6
-	减法运算符。例如,9-7 的结果为 2
*	乘法运算符。例如,8*2 的结果为 16
/	除法运算符。例如,7/5 的结果为 1.4
%	求余运算符。例如,8%3 的结果为 2
**	求幂运算符。例如,3**2 的结果为 9
//	整除运算符。例如,7//5 的结果为 1

【例 2-10】 算术运算符示例。

```
x=7
y=4
print(x+y)
print(x-y)
print(x*y)
print(x/y)
print(x%y)
print(x**y)
print(x//y)
print(2**3)
print(3//2)
```

本程序的运行结果为:

```
11
3
28
1.75
3
2401
1
8
1
```

代码解析:

(1) 第 1 行代码定义变量 x 并赋值为 7。

(2) 第 2 行代码定义变量 y 并赋值为 4。

(3) 第 3 行代码输出 x+y 的值。

(4) 第 4 行代码输出 x−y 的值。

(5) 第 5 行代码输出 x*y 的值。

(6) 第 6 行代码输出 x/y 的值。

(7) 第 7 行代码输出 x%y 的值。

(8) 第 8 行代码输出 x**y 的值。

(9) 第 9 行代码输出 x//y 的值。

(10) 第 10 行代码输出 2**3 的值。

(11) 第 11 行代码输出 3//2 的值。

用算术运算符和括号连接起来的式子称为算术表达式。多个运算符连接的表达式按先乘除后加减的优先级进行运算,如果有括号则先计算括号内的式子。

【例 2-11】 给定一个值为 1234 的整型变量,取出其百位上的数字并输出。

```
a=1234
bai=a//100
print(bai%10)
```

本程序的运行结果为：

```
2
```

代码解析：

(1) 第1行代码定义变量a并赋值为1234。

(2) 第2行代码定义变量bai，使用a//100运算取变量a的前两位数字赋给变量bai。

(3) 第3行代码输出变量bai%10的值。

【例2-12】 给定一个值为123的整型变量，取出其百位、十位和个位上的数字并输出。

```
a=123
bai=a//100
ge=a%10
shi=a//10%10
print(bai,shi,ge)
```

本程序的运行结果为：

```
1 2 3
```

代码解析：

(1) 第1行代码定义变量a并赋值为123。

(2) 第2行代码定义变量bai，使用a//100运算取变量a百位上的数字赋给变量bai。

(3) 第3行代码定义变量ge，使用a%10运算取变量a个位上的数字赋给变量ge。

(4) 第4行代码定义变量shi，使用a//10%10运算取变量a十位上的数字赋给变量shi。

(5) 第5行代码输出变量bai，shi，ge的值。

2.3.2 比较运算符

在Python语言程序设计中，比较运算符用于对两个值进行比较，判断比较得到的结果是否符合给定的条件，比较的结果有真和假两种情况。Python中的比较运算符如表2-3所示。

表2-3 Python中的比较运算符

比较运算符	描　述
＝＝	相等。例如，3＝＝5的结果为False
！＝	不相等。例如，3！＝5的结果为True
＞	大于。例如，3＞5的结果为False
＜	小于。例如，3＜5的结果为True
＞＝	大于或等于。例如，3＞＝5的结果为False
＜＝	小于或等于。例如，3＜＝5的结果为True

【例 2-13】 比较运算符示例。

```
x=8
y=2
print(x==y)
print(x!=y)
print(x>y)
print(x<y)
print(x>=y)
print(x<=y)
```

本程序的运行结果为:

```
False
True
True
False
True
False
```

代码解析:

(1) 第 1 行代码定义变量 x 并赋值为 8。
(2) 第 2 行代码定义变量 y 并赋值为 2。
(3) 第 3 行代码输出 x==y 的值,结果为 False。
(4) 第 4 行代码输出 x!=y 的值,结果为 True。
(5) 第 5 行代码输出 x>y 的值,结果为 True。
(6) 第 6 行代码输出 x<y 的值,结果为 False。
(7) 第 7 行代码输出 x>=y 的值,结果为 True。
(8) 第 8 行代码输出 x<=y 的值,结果为 False。

用比较运算符将两个表达式连接起来的式子称为关系表达式。其中,“<、<=、>、>=”四个运算符优先级相同,“==”与“!=”优先级相同,前四个运算符的优先级高于后面两个。

2.3.3 逻辑运算符

在 Python 语言程序设计中,提供的逻辑运算符如表 2-4 所示。

表 2-4 Python 中的逻辑运算符

逻辑运算符	描　述
and	逻辑与。只有 and 两边的值都为真时,结果才为真。当 and 两边的值为数字或字符时,运算规则为:第一个值非零,则 and 运算的结果为第二个值;第一个值为 0,则 and 运算结果直接为 0。例如,3 and 5 结果为 5,0 and 5 结果为 0,'a' and 'b'结果为'b'

续表

逻辑运算符	描　述
or	逻辑或。只要 or 两边有一个值为真,结果就为真。当 or 两边的值为数字或字符时,运算规则为:第一个值非零,则 or 运算的结果为第一个值;第一个值为 0,则 or 运算结果为第二个值;or 运算符两边全为 0,则结果为 0。例如,3 or 5 结果为 3,0 or 5 结果为 5,'a' or 'b' 结果为'a'
not	逻辑非。原来为真的值变为假,原来为假的值变为真

通常,使用逻辑运算符将关系表达式连接起来的式子称为逻辑表达式。逻辑表达式的值有真和假两种结果。三个逻辑运算符中优先最高的是 not,其次为 and,最后为 or。

【例 2-14】 对关系表达式进行逻辑运算示例。

```
print((6>8) and (6<8))
print((3>2) and (2<3))
print((2>3) or (3<2))
print(2>3)
print(not(2>3))
```

本程序的运行结果为:

```
False
True
False
False
True
```

代码解析:

(1) 第 1 行代码输出(6＞8) and (6＜8)的值,通过计算两个关系表达式的值可知 and 运算符两边一个真一个假,所以结果为假。

(2) 第 2 行代码输出(3＞2) and (2＜3)的值,通过计算两个关系表达式的值可知 and 运算符两边全为真,所以结果为真。

(3) 第 3 行代码输出(2＞3) or (3＜2)的值,通过计算两个关系表达式的值可知 or 运算符两边全为假,所以结果为假。

(4) 第 4 行代码输出 2＞3 的值,结果为假。

(5) 第 5 行代码输出 not(2＞3)的值,因为 2＞3 结果为假,所以 not 运算之后结果为真。

在 Python 语言程序设计中,不仅可以对关系表达式进行逻辑运算,也可以对纯数字进行逻辑运算。当逻辑运算符两边都为数值时,得到的结果也为数值。在对数字进行逻辑运算时,也需要判断真假,所有非零值都认为是真,零代表假。

【例 2-15】 对纯数字进行逻辑运算示例。

```
print(2 or 5)
print(5 or 2)
print(0 or 8)
```

```
print(8 or 0)
print(2 and 5)
print(5 and 2)
print(0 and 8)
print(8 and 0)
```

本程序的运行结果为:

```
2
5
8
8
5
2
0
0
```

代码解析:

(1) 第1行代码输出2 or 5的值,对于or运算符,第一个值为2,非零值都为真,所以直接输出2。

(2) 第2行代码输出5 or 2的值,第一个值为5,所以直接输出5。

(3) 第3行代码输出0 or 8的值,第一个值为0,则需要判断第二个值,第二个值为8,所以输出结果为8。

(4) 第4行代码输出8 or 0的值,第一个值为8,所以直接输出8。

(5) 第5行代码输出2 and 5的值,第一个值为2,为真,则需要判断第二个值,第二个值为5,所以输出结果为5。

(6) 第6行代码输出5 and 2的值,第一个值为5,为真,则需要判断第二个值,第二个值为2,所以输出结果为2。

(7) 第7行代码输出0 and 8的值,第一个值为0,所以直接输出0。

(8) 第8行代码输出8 and 0的值,第一个值为8,则需要判断第二个值,第二个值为0,所以输出结果为0。

2.3.4 成员运算符

在Python语言程序设计中,成员运算符in的作用是判断一个指定的序列中是否包含某个指定值,如果包含,则得到的结果为真,否则得到的结果为假;成员运算符not in的作用是判断一个指定的序列中是否不包含某个指定值,如果不包含,则得到的结果为真,否则得到的结果为假。

【例2-16】 成员运算符示例。

```
print("f" in "Qufu Normal University")
print("fu" in "Qufu Normal University")
print("fN" in "Qufu Normal University")
```

```
print("f" not in "Qufu Normal University")
print("fu" not in "Qufu Normal University")
print("fN" not in "Qufu Normal University")
```

本程序的运行结果为：

```
True
True
False
False
False
True
```

代码解析：

(1) 第 1 行代码判断"f"是否在"Qufu Normal University"中，输出结果为 True。

(2) 第 2 行代码判断"fu"是否在"Qufu Normal University"中，输出结果为 True。

(3) 第 3 行代码判断"fN"是否在"Qufu Normal University"中，输出结果为 False。

(4) 第 4 行代码判断"f"是否不在"Qufu Normal University"中，输出结果为 False。

(5) 第 5 行代码用"fu"是否不在"Qufu Normal University"中，输出结果为 False。

(6) 第 6 行代码用"fN"是否不在"Qufu Normal University"中，输出结果为 True。

当判断某个指定子序列是不是某个序列的组成部分时，子序列在原序列中连续存在，才能算为包含。

2.4 Python 常用的内置函数

在 Python 语言程序设计中，内置函数就是 Python 语言自带的标准库里的函数，即可以直接拿来使用的函数。Python 中的内置函数非常多，这里只介绍一些常用的，需要使用其他函数时可以使用 help()查看学习。比较常用的三类内置函数为数学函数、类型转换函数及字符串函数。

2.4.1 数学函数

数学函数

在 Python 语言程序设计中，常用的数学函数如表 2-5 所示。

表 2-5 Python 中常用的数学函数

函　　数	返回值(描述)
abs(x)	返回数字的绝对值。例如，abs(−8)的结果为 8
pow(x,y)	获取乘方数。例如，pow(4,3)计算的是 4 的 3 次方，结果为 64
round(x[,n])	返回浮点数 x 的四舍五入值，如果给出 n 值，则代表舍入到小数点后的位数。当省略 n 时，round()的输出为整数。当 n=0，round()的输出是一个浮点数。例如，round(5.3338)的结果为 5，print(round(5.3338,0))的结果为 5.0

续表

函　数	返回值(描述)
sqrt(x)	返回数字 x 的平方根。例如,math.sqrt(4)的结果为 2.0
exp(x)	返回 e 的 x 次幂。例如,math.exp(2)的结果为 7.38905609893065
floor(x)	返回数字的下舍整数。例如,math.floor(8.777777)的结果为 8

表 2-5 只列出了一部分比较常用的数学函数,如果需要用到其他函数,请查阅其他参考资料。在 Python 的数学函数中,有些可以直接调用,有的则必须先导入 math 库,再使用"math.函数名(参数)"的格式调用。

【例 2-17】 可以直接调用的数学函数练习示例。

```
print(abs(-8))
print(round(5.7768,3))
```

本程序的运行结果为:

```
8
5.777
```

代码解析:

(1) 第 1 行代码输出 abs(−8)的值,结果为 8。

(2) 第 2 行代码输出 round(5.7768,3)的值,结果为 5.777。

【例 2-18】 不能直接调用的数学函数练习示例。

```
import math
print(math.sqrt(25))
```

本程序的运行结果为:

```
5.0
```

代码解析:

(1) 第 1 行代码用 import math 导入 math 库。

(2) 第 2 行代码输出 math.sqrt(25)的值,结果为 5.0。

在本程序中,如果没有用第一行代码导入 math 数学库,则程序提示出错。

类型转换函数

2.4.2 类型转换函数

在 Python 语言程序设计中,常用的类型转换函数如表 2-6 所示。

表 2-6 Python 中常用的类型转换函数

函　数	返回值(描述)
int(str)	字符串类型转换为整型。只有纯数字串才可以转换
float(int)	整型数据转换为浮点型

续表

函　数	返回值(描述)
float(str)	字符串类型数据转换为浮点型
str(int)	整型转换为字符串类型
bool(int)	整型转换为布尔类型

【例 2-19】 类型转换函数示例。

```
a=7788
b="7788"
print(a,b)
print(type(a),type(b))
c=int(b)
print(type(c))
```

本程序的运行结果为：

```
7788 7788
<class 'int'><class 'str'>
<class 'int'>
```

代码解析：

(1) 第 1 行代码定义变量 a 并赋值为 7788。

(2) 第 2 行代码定义变量 b 并赋值为"7788"。

(3) 第 3 行代码输出两个变量 a、b 的值，结果为 7788 7788。

(4) 第 4 行代码输出两个变量 a、b 的数据类型，结果为<class 'int'> <class 'str'>。

(5) 第 5 行代码定义变量 c，将变量 b 的类型强制转换成整型再赋给变量 c。

(6) 第 6 行代码输出变量 c 的数据类型，结果为<class 'int'>。

在 Python 语言程序设计中，输出结果是不显示定界符的，所以字符串类型与整型数据输出时看不出区别。例如，本程序第 3 行代码输出的结果，看到的是两个完全一样的 7788，但是用 type()输出变量的类型后，可以看到输出结果不一样。

2.4.3 字符串函数

在 Python 语言程序设计中有很多字符串函数，常用的字符串函数如表 2-7 所示。

表 2-7 Python 中常用的字符串函数

函　　数	返回值类型	功　　能
upper()	字符串类型	将字符串内容全部改为大写
lower()	字符串类型	将字符串内容全部改为小写
capitalize()	字符串类型	句首首字母大写，其余小写
title()	字符串类型	每个单词首字母大写
len(str)	整数	返回字符串中字符个数

续表

函　数	返回值类型	功　能
ljust(width[,fillchar])	字符串类型	获取指定长度的字符串,左对齐。width 指定长度,fillchar 指定填充字符。没有指定 fillchar 时,默认用空格作为填充字符。当原字符串长度小于 width 时,右边补齐填充字符;当原字符串的长度大于 width 时,则返回原字符串
rjust(width[,fillchar])	字符串类型	获取指定长度的字符串,右对齐。width 指定长度,fillchar 指定填充字符。没有指定 fillchar 时,默认用空格作为填充字符。当原字符串长度小于 width 时,左边补齐填充字符;当原字符串的长度大于 width 时,则返回原字符串
center(width[,fillchar])	字符串类型	获取指定长度的字符串,中间对齐。width 指定长度,fillchar 指定填充字符。没有指定 fillchar 时,默认用空格作为填充字符。当原字符串长度小于 width 时,两边补齐填充字符;当原字符串的长度大于 width 时,则返回原字符串
find(substr[,beg,end])	整数	在原字符串中检索是否存在 substr。如果存在,则返回 substr 在原字符串中的第一个字符的下标;如果没找到,则返回−1。substr 指定要检索的子串;beg 指定开始检索的位置,默认为 0;end 指定检索的结束位置,默认为原字符串的长度
index(substr[,beg,end])	整数	在原字符串中检索是否存在 substr。如果存在,则返回 substr 在原字符串中的第一个字符的下标;如果没找到,则抛出异常。substr 指定要检索的子串;beg 指定开始检索的位置,默认为 0;end 指定检索的结束位置,默认为原字符串的长度
count(substr[,beg,end])	整数	统计 substr 在原字符串中出现的次数。beg 指定开始检索的位置,默认为 0;end 指定检索的结束位置,默认为原字符串的长度
replace(old,new[,n])	字符串类型	用 new 内容替换 old 内容。n 为可选参数,表示最多可以替换多少次。如果没有指定 n 值,默认是把字符串中所有的 old 内容都用 new 内容替换。如果指定了 n 值,则最多只能替换 n 次
strip()	字符串类型	删去两边空格
lstrip()	字符串类型	删去左边空格
rstrip()	字符串类型	删去右边空格
split()	字符串列表	通过指定分隔符对字符串进行切片,返回值是字符串列表。常用格式为 str.split(),表示用空格分隔。如果一个字符串中有一个空格,则字符串可以在这一空格处拆分成两个部分;如果一个字符串中有两个空格,则拆分成三个部分

表 2-7 中除 len 函数外,其他函数的调用格式都为:

```
字符串名.函数名(...)
```

在使用字符串函数的过程中,如果函数使用时需要指定参数,则需要在"()"内添加相应的参数,如果没有参数,也要加"()"。

字符串函数 len()的调用格式为:

```
len(字符串名)
```

【例 2-20】 字符串函数 upper()示例。

```
li1 = 'Qufu Normal University'
result = li1.upper()
print(result)
```

本程序的运行结果为：

```
QUFU NORMAL UNIVERSITY
```

代码解析：

(1) 第 1 行代码定义变量 li1 并赋值为'Qufu Normal University'。

(2) 第 2 行代码调用 upper()将字符串 li1 中的全部字符变为大写，再赋给变量 result。

(3) 第 3 行代码输出变量 result 的值。

【例 2-21】 字符串函数 lower()示例。

```
li1 = 'Qufu Normal University'
result = li1.lower()
print(result)
```

本程序的运行结果为：

```
qufu normal university
```

代码解析：

(1) 第 1 行代码定义变量 li1 并赋值为'Qufu Normal University'。

(2) 第 2 行代码调用 lower()将字符串 li1 中的全部字符变为小写，再赋给变量 result。

(3) 第 3 行代码输出变量 result 的值。

【例 2-22】 字符串函数 capitalize()示例。

```
li1 = 'Qufu Normal University'
result = li1.capitalize()
print(result)
```

本程序的运行结果为：

```
Qufu normal university
```

代码解析：

(1) 第 1 行代码定义变量 li1 并赋值为'Qufu Normal University'。

(2) 第 2 行代码调用 capitalize()将字符串 li1 中的第一个字符大写，其他字符全部小写，再赋给变量 result。

(3) 第 3 行代码输出变量 result 的值。

【例 2-23】 字符串函数 title()示例。

```
li1 = 'QUfU NORMAL UNIVERSITY'
result = li1.title()
print(result)
```

本程序的运行结果为:

```
Qufu Normal University
```

代码解析:

(1) 第 1 行代码定义变量 li1 并赋值为'QUFU NORMAL UNIVERSITY'。

(2) 第 2 行代码调用 title()将字符串 li1 中每个单词的首字符大写,其他字符小写,再赋给变量 result。

(3) 第 3 行代码输出变量 result 的值。

【例 2-24】 统计字符串中字符的个数。

```
li1 = 'Qufu Normal University'
result = len(li1) #注意 len 函数调用方式与其他字符串函数不同
print(result)
```

本程序的运行结果为:

```
22
```

代码解析:

(1) 第 1 行代码定义变量 li1 并赋值为'Qufu Normal University'。

(2) 第 2 行代码调用 len(li1)统计字符串 li1 中有多少个字符,并把字符数赋给变量 result。

(3) 第 3 行代码输出变量 result 的值。

ljust 函数

【例 2-25】 字符串函数 ljust()示例。

```
li1 = 'Qufu Normal University'
result = li1.ljust(30)
print(result)
result2 = li1.ljust(30,"*")
print(result2)
```

本程序的运行结果为:

```
Qufu Normal University
Qufu Normal University********
```

代码解析:

(1) 第 1 行代码定义变量 li1 并赋值为'Qufu Normal University'。

(2) 第 2 行代码调用 ljust(30)将返回字符串的长度设置为 30,因为字符串 li1 中只有 22 个字符,长度不够 30 个,所以在右边补了 8 个空格,再赋给变量 result。

(3) 第 3 行代码输出变量 result 的值。

(4) 第 4 行代码调用 ljust(30,"*")将返回字符串的长度设置为 30,并且指定如果给定的字符串中字符个数不足 30 则右边补“*”,因为字符串 li1 中只有 22 个字符,长度不够 30 个,所以在右边补了 8 个“*”,再赋给变量 result2。

（5）第 5 行代码输出变量 result2 的值。

【例 2-26】 字符串函数 **rjust()** 示例。

```
li1 = 'Qufu Normal University'
result = li1.rjust(30)
print(result)
result2 = li1.rjust(30,"*")
print(result2)
```

本程序的运行结果为：

```
        Qufu Normal University
********Qufu Normal University
```

代码解析：

（1）第 1 行代码定义变量 li1 并赋值为'Qufu Normal University'。

（2）第 2 行代码调用 rjust(30)将返回字符串的长度设置为 30，因为字符串 li1 中只有 22 个字符，长度不够 30 个，所以在左边补了 8 个空格，再赋给变量 result。

（3）第 3 行代码输出变量 result 的值。

（4）第 4 行代码调用 ljust(30,"*")将返回字符串的长度设置为 30，并且指定如果给定的字符串中字符个数不足 30 则左边补"*"，因为字符串 li1 中只有 22 个字符，长度不够 30 个，所以在左边补了 8 个"*"，再赋给变量 result2。

（5）第 5 行代码输出变量 result2 的值。

【例 2-27】 字符串函数 **center()** 示例。

center 函数

```
li1 = 'Qufu Normal University'
result = li1.center(50)
print(result)
result2 = li1.center(50,"*")
print(result2)
```

本程序的运行结果为：

```
              Qufu Normal University
**************Qufu Normal University**************
```

代码解析：

（1）第 1 行代码定义变量 li1 并赋值为'Qufu Normal University'。

（2）第 2 行代码调用 center(50)将返回字符串的长度设置为 50，因为字符串 li1 中只有 22 个字符，长度不够 50 个，所以在左右两边分别补空格，并使字符串 li1 的内容居中，再赋给变量 result。

（3）第 3 行代码输出变量 result 的值。

（4）第 4 行代码调用 center(50,"*")将返回字符串的长度设置为 50，并且指定如果给定的字符串中字符个数不足 50 则左右两边分别补"*"，因为字符串 li1 中只有 22 个字符，长度不够 50 个，所以在左右两边分别补"*"，并使字符串 li1 的内容居中，再赋给变量

result2。

(5) 第 5 行代码输出变量 result2 的值。

【例 2-28】 字符串函数 find()示例。

find 函数

```
str1 = 'Qufu Normal University'
result = str1.find("Normal")
print(result)
result2 = str1.find("Computer")
print(result2)
```

本程序的运行结果为:

```
5
-1
```

代码解析:

(1) 第 1 行代码定义变量 str1 并赋值为'Qufu Normal University'。

(2) 第 2 行代码调用 find("Normal")查找"Normal"在'Qufu Normal University'中第一次出现的位置,可以看到"Normal"在'Qufu Normal University'只出现了一次,位置是从第 6 个字符开始的,因为在 Python 语言中字符串中字符的位置编号系统设定从 0 开始,所以第 6 个字符的位置编号为 5,把 5 赋给变量 result。

(3) 第 3 行代码输出变量 result 的值。

(4) 第 4 行代码调用 find("Computer")查找"Computer"在'Qufu Normal University'中第一次出现的位置,因为"Computer"没有出现在'Qufu Normal University'中,所以返回值为-1,把-1 赋给变量 result2。

(5) 第 5 行代码输出变量 result2 的值。

【例 2-29】 字符串函数 index()示例。

```
str1 = 'Qufu Normal University'
result = str1.index("Normal")
print(result )
result2= str1.index("Python")
print(result2)
```

本程序的运行结果为:

```
5
Traceback (most recent call last):

  File D:\00 2022_6_Python_code\2\li2_29.py:4 in <module>
    result2= str1.index("Python")

ValueError: substring not found
```

代码解析:

(1) 第 1 行代码定义变量 str1 并赋值为'Qufu Normal University'。

(2) 第 2 行代码调用 index("Normal")查找"Normal"在'Qufu Normal University'中第一次出现的位置,可以看到"Normal"在'Qufu Normal University'只出现了一次,位置是从第 6 个字符开始的,因为在 Python 语言中字符串中字符的位置编号系统设定从 0 开始,所以第 6 个字符的位置编号为 5,把 5 赋给变量 result。

(3) 第 3 行代码输出变量 result 的值。

(4) 第 4 行代码调用 index("Python")查找"Python"在'Qufu Normal University'中第一次出现的位置,因为"Python"没有出现在'Qufu Normal University'中,所以程序提示出错,结束整个程序。

(5) 第 5 行代码并没有运行,因为第 4 行代码出错,程序提前结束。

【例 2-30】 字符串函数 **count()**示例。

count 函数

```
li1 = 'Qufu Normal University'
result = li1.count("fu")
print(result)
```

本程序的运行结果为:

```
1
```

代码解析:

(1) 第 1 行代码定义变量 li1 并赋值为'Qufu Normal University'。

(2) 第 2 行代码调用 count("fu")统计"fu"在'Qufu Normal University'中出现了几次,因为只出现了一次,所以把 1 赋给变量 result。

(3) 第 3 行代码输出变量 result 的值。

【例 2-31】 使用字符串函数 **replace()**(默认替换所有的内容)。

replace 函数

```
li1 = 'Qufu Normal University'
result = li1.replace("Qufu","QUFU")
print(result)
```

本程序的运行结果为:

```
QUFU Normal University
```

代码解析:

(1) 第 1 行代码定义变量 li1 并赋值为'Qufu Normal University'。

(2) 第 2 行代码调用 replace("Qufu","QUFU")将字符串 li1 中的所有"Qufu"都换成"QUFU",再赋给变量 result。

(3) 第 3 行代码输出变量 result 的值。

【例 2-32】 使用字符串函数 **replace()**并指定替换几次内容。

```
li1 = 'abcabcabcabcabc'
result = li1.replace("ab","AB",2)
print(result)
```

本程序的运行结果为:

```
ABcABcabcabcabc
```

代码解析:

(1) 第 1 行代码定义变量 li1 并赋值为'abcabcabcabcabc'。

(2) 第 2 行代码调用 replace("ab","AB",2)将字符串 li1 中的"ab"替换成"AB"2 次,再赋给变量 result。虽然'abcabcabcabcabc'中"ab"出现了 5 次,但是在 replace 函数中指定了替换 2 次,所以结果只替换了 2 次。

(3) 第 3 行代码输出变量 result 的值。

【例 2-33】 字符串函数 strip()示例。

strip 函数

```
old_str1 = '   Qufu Normal University   '
old_str2 = 'Qufu Normal University          '
new_str1 = old_str1.strip()
new_str2 = old_str2.strip()
print(new_str1)
print(new_str2)
```

本程序的运行结果为:

```
Qufu Normal University
Qufu Normal University
```

代码解析:

(1) 第 1 行代码定义变量 old_str1 并赋值为'   Qufu Normal University   ',这个字符串中前后都有空格。

(2) 第 2 行代码定义变量 old_str2 并赋值为'Qufu Normal University   ',这个字符串中只有后边有空格。

(3) 第 3 行代码调用 strip()将字符串 old_str1 中的前后空格都删除,再赋给变量 new_str1。

(4) 第 4 行代码调用 strip()将字符串 old_str2 中的前后空格都删除,再赋给变量 new_str2。

(5) 第 5 行代码输出 new_str1 的值。

(6) 第 6 行代码输出 new_str2 的值。

【例 2-34】 字符串函数 lstrip()示例。

```
old_str1 = '   Qufu Normal University   '
old_str2 = 'Qufu Normal University          '
new_str1 = old_str1.lstrip()
new_str2 = old_str2.lstrip()
print(new_str1)
print(new_str2)
```

本程序的运行结果为:

```
Qufu Normal University
Qufu Normal University
```

代码解析：

（1）第1行代码定义变量old_str1并赋值为'　Qufu Normal University　'，这个字符串中前后都有空格。

（2）第2行代码定义变量old_str2并赋值为'Qufu Normal University　　　'，这个字符串里只有后面有空格。

（3）第3行代码调用lstrip()将字符串old_str1中左边的空格删除，再赋给变量new_str1。

（4）第4行代码调用lstrip()将字符串old_str2中左边的空格删除，再赋给变量new_str2。

（5）第5行代码输出new_str1的值。

（6）第6行代码输出new_str2的值，这里的结果看起来与例2-33一样，但是这里的new_str2后边是有空格的。

【例2-35】 字符串函数**rstrip()**示例。

```
old_str1 = '   Qufu Normal University  '
old_str2 = 'Qufu Normal University       '
new_str1 = old_str1.rstrip()
new_str2 = old_str2.rstrip()
print(new_str1)
print(new_str2)
```

本程序的运行结果为：

```
   Qufu Normal University
Qufu Normal University
```

代码解析：

（1）第1行代码定义变量old_str1并赋值为'　Qufu Normal University　'，这个字符串中前后都有空格。

（2）第2行代码定义变量old_str2并赋值为'Qufu Normal University　　　'，这个字符串中只有后面有空格。

（3）第3行代码调用rstrip()将字符串old_str1中右边的空格删除，再赋给变量new_str1。

（4）第4行代码调用rstrip()将字符串old_str2中右边的空格删除，再赋给变量new_str2。

（5）第5行代码输出new_str1的值，这里结果可以看出rstrip()只删除右边的空格，左边的空格没有删除。

（6）第6行代码输出new_str2的值。

【例 2-36】 字符串函数 split()示例。

```
A="very good"
a,b=A.split()
print(a)
print(b)
B="Qufu Normal University"
s1,s2,s3=B.split()
print(s1)
print(s2)
print(s3)
```

本程序的运行结果为：

```
very
good
Qufu
Normal
University
```

代码解析：

(1) 第 1 行代码定义变量 A 并赋值为"very good"。

(2) 第 2 行代码调用 A.split()将字符串 A 通过空格拆分，空格前的单词赋给变量 a，空格后的单词赋给变量 b。

(3) 第 3 行代码输出变量 a 的值。

(4) 第 4 行代码输出变量 b 的值。

(5) 第 5 行代码定义变量 B 并赋值为"Qufu Normal University"。

(6) 第 6 行代码调用 B.split()将字符串 B 通过空格拆分，因为 B 中有两个空格，所以拆分成三个单词，分别赋给变量 s1、s2、s3。

(7) 第 7 行代码输出变量 s1 的值。

(8) 第 8 行代码输出变量 s2 的值。

(9) 第 9 行代码输出变量 s3 的值。

本章习题

一、单选题

1. 以下选项中合法的变量名是(　　)。

A. He　　B. Q.He　　C. *123　　D. 6Abc

2. 以下选项中不合法的变量名是(　　)。

A. pingjun　　B. _qiuhe　　C. stu_name　　D. #A

3. 以下选项中正确的标识符是(　　)。

A. ? z　　B. z=2　　C. z.3　　D. z_3

4. 以下选项中错误的赋值语句是(　　)。

A. x1=3　　B. x2="good"

C. x1,x2,x3=1,1,1　　D. x1,x2,x3=1

5. 以下转义字符错误的是(　　)。

A. \t　　B. \'　　C. 074　　D. \n

6. 表达式 abs(−8) 的结果为(　　)。

A. 8　　B. −8　　C. 1　　D. 0

7. 表达式 int(8.889) 的结果为(　　)。

A. 8　　B. −8　　C. 1　　D. 0

8. 表达式 float(3)的结果为(　　)。

A. 8　　B. 3.0　　C. 1　　D. 0

9. 表达式(8>2) and (7<2) 结果为(　　)。

A. false　　B. False　　C. true　　D. True

10. 以下程序的运行结果为(　　)。

```
B="Qufu Normal University"
s1,s2,s3=B.split()
print(s1)
```

A. Qufu Normal University　　B. Qufu

C. Normal　　D. University

二、填空题

1. 在 Python 语言程序设计中,int 表示的数据类型是________。

2. 在 Python 语言程序设计中,float 表示的数据类型是________。

3. 在 Python 语言程序设计中,布尔型的类型名为________。

4. 在 Python 语言程序设计中,字符串类型的类型名为________。

5. 在 Python 语言程序设计中,布尔型在程序中输出的结果值只能为________或________。

6. 在 Python 语言程序设计中,使用科学计数法表达 3.87×10^3 的写法为________。

7. 在 Python 语言程序设计中,print(2 or 5)的输出结果是________。

8. 在 Python 语言程序设计中,print(2 and 5) 的输出结果是________。

实训项目　Python 数据类型、运算符及内置函数的用法

1. 实训目的

(1) 掌握 Python 语言基本数据类型变量的特点和定义方法。

(2) 熟练运用 Python 算术运算符、比较运算符、逻辑运算符。

(3) 熟练运用 Python 内置函数中常用的数学函数及字符串函数。

2. 实训内容

(1) 打开 Spyder 编辑器,输入以下代码,查看运行结果。

```
a,b,c=67,33,-8
print(a,b,c)
print(type(a))
print(type(b))
print(type(c))
f1,f2,f3=3.14,8.77,-1.25
print(f1,f2,f3)
print(type(f1))
print(type(f2))
print(type(f3))
b1,b2=True,False
print(b1,b2)
print(type(b1))
print(type(b2))
s1,s2,s3='Qufu',"Normal",'''University'''
print(s1,s2,s3)
print(type(s1))
print(type(s2))
print(type(s3))
```

(2) 打开 Spyder 编辑器,输入以下代码,查看运行结果。

```
print(round(5.336,2))
print(round(5.336))
print(round(5.336,0))
print(round(5.836,2))
print(round(5.836))
print(round(5.836,0))
```

(3) 打开 Spyder 编辑器,输入以下代码,查看运行结果。

```
print(int(5.999))
print(round(5.999))
import math
print(math.floor(5.999))
```

(4) 打开 Spyder 编辑器,输入以下代码,查看运行结果。

```
a= 'Qufu Normal University'
print(a.upper())
print(a.lower())
print(a.capitalize())
print(a.title())
```

(5) 打开 Spyder 编辑器,输入以下代码,查看运行结果。

```
li1="School of Computer Science"
s1,s2,s3,s4=li1.split()
print(s1)
print(s2)
print(s3)
print(s4)
```

（6）打开 Spyder 编辑器，输入以下代码，查看运行结果。

```
a='1 2 3 4 5'
b1,b2,b3,b4,b5=a.split()
print(b1+b2+b3+b4+b5)
c1=int(b1)
c2=int(b2)
c3=int(b3)
c4=int(b4)
c5=int(b5)
print(c1+c2+c3+c4+c5)
```

（7）打开 Spyder 编辑器，输入以下代码，查看运行结果。

```
#制作一个功能显示菜单界面
print( '=' * 60)
b="简易的学生管理系统"
print(b.center(50,"-"))
print(' ' * 15," 1.添加学生信息")
print(' ' * 15," 2.删除学生信息")
print(' ' * 15," 3.修改学生信息")
print(' ' * 15," 4.查询学生信息")
print(' ' * 15," 5.显示学生信息")
print(' ' * 15," 6.退出系统")
print( '=' * 60)
```

3. 实训步骤

（1）打开 Spyder，输入给定代码，查看运行结果。

① 打开 Spyder 编程界面，新建一个空白程序文件，为程序文件命名并保存到自己的文件夹中。

② 在 Spyder 编辑器的代码编辑区输入代码并保存。

③ 运行代码，查看运行结果。

程序运行结果为：

```
67 33 -8
<class 'int'>
<class 'int'>
<class 'int'>
3.14 8.77 -1.25
<class 'float'>
<class 'float'>
<class 'float'>
True False
<class 'bool'>
<class 'bool'>
Qufu Normal University
<class 'str'>
<class 'str'>
<class 'str'>
```

④ 分析理解 Python 中各种数据类型。

(2) 打开 Spyder 编辑器,输入给定代码,查看运行结果。

① 打开 Spyder 编程界面,新建一个空白程序文件。

② 输入代码并保存。

③ 运行代码。程序运行结果为:

```
5.34
5
5.0
5.84
6
6.0
```

④ 分析理解 round 函数的用法。

(3) 打开 Spyder 编辑器,输入给定代码,查看运行结果。

① 打开 Spyder 编程界面,新建一个空白程序文件。

② 输入代码并保存。

③ 运行代码。程序运行结果为:

```
5
6
5
```

④ 分析理解 int、round 及 floor 函数的区别。

(4) 打开 Spyder 编辑器,输入给定代码,查看运行结果。

① 打开 Spyder 编程界面,新建一个空白程序文件。

② 输入代码并保存。

③ 运行代码。程序运行结果为:

```
QUFU NORMAL UNIVERSITY
qufu normal university
Qufu normal university
Qufu Normal University
```

④ 分析理解 upper、lower、capitalize 及 title 函数的区别。

(5) 打开 Spyder 编辑器,输入给定代码,查看运行结果。

① 打开 Spyder 编程界面,新建一个空白程序文件。

② 输入代码并保存。

③ 运行代码。程序运行结果为:

```
School
of
Computer
Science
```

④ 分析理解 split 函数的用法。

(6) 打开 Spyder 编辑器,输入给定代码,查看运行结果。

① 打开 Spyder 编程界面,新建一个空白程序文件。

② 输入代码并保存。

③ 运行代码。程序运行结果为:

```
12345
15
```

④ 分析理解 split 函数的返回结果的类型。

(7) 打开 Spyder 编辑器,输入给定代码,查看运行结果。

① 打开 Spyder 编程界面,新建一个空白程序文件。

② 输入代码并保存。

③ 运行代码。程序运行结果为:

```
===================================================================
-----------------------简易的学生管理系统-----------------------
                    1. 添加学生信息
                    2. 删除学生信息
                    3. 修改学生信息
                    4. 查询学生信息
                    5. 显示学生信息
                    6. 退出系统
===================================================================
```

④ 分析理解一些常用的字符串函数的应用方法。

第3章 Python序列类型

序列类型是指一系列按一定顺序排列的值，是一种数据存储方式。在Python语言程序设计中，序列类型主要包括列表、元组、字典、字符串和集合，其中列表、字典和集合属于可变的数据类型，元组和字符串是不可变的数据类型。

3.1 列　　表

列表简介及创建列表

在Python语言程序设计中，一个列表内容可以存放多个数据，每一个数据称为一个元素，每个元素之间用逗号隔开。列表的定界符是方括号，同一个列表里的各个元素值可以是相同类型或者不同类型的数据。列表中的数据元素是有序的，内容长度可以改变、元素值也可以随时改变。

3.1.1 创建列表

在Python语言程序设计中，创建一个新的列表的语法格式如下：

```
列表名=[数据 1,数据 2, ...]
```

说明：

(1) 列表一旦创建，系统自动给每个元素分配一个数字编号，称为下标(或索引)。列表中第一个元素的位置下标为0，后面依次递增1。

(2) 使用列表中某个元素的格式为：列表名[下标]。

(3) 可以通过给列表名赋一个空的方括号的方式创建一个空列表，如list=[]。

【例3-1】 列表的创建及其中元素的使用。

```
a=[3,7,1,9,5]
print(a)
print(a[2])
```

本程序的运行结果为：

```
[3, 7, 1, 9, 5]
1
```

代码解析：

(1) 第1行代码定义列表名为a,并给a赋值[3,7,1,9,5]。

(2) 第2行代码输出列表a的全部元素值,结果为[3,7,1,9,5]。

(3) 第3行代码输出列表a中下标为2的元素值,结果为1。

3.1.2 添加列表元素

添加列表元素

在Python语言程序设计中,有3种方法可以为指定的列表添加元素。

方法一：append()

在Python语言程序设计中,可以使用append()给列表添加一个元素,append()一次只能添加一个元素,并且只能添加到列表的末尾。append()的使用格式如下：

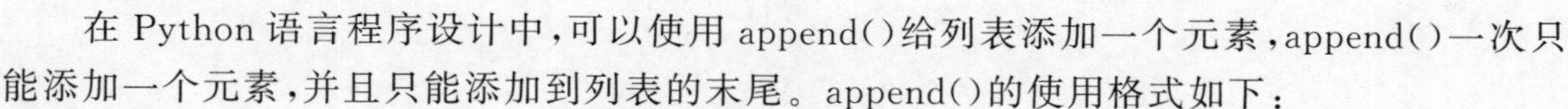

```
列表名.append(元素值)
```

【例3-2】 使用append函数在列表末尾添加一个元素。

```
a=[3,9,6]
print(a)
a.append(8)
print(a)
a.append("li32")
print(a)
```

本程序的运行结果为：

```
[3, 9, 6]
[3, 9, 6, 8]
[3, 9, 6, 8, 'li32']
```

代码解析：

(1) 第1行代码定义列表a,并赋值为[3,9,6]。

(2) 第2行代码输出列表a的全部元素值,结果为[3,9,6]。

(3) 第3行代码用a.append(8)在列表a的末尾添加一个元素值8。

(4) 第4行代码再次输出当前列表a的全部元素值,结果为[3,9,6,8]。

(5) 第5行代码用a.append("li32")在列表a的末尾添加一个元素值"li32"。

(6) 第6行代码再次输出当前列表a的全部元素值,结果为[3,9,6,8,'li32']。

方法二：extend()

在Python语言程序设计中,可以使用extend()添加列表元素。extend()可以一次添加一个元素,也可以一次添加多个元素。extend()添加的内容也只能添加到列表的末尾。extend()的使用格式如下：

```
列表名.extend([元素列表])
```

【例 3-3】 使用 extend 函数在列表末尾一次添加多个元素。

```
a=[3,9,6]
print(a)
a.extend([1,5,7])
print(a)
a.extend(["qufu","rizhao"])
print(a)
```

本程序的运行结果为:

```
[3, 9, 6]
[3, 9, 6, 1, 5, 7]
[3, 9, 6, 1, 5, 7, 'qufu', 'rizhao']
```

代码解析:

(1) 第 1 行代码定义列表 a,并赋值为[3,9,6]。

(2) 第 2 行代码输出列表 a 的全部元素值,结果为[3,9,6]。

(3) 第 3 行代码用 a.extend([1,5,7])在列表 a 的末尾同时添加三个元素值 1,5,7。

(4) 第 4 行代码再次输出当前列表 a 的全部元素值,结果为[3,9,6,1,5,7]。

(5) 第 5 行代码用 a.extend(["qufu","rizhao"])在列表 a 的末尾同时添加两个元素值 "qufu","rizhao"。

(6) 第 6 行代码再次输出当前列表 a 的全部元素值,结果为[3,9,6,1,5,7,'qufu','rizhao']。

方法三:insert()

在 Python 语言程序设计中,可以使用 insert()在指定列表的任意位置添加列表元素。insert()的使用格式如下:

```
列表名.insert(指定位置,元素值)
```

【例 3-4】 使用 insert 函数在指定列表的指定位置添加一个元素。

```
a=[3,9,6]
print(a)
a.insert(1,"wangyong")
print(a)
a.insert(2,8)
print(a)
```

本程序的运行结果为:

```
[3, 9, 6]
[3, 'wangyong', 9, 6]
[3, 'wangyong', 8, 9, 6]
```

代码解析:

(1) 第 1 行代码定义列表 a,并赋值为[3,9,6]。

(2) 第 2 行代码输出列表 a 的全部元素值,结果为[3,9,6]。

(3) 第 3 行代码用 a.insert(1,"wangyong")在列表 a 的下标为 1 的位置添加一个元素"wangyong"。

(4) 第 4 行代码再次输出当前列表 a 的全部元素值,结果为[3,'wangyong',9,6]。

(5) 第 5 行代码用 a.insert(2,8)在列表 a 的下标为 2 的位置添加一个元素 8。

(6) 第 6 行代码再次输出当前列表 a 的全部元素值,结果为[3,'wangyong',8,9,6]。

注意:在 Python 语言程序设计中,索引的标号是从 0 开始的,所以使用 insert 函数插入的元素插在了“指定位置”处,即新元素插入原列表指定位置元素之前。

3.1.3 删减列表元素

删除列表元素

在 Python 语言程序设计中,常用的删除列表元素的方法有三种。

方法一:del 命令

在 Python 语言程序设计中,可以使用 del 命令删除指定位置的元素值,使用格式如下:

```
del 列表名[下标]
```

【例 3-5】 使用 del 命令删除指定列表中的指定元素。

```
a=[3, 9, 6, 1, 5, 7, 'qufu', 'rizhao']
print(a)
del a[2]
print(a)
```

本程序的运行结果为:

```
[3, 9, 6, 1, 5, 7, 'qufu', 'rizhao']
[3, 9, 1, 5, 7, 'qufu', 'rizhao']
```

代码解析:

(1) 第 1 行代码定义列表 a,并赋值为[3,9,6,1,5,7,'qufu','rizhao']。

(2) 第 2 行代码输出列表 a 的全部元素值,结果为[3,9,6,1,5,7,'qufu','rizhao']。

(3) 第 3 行代码用 del a[2]删除列表 a 中下标为 2 的元素,当前列表 a 中下标为 2 的元素为 6,所以 6 被删除。

(4) 第 4 行代码再次输出当前列表 a 的全部元素值,结果为[3,9,1,5,7,'qufu','rizhao']。

方法二:remove()

在 Python 语言程序设计中,使用 remove()删除指定的元素值。如果在列表中存在多个相同的指定元素值,则只删除第一个出现的指定元素值。remove()的使用格式如下:

```
列表名.remove(指定元素值)
```

【例 3-6】 使用 remove 函数删除指定列表中的指定元素。

```
a=[3, 9, 7, 6, 1, 5, 7, 'qufu', 'rizhao']
print(a)
```

```
a.remove(7)
print(a)
```

本程序的运行结果为：

```
[3, 9, 7, 6, 1, 5, 7, 'qufu', 'rizhao']
[3, 9, 6, 1, 5, 7, 'qufu', 'rizhao']
```

代码解析：

(1) 第1行代码定义列表a,并赋值为[3,9,7,6,1,5,7,'qufu','rizhao']。

(2) 第2行代码输出列表a的全部元素值,结果为[3,9,7,6,1,5,7,'qufu','rizhao']。

(3) 第3行代码用a.remove(7)删除列表a中值为7的第一个元素。

(4) 第4行代码再次输出当前列表a的全部元素值,结果为[3,9,6,1,5,7,'qufu','rizhao']。

方法三：pop()

在Python语言程序设计中,使用pop()删除列表末尾的一个元素。使用格式如下：

```
列表名.pop()
```

【例3-7】 使用**pop**函数删除指定列表末尾元素。

```
a=[3, 9, 6, 1, 5, 7, 'qufu', 'rizhao']
print(a)
a.pop()
print(a)
```

本程序的运行结果为：

```
[3, 9, 6, 1, 5, 7, 'qufu', 'rizhao']
[3, 9, 6, 1, 5, 7, 'qufu']
```

代码解析：

(1) 第1行代码定义列表a,并赋值为[3,9,6,1,5,7,'qufu','rizhao']。

(2) 第2行代码输出列表a的全部元素值,结果为[3,9,6,1,5,7,'qufu','rizhao']。

(3) 第3行代码用a.pop()删除列表a中最后一个元素'rizhao'。

(4) 第4行代码再次输出当前列表a的全部元素值,结果为[3,9,6,1,5,7,'qufu']。

3.1.4 列表切片

在Python语言程序设计中,可以使用"列表名[下标]"的格式对列表中的某一个元素进行读取、修改等操作。但该格式一次只能处理一个元素,如果想同时对列表中的多个元素值进行操作,可以使用切片操作。切片是指对操作的对象截取其中的一部分的操作。列表切片就是对指定列表截取某些元素的操作。列表切片的语法格式如下：

```
列表名[start:end:step]
```

说明：

列表切片语法及示例

(1) 语法格式中的start、end、step对应的是列表中的下标值。

(2) [start:end:step]的含义是从start开始到end－1之间，以step为步长，即每隔step个单位获取一个元素。

(3) 如果省略第二个冒号和step，则使用默认步长1，即获取从start开始到end－1之间的所有元素。

(4) 如果省略start，则默认start的值为0，即获取从0开始到end－1之间的所有元素。

(5) 如果省略end，则默认end的值为整个列表的长度，即获取从start开始到列表末尾的所有元素。

(6) start、end、step的值可以为负值，表示从列表末尾向前倒着获取元素。

(7) 通过省略start、end参数的值，将step的值设为－1，即"列表名[::－1]"可以获得整个列表的逆序。

【例3-8】 列表切片示例。

```
a1=[3, 9, 6, 1, 5, 7, 'qufu', 'rizhao']
print(a1)
a2=a1[1:5]
print(a2)
a3=a1[1:5:2]
print(a3)
a4=a1[::2]
print(a4)
a5=a1[::-1]
print(a5)
```

本程序的运行结果为：

```
[3, 9, 6, 1, 5, 7, 'qufu', 'rizhao']
[9, 6, 1, 5]
[9, 1]
[3, 6, 5, 'qufu']
['rizhao', 'qufu', 7, 5, 1, 6, 9, 3]
```

代码解析：

(1) 第1行代码定义列表a1，并赋值为[3,9,6,1,5,7,'qufu','rizhao']。

(2) 第2行代码输出列表a1的全部元素值，结果为[3,9,6,1,5,7,'qufu','rizhao']。

(3) 第3行代码用切片a1[1:5]获取列表a1中多个元素赋给列表a2。

(4) 第4行代码输出列表a2的全部元素值，结果为[9,6,1,5]。

(5) 第5行代码用a1[1:5:2]获取列表a1中多个元素赋给列表a3。

(6) 第6行代码输出列表a3的全部元素值，结果为[9,1]。

(7) 第7行代码用切片a1[::2]获取列表a1中多个元素赋给列表a4。

(8) 第 8 行代码输出列表 a4 的全部元素值,结果为[3,6,5,'qufu']。

(9) 第 9 行代码用 a1[::-1]获取列表 a1 的逆序赋给列表 a5。

(10) 第 10 行代码输出列表 a5 的全部元素值,结果为['rizhao','qufu',7,5,1,6,9,3]。

在 Python 语言程序设计中,切片操作不仅能用于列表,还可以用于后面要介绍的元组、字符串等操作对象中,用法格式相同。

列表运算

3.1.5 列表之间的运算

在 Python 语言程序设计中,两个列表之间可以进行一些运算,常用的列表运算符如表 3-1 所示。

表 3-1 Python 中列表之间常用的运算符

运 算 符	含 义
+	实现列表的拼接,返回结果为列表,"+"左边的列表内容放在新列表前面,"+"右边的列表放在新列表的后面
*	实现列表的复制和添加,返回结果为列表,"*"运算符后面是整数,代表"*"左边的字符串重复多少次
比较运算符	对列表元素进行比较,返回结果为真或假
逻辑运算符	对列表进行逻辑运算,返回结果为真或假

【例 3-9】 列表之间的运算示例。

```
a1=[3, 9, 6]
a2=[1, 5, 7]
print(a1+a2)
print(a1*2)
print(a1<a2)
print(a1<a2 and a1>a2)
```

本程序的运行结果为:

```
[3, 9, 6, 1, 5, 7]
[3, 9, 6, 3, 9, 6]
False
False
```

代码解析:

(1) 第 1 行代码定义列表 a1,并赋值为[3,9,6]。

(2) 第 2 行代码定义列表 a2,并赋值为[1,5,7]。

(3) 第 3 行代码输出 a1+a2 的值,结果为[3,9,6,1,5,7]。

(4) 第 4 行代码输出 a1*2 的值,结果为[3,9,6,3,9,6]。

(5) 第 5 行代码输出 a1<a2 的值,结果为 False。

(6) 第 6 行代码输出 a1<a2 and a1>a2 的值,结果为 False。

列表的“*”运算可以将列表中的元素复制多份添加到原来的元素值后面。在Python编程中经常用于控制输出多个符号。

【例3-10】 列表的“*”运算示例。

```
print('-'*20)
print("上课")
print('-'*20)
```

本程序的运行结果为：

```
--------------------
上课
--------------------
```

代码解析：

(1) 第1行代码输出20个“-”。

(2) 第2行代码输出"上课"。

(3) 第3行代码再次输出20个“-”。

3.1.6 列表常用的操作函数

列表函数 sort

在Python语言程序设计中，列表常用的操作函数的使用格式及功能说明如表3-2所示。

表3-2 列表常用的操作函数

函数用法格式	功　能
列表名.count(元素值)	统计某个数值在列表中出现了几次
列表名.index(元素值)	输出指定元素值在指定列表中的索引号
列表名.sort()	将指定列表的所有元素从小到大进行排序，结果直接放回原指定列表
列表名.reverse()	将指定列表元素值逆序，结果直接放回原指定列表
len(列表名)	求列表的长度，返回列表中元素的个数
sum(列表名)	此函数只能用于数值型列表，对列表中的元素进行求和

【例3-11】 列表操作函数的使用示例。

```
a1=[3, 9, 6, 1, 5, 7, 6, 8, 6]
print(a1)
print(a1.count(6))
print(a1.index(5))
print(a1.sort())
print(a1)
a1.reverse()
print(a1)
print(len(a1))
print(sum(a1))
```

本程序的运行结果为：

```
[3, 9, 6, 1, 5, 7, 6, 8, 6]
3
4
None
[1, 3, 5, 6, 6, 6, 7, 8, 9]
[9, 8, 7, 6, 6, 6, 5, 3, 1]
9
51
```

代码解析：

(1) 第1行代码定义列表a1,并赋值为[3,9,6,1,5,7,6,8,6]。

(2) 第2行代码输出列表a1的全部元素值,结果为[3,9,6,1,5,7,6,8,6]。

(3) 第3行代码输出a1.count(6)的值,结果为3。

(4) 第4行代码输出a1.index(5)的值,结果为4。

(5) 第5行代码输出a1.sort()的值,结果为None,因为Python中sort()对列表进行操作时直接改变列表本身,sort()返回值是空的,所以显示结果为None。

(6) 第6行代码再次输出列表a1的全部元素值,结果为[1,3,5,6,6,6,7,8,9]。

(7) 第7行代码直接运行a1.reverse()代码修改原列表a1的值。

(8) 第8行代码再次输出列表a1的全部元素值,结果为[9,8,7,6,6,6,5,3,1]。

(9) 第9行代码输出len(a1)的值,因为a1中共有9个元素,所以结果为9。

(10) 第10行代码输出sum(a1)的值,结果为51。

注意：在Python语言程序设计中,使用sort()和reverse()对列表进行排序和逆序操作时直接修改原列表内容,而sort()和reverse()的返回值是None。

3.1.7 二维列表

在Python语言程序设计中,列表中的元素也允许是一个列表。当一个列表的元素是列表时,就构成了多维列表。最常见的是二维列表,二维列表中的每一个元素分别是一个一维列表。创建一个新的二维列表的语法格式如下：

```
列表名=[[元素 1, 元素 2, ...], [元素 1, 元素 2, ...], ...]
```

【例3-12】 使用二维列表的形式保存如表3-3所示的课堂花名册。

表3-3 课堂花名册

单位名称	专业名称	当前年级	班　级	学　号	姓名	性别
计算机学院	人工智能	2021	21人工智能	2021416267	曾月	女
计算机学院	人工智能	2021	21人工智能	2021416268	陈保	女
计算机学院	人工智能	2021	21人工智能	2021416269	陈柯	女
计算机学院	人工智能	2021	21人工智能	2021416270	陈涛	男

续表

单位名称	专业名称	当前年级	班 级	学 号	姓名	性别
计算机学院	人工智能	2021	21 人工智能	2021416271	陈泽	男
计算机学院	人工智能	2021	21 人工智能	2021416272	崔嘉	男
计算机学院	人工智能	2021	21 人工智能	2021416273	杜燕	女
计算机学院	人工智能	2021	21 人工智能	2021416274	冯雪	女
计算机学院	人工智能	2021	21 人工智能	2021416275	林志	男
计算机学院	人工智能	2021	21 人工智能	2021416276	付瑜	男

代码如下：

```
a=[["计算机学院","人工智能","2021","21 人工智能","2021416267","曾月","女"],
["计算机学院","人工智能","2021","21 人工智能","2021416268","陈保","女"],
["计算机学院","人工智能","2021","21 人工智能","2021416269","陈柯","女"],
["计算机学院","人工智能","2021","21 人工智能","2021416270","陈涛","男"],
["计算机学院","人工智能","2021","21 人工智能","2021416271","陈泽","男"],
["计算机学院","人工智能","2021","21 人工智能","2021416272","崔嘉","男"],
["计算机学院","人工智能","2021","21 人工智能","2021416273","杜燕","女"],
["计算机学院","人工智能","2021","21 人工智能","2021416274","冯雪","女"],
["计算机学院","人工智能","2021","21 人工智能","2021416275","林志","男"],
["计算机学院","人工智能","2021","21 人工智能","2021416276","付瑜","男"]]
print(a)
```

本程序的运行结果为：

```
[['计算机学院', '人工智能', '2021', '21 人工智能', '2021416267', '曾月', '女'], ['计
算机学院', '人工智能', '2021', '21 人工智能', '2021416268', '陈保', '女'], ['计算机学
院', '人工智能', '2021', '21 人工智能', '2021416269', '陈柯', '女'], ['计算机学院',
'人工智能', '2021', '21 人工智能', '2021416270', '陈涛', '男'], ['计算机学院', '人工
智能', '2021', '21 人工智能', '2021416271', '陈泽', '男'], ['计算机学院', '人工智能',
'2021', '21 人工智能', '2021416272', '崔嘉', '男'], ['计算机学院', '人工智能', '2021',
'21 人工智能', '2021416273', '杜燕', '女'], ['计算机学院', '人工智能', '2021', '21 人
工智能', '2021416274', '冯雪', '女'], ['计算机学院', '人工智能', '2021', '21 人工智
能', '2021416275', '林志', '男'], ['计算机学院', '人工智能', '2021', '21 人工智能',
'2021416276', '付瑜', '男']]
```

代码解析：

(1) 第 1 行代码定义列表 a 并给 a 赋值，用一个二维列表实现了一个课堂花名册的存储，先将本课堂中每一名学生的信息构成一个一维列表，再将其作为元素来构造二维列表。

(2) 第 2 行代码输出列表 a 的全部元素值。

3.2 元 组

在 Python 语言程序设计中，元组的定界符为圆括号，元组中可以有多个元素，每个元素的数据类型可以相同也可以不同，每个元素之间用逗号隔开。元组与列表一样，元素值是

有序的,每个元素都可以使用下标进行访问使用;但是元组的元素值不能改变,不能增删元素。如果必须修改其内容,只能重新创建一个元组。

3.2.1 创建元组

创建元组

在 Python 语言程序设计中,创建一个新的元组的语法格式如下:

```
元组名=(元素 1, 元素 2, ...)
```

【例 3-13】 创建元组并赋值。

```
y1=('21人工智能', '2021416267', '曾月', '女')
print(y1)
y2=(8, 9, 6)
print(y2)
y3=('zhu')
print(y3)
y4=('zhu',)
print(y4)
```

本程序的运行结果为:

```
('21人工智能', '2021416267', '曾月', '女')
(8, 9, 6)
zhu
('zhu',)
```

代码解析:

(1) 第 1 行代码定义元组 y1 并赋值为('21 人工智能','2021416267','曾月','女'),元组 y1 的元素值全部为字符串类型。

(2) 第 2 行代码输出元组 y1 的值。

(3) 第 3 行代码定义元组 y2 并赋值为(8,9,6),元组 y2 的元素值全部为整型。

(4) 第 4 行代码输出元组 y2 的值。

(5) 第 5 行代码定义变量 y3 并赋值为('zhu')。这里虽然用了圆括号,但是并没有创建元组。如果要创建只有一个元素的元组,必须在圆括号内的元素值后面再加一个逗号,否则创建的不是元组。

(6) 第 6 行代码输出变量 y3 的值。

(7) 第 7 行代码定义元组 y4 并赋值为('zhu',)。

(8) 第 8 行代码输出元组 y4 的值。

3.2.2 删除元组

在 Python 语言程序设计中,因为元组是不可变的序列,不能删除其元素值,所以对元组只使用 del 命令删除整个元组,使用格式如下:

```
del 元组名
```

【例 3-14】 删除元组示例。

```
y1=('21人工智能', '2021416267', '曾月', '女')
print(y1)
del y1
print(y1)
```

本程序的运行结果为：

```
('21人工智能', '2021416267', '曾月', '女')
Traceback (most recent call last):

  File "D:\00 2022_6_python_code\3\li3_14.py", line 4, in <module>
    print(y1)

NameError: name 'y1' is not defined
```

代码解析：

（1）第1行代码定义元组 y1 并赋值为('21人工智能','2021416267','曾月','女')。

（2）第2行代码输出元组 y1 的值。

（3）第3行代码用 del y1 删除整个元组。

（4）第4行代码再次输出元组 y1 时，运行结果提示输出错误。

3.2.3 访问元组

在 Python 语言程序设计中，访问元组的方法与列表方法一样，可以直接通过下标获取元组元素值，也可以使用切片操作获取多个元组元素值。

【例 3-15】 访问元组示例。

访问元组

```
y1=('21人工智能', '2021416267', '曾月', '女',3,9,6)
print(y1)
print(y1[2])
print(y1[1:5])
print(y1[1:5:2])
print(y1[::2])
print(y1[::-1])
```

本程序的运行结果为：

```
('21人工智能', '2021416267', '曾月', '女', 3, 9, 6)
曾月
('2021416267', '曾月', '女', 3)
('2021416267', '女')
('21人工智能', '曾月', 3, 6)
(6, 9, 3, '女', '曾月', '2021416267', '21人工智能')
```

代码解析：

(1) 第 1 行代码定义元组 y1 并赋值为('21 人工智能','2021416267','曾月','女')。

(2) 第 2 行代码输出元组 y1 的值。

(3) 第 3 行代码输出 y1 中下标为 2 的元素值,结果为"曾月"。

(4) 第 4 行代码用切片[1:5]读取 y1 中多个元素值,输出结果为('2021416267','曾月','女',3)。

(5) 第 5 行代码用切片[1:5:2]读取 y1 中多个元素值,输出结果为('2021416267','女')。

(6) 第 6 行代码用切片[::2]读取 y1 中多个元素值,输出结果为('21 人工智能','曾月',3,6)。

(7) 第 7 行代码用切片[::-1]读取 y1 的逆序元素值,输出结果为(6,9,3,'女','曾月','2021416267','21 人工智能')。

3.2.4 元组常用操作函数

因为元组中的元素不能修改,所以元组可以使用的操作函数不像列表那样多,通常只做一些简单的求元素个数、求最大值及求最小值的运算操作。

【例 3-16】 求元组长度、最大值及最小值的示例。

```
y1=(12,39,65,3,9,6)
print(len(y1))
print(max(y1))
print(min(y1))
```

本程序的运行结果为：

```
6
65
3
```

代码解析：

(1) 第 1 行代码定义元组 y1 并赋值为(12,39,65,3,9,6)。

(2) 第 2 行代码输出 len(y1)的值,因为 y1 中有 6 个元素,所以结果为 6。

(3) 第 3 行代码输出 y1 中的最大值,结果为 65。

(4) 第 4 行代码输出 y1 中的最小值,结果为 3。

3.3 字　典

在 Python 语言程序设计中,字典的定界符为一对花括号,字典是一种无序的、可变的序列。字典的{ }内的每一个元素内容都必须由键和值两部分组成,键与值的间隔符为冒号,字典的每个元素值之间仍然用逗号间隔。

3.3.1 创建字典

在 Python 语言程序设计中，创建一个新的字典的语法格式如下：

```
字典名={键 1:值 1,键 2:值 2, ...}
```

说明：

(1) 在同一个字典中，键必须是唯一的，不能重复。创建字典时，如果有两个相同的键，则认为是对同一个键赋两次值，只有后一个值会被记住。

(2) 字典中的键不可变，所以只能使用数字、字符串或元组数据类型，不能用列表。

(3) 字典中的值可以是任何类型的数据。

(4) 同一个字典中的值允许重复。

(5) 字典中的数据存储是无序的，所以不能像列表或元组那样使用下标的方式进行引用。

(6) 字典内的数据是可变的，可以通过相应的命令进行添加或删除。

【例 3-17】 创建字典示例。

创建字典

```
z1 = {"曾月":91,"陈保":92,"陈柯":62,"陈涛":87}
print(z1)
z2 = {1:"曾月",2:"陈保",3:"陈柯",4:"陈涛"}
print(z2)
z3 = {'a':["曾月",91],'b':["陈保",92],'c':["陈柯",62],'d':["陈涛",87]}
print(z3)
```

本程序的运行结果为：

```
{'曾月': 91, '陈保': 92, '陈柯': 62, '陈涛': 87}
{1: '曾月', 2: '陈保', 3: '陈柯', 4: '陈涛'}
{'a': ['曾月', 91], 'b': ['陈保', 92], 'c': ['陈柯', 62], 'd': ['陈涛', 87]}
```

代码解析：

(1) 第 1 行代码定义字典 z1 并赋值为{"曾月":91,"陈保":92,"陈柯":62,"陈涛":87}。

(2) 第 2 行代码输出字典 z1 的值。

(3) 第 3 行代码定义字典 z2 并为其赋值。

(4) 第 4 行代码输出字典 z2 的值。

(5) 第 5 行代码定义字典 z3 并为其赋值。

(6) 第 6 行代码输出字典 z3 的值。

3.3.2 访问字典元素值

在 Python 语言程序设计中，可以通过字典的键读取某个字典元素值，使用格式如下：

```
字典名[键]
```

说明：

(1) 通过此格式可以得到指定键冒号后边对应的值。

(2) 在使用此格式时,应保证字典中存在指定的键,如果字典中不存在这个指定的键,程序运行时则提示出错。

【例 3-18】 访问字典示例。

访问字典

```
z2 = {1:"曾月",2:"陈保",3:"陈柯",4:"陈涛"}
print(z2[2])
print(z2[5])
```

本程序的运行结果为：

```
陈保
Traceback (most recent call last):

  File "D:\00 2022_6_python_code\3\li3_18.py", line 3, in <module>
    print(z2[5])

KeyError: 5
```

代码解析：

(1) 第 1 行代码定义字典 z2 并为其赋值。

(2) 第 2 行代码输出 z2[2]的值,字典 z2 中键为 2 的元素值为"陈保",所以输出结果为"陈保"。

(3) 第 3 行代码输出 z2[5]的值,字典 z2 中不存在键为 5 的元素值,所以抛出异常。

3.3.3 删除字典元素值

在 Python 语言程序设计中,因为字典元素是可变的,所以可以删除某个字典元素值。使用格式如下：

```
del 字典名[键]
```

说明：删除指定字典名的指定键所对应的元素。

【例 3-19】 删除字典元素示例。

```
z2 = {1:"曾月",2:"陈保",3:"陈柯",4:"陈涛"}
print(z2)
del z2[2]
print(z2)
```

本程序的运行结果为：

```
{1: '曾月', 2: '陈保', 3: '陈柯', 4: '陈涛'}
{1: '曾月', 3: '陈柯', 4: '陈涛'}
```

代码解析：

(1) 第 1 行代码定义字典 z2 并为其赋值。

(2) 第 2 行代码输出 z2 的值。

(3) 第 3 行代码用 del z2[2]删除字典 z2 中键为 2 的元素值，这里要特别注意“2”不是下标，而是键。

(4) 第 4 行代码再次输出 z2 的值，可以看到键为 2 的元素值已经被删除。

3.3.4 删除整个字典

在 Python 语言程序设计中，删除整个字典的语法格式如下：

```
del 字典名
```

【例 3-20】 删除整个字典示例。

```
z2 = {1:"曾月",2:"陈保",3:"陈柯",4:"陈涛"}
print(z2)
del z2
print(z2)
```

本程序的运行结果为：

```
{1: '曾月', 2: '陈保', 3: '陈柯', 4: '陈涛'}
Traceback (most recent call last):

  File "D:\00 2022_6_python_code\3\li3_20.py", line 4, in <module>
    print(z2)

NameError: name 'z2' is not defined
```

代码解析：

(1) 第 1 行代码定义字典 z2 并为其赋值。

(2) 第 2 行代码输出 z2 的值。

(3) 第 3 行代码用 del z2 删除整个字典 z2。

(4) 第 4 行代码再次输出 z2 的值，运行结果提示出错。

3.3.5 修改字典

在 Python 语言程序设计中，可以对已创建的字典内容进行修改，除了删除字典元素外还可以添加或修改字典元素内容。但是因为字典类型是无序的，不能使用下标的引用方式，只能使用键的引用方式，添加或修改字典键值对内容的语法格式如下：

```
字典名[键]=值
```

说明:

(1) 如果格式中指定的键是原字典中没有的键,则实现字典内容的添加,在字典最后添加一个键值对。

(2) 如果指定的键在原字典中已经存在,则实现字典内容的修改,用新的值修改原字典中指定键的对应值。

【例 3-21】 添加字典元素示例。

```
z2 = {1:"曾月",2:"陈保",3:"陈柯",4:"陈涛"}
print(z2)
z2[5]="李荣"
print(z2)
```

本程序的运行结果为:

```
{1: '曾月', 2: '陈保', 3: '陈柯', 4: '陈涛'}
{1: '曾月', 2: '陈保', 3: '陈柯', 4: '陈涛', 5: '李荣'}
```

代码解析:

(1) 第 1 行代码定义字典 z2 并为其赋值。

(2) 第 2 行代码输出 z2 的值。

(3) 第 3 行代码添加一对键值内容为“5:'李荣”。

(4) 第 4 行代码再次输出 z2 的值,可以看到字典内容多了一对。

【例 3-22】 修改字典内容示例。

```
z2 = {1:"曾月",2:"陈保",3:"陈柯",4:"陈涛"}
print(z2)
z2[2]="李荣"
print(z2)
```

本程序的运行结果为:

```
{1: '曾月', 2: '陈保', 3: '陈柯', 4: '陈涛'}
{1: '曾月', 2: '李荣', 3: '陈柯', 4: '陈涛'}
```

代码解析:

(1) 第 1 行代码定义字典 z2 并为其赋值。

(2) 第 2 行代码输出 z2 的值。

(3) 第 3 行代码修改键为 2 的元素值,将原来的“陈保”改为“李荣”。

(4) 第 4 行代码再次输出 z2 的值,可以看到字典元素内容并没有增加,只是键为 2 的内容发生了改变。

3.4 字符串切片

在 Python 语言程序设计中没有字符类型,只有字符串类型,即使引号定界符内只有一个字符,也是一个字符串类型。字符串也是一种序列数据类型,字符串中的每一个字符都会由系统分配一个数字来标识其在列表中的位置,称为索引(或下标),列表中第一个元素的位置的索引被设置为0,后面依次增1。访问字符串内的某一个字符时,跟列表操作类似,通过引用索引(或下标)来实现,当要同时获取字符串中的多个字符时就要使用字符串切片。字符串切片的语法格式如下:

```
字符串名[start:end:step]
```

格式使用说明与列表切片完全一样,具体内容参考前面的3.1.4小节中的相关内容。

【例3-23】 字符串切片示例。

```
li1 = 'Qufu Normal University'
print(li1[1:7:1])
print(li1[1:7])
print(li1[1:7:2])
print(li1[0:7])
print(li1[:7])
print(li1[-4:])
print(li1[:-4])
print(li1[::-1])
```

本程序的运行结果为:

```
ufu No
ufu No
uuN
Qufu No
Qufu No
sity
Qufu Normal Univer
ytisrevinU lamroN ufuQ
```

代码解析:

(1) 第1行代码定义变量li1并赋值为'Qufu Normal University'。

(2) 第2行代码输出字符串切片li1[1:7:1]的值,该切片表示从li中取出下标从1到6的多个字符,每次取字符时下标间隔为1,所以输出结果为ufu No。

(3) 第3行代码输出字符串切片li1[1:7]的值,因为语法格式中省略步长时默认为1,所以这一行代码的结果与第二行代码的结果相同。

(4) 第4行代码输出字符串切片li1[1:7:2]的值,该切片表示从li中取出下标从1到6的多个字符,每次取字符时下标间隔为2,所以输出结果为uuN。

(5) 第5行代码输出字符串切片li1[0:7]的值,该切片表示从li中取出下标从0到6的多个字符,每次取字符时下标间隔使用默认值1,所以输出结果为Qufu No。

(6) 第6行代码输出字符串切片li1[:7]的值,省略开始下标,使用默认值0,所以这一行代码的结果与第5行代码的结果相同。

(7) 第7行代码输出字符串切片li1[−4:]的值,该切片表示从li中的倒数第4个字符开始,省略结束位置,默认使用整个字符串长度,省略步长,使用默认值1,所以输出结果为sity。

(8) 第 8 行代码输出字符串切片 li1[:-4]的值，省略开始位置，使用默认值 0，指定结束位置为-4，表示取到串中倒数第 4 个字符结束，省略步长，使用默认值 1，所以输出结果为 Qufu Normal Univer。

(9) 第 9 行代码输出字符串切片 li1[::-1]的值，开始位置和结束位置都省略，则使用默认值，步长为-1，则表示倒着取，所以得到了整个字符串倒序。

在解决实际问题时，字符串是比较常用的一种序列类型。在字符串切片中经常会使用负的下标值来控制单词的选取等。

【例 3-24】 取出指定字符串中的最后一个单词。

```
li1 = 'Qufu Normal University'
print(li1[-10::])
```

本程序的运行结果为：

```
University
```

代码解析：

(1) 第 1 行代码定义变量 li1 并赋值为'Qufu Normal University'。

(2) 第 2 行代码用切片 li1[-10::]实现从倒数第 10 个字符开始选取直至整个字符串结束，步长默认为 1，所以取出 li1 串的最后一个单词。

3.5 集 合

在 Python 语言程序设计中，集合是一种无序的序列类型。集合可以像字典一样使用一对花括号将所有元素数据括起来，但集合中的所有元素要求是唯一的。Python 系统中规定的集合类型名为 set。

3.5.1 创建集合

在 Python 语言程序设计中，创建集合可以使用{}的方式创建，也可以使用 set()的方式创建，语法格式如下：

```
变量名={元素, 元素, ...}
set(元素)
```

说明：

(1) 花括号括起来的元素可以是多个，各元素之间用逗号隔开，数据类型可以相同也可以不同。

(2) 使用 set()创建集合时，参数必须是序列类型，可以是字符串、列表、元组或字典；当参数是字符串、列表或元组时，集合会把序列中的每一个元素值作为集合的元素值；当参数为字典时，集合的元素值为所有的键。

(3) 当遇到“a={}”的写法,默认为空字典;如果想创建一个空集合,只能使用 set()。

(4) 集合中不允许出现重复的元素值,所以在创建时有重复值会自动删除。

【例 3-25】 使用{}创建集合示例。

```
jihe1={"朱荣","俊华"}
print(jihe1)
jihe2={1,2,3,4,5}
print(jihe2)
jihe3= {'21 人工智能', 2021416267, '曾月', '女'}
print(jihe3)
jihe4= {'21 人工智能', 2021416267, '曾月', '女','曾月'}
print(jihe4)
```

本程序的运行结果为:

```
{'俊华', '朱荣'}
{1, 2, 3, 4, 5}
{'女', 2021416267, '曾月', '21 人工智能'}
{'女', 2021416267, '曾月', '21 人工智能'}
```

代码解析:

(1) 第 1 行代码定义集合 jihe1,并赋值为{"朱荣","俊华"},jihe1 为元素值类型同为字符串的集合。

(2) 第 2 行代码输出 jihe1 的全部元素值。

(3) 第 3 行代码定义集合 jihe2,并赋值为{1,2,3,4,5},jihe2 为元素值类型同为整数的集合。

(4) 第 4 行代码输出 jihe2 的全部元素值。

(5) 第 5 行代码定义集合 jihe3,并赋值为不同的数据类型。

(6) 第 6 行代码输出 jihe3 的全部元素值。

(7) 第 7 行代码定义集合 jihe4,给 jihe4 赋值时加了一个重复值'曾月'。

(8) 第 8 行代码输出 jihe4 的全部元素值,可以看到输出结果只有一个'曾月',重复的元素值自动删除了。

【例 3-26】 使用 set 方法创建集合示例。

```
a=set("abcde")
print(a)
b=set('123456123')
print(b)
c=set((1,3,5))
print(c)
d=set([1,3,5])
print(d)
e=set({"曾月":91,"陈保":92,"陈柯":62,"陈涛":87})
print(e)
```

本程序的运行结果为:

```
{'a', 'd', 'e', 'b', 'c'}
{'4', '3', '1', '6', '2', '5'}
{1, 3, 5}
{1, 3, 5}
{'曾月', '陈涛', '陈柯', '陈保'}
```

代码解析：

(1) 第 1 行代码定义集合 a 并赋值为字符串类型。

(2) 第 2 行代码输出 a 的全部元素值。

(3) 第 3 行代码定义集合 b 并赋值为字符串类型,在字符串中有重复值。

(4) 第 4 行代码输出 b 的全部元素值,从输出结果可以看出重复值已经被删除。

(5) 第 5 行代码定义集合 c 并赋值为元组类型。

(6) 第 6 行代码输出 c 的全部元素值。

(7) 第 7 行代码定义集合 d 并赋值为列表类型。

(8) 第 8 行代码输出 d 的全部元素值。

(9) 第 9 行代码定义集合 e 并赋值为字典类型。

(10) 第 10 行代码输出 e 的全部元素值,从输出结果可以看到创建的集合中只有字典的键。

【例 3-27】 定义空字典和空集合示例。

```
a={}
print(type(a))
b=set()
print(type(b))
```

本程序的运行结果为：

```
<class 'dict'>
<class 'set'>
```

代码解析：

(1) 第 1 行代码定义一个空字典 a。

(2) 第 2 行代码输出 a 的类型。

(3) 第 3 行代码定义一个空集合 b。

(4) 第 4 行代码输出 b 的类型。

3.5.2 添加集合元素

在 Python 语言程序设计中,通常有两种方法实现集合元素的添加。

方法一：add()

使用 add()给集合添加元素,参数可以是一个元素值,也可以是元组。使用 add()添加集合元素的语法格式如下：

```
集合名.add(元素值)
```

【例 3-28】 使用 add()给集合添加元素示例。

```
a= {1,2,3,4,5}
print(a)
a.add(6)
print(a)
a.add("good")
print(a)
a.add((9,12))
print(a)
```

本程序的运行结果为：

```
{1, 2, 3, 4, 5}
{1, 2, 3, 4, 5, 6}
{1, 2, 3, 4, 5, 6, 'good'}
{1, 2, 3, 4, 5, 6, 'good', (9, 12)}
```

代码解析：

(1) 第 1 行代码定义集合 a 并赋值为{1,2,3,4,5}。

(2) 第 2 行代码输出 a 的全部元素值；

(3) 第 3 行代码给 a 添加一个元素值 6。

(4) 第 4 行代码输出 a 的全部元素值。

(5) 第 5 行代码给 a 添加一个元素值"good"。

(6) 第 6 行代码输出 a 的全部元素值。

(7) 第 7 行代码给 a 添加一个元组(9,12)。

(8) 第 8 行代码输出 a 的全部元素值。

【例 3-29】 使用 add()给空集合添加元素示例。

```
stu=set()
stu.add('21 人工智能')
stu.add('2021416267')
stu.add('曾月')
stu.add(98)
print(stu)
```

本程序的运行结果为：

```
{98, '曾月', '2021416267', '21 人工智能'}
```

代码解析：

(1) 第 1 行代码定义了一个空集合 stu。

(2) 第 2 行代码使用 add()给集合添加一个元素值'21 人工智能'。

(3) 第 3 行代码使用 add()给集合添加一个元素值'2021416267'。

(4) 第 4 行代码使用 add()给集合添加一个元素值'曾月'。

(5) 第 5 行代码使用 add()给集合添加一个元素值 98。

(6) 第 6 行代码输出 stu 的全部元素值。

方法二:update()

使用 update()可以给集合一次添加多个元素,参数可以是字符串、列表、元组及字典,但不能是简单的数据类型元素。使用 update()添加集合元素的语法格式如下:

```
集合名.update(序列值)
```

【例 3-30】 使用 update()添加集合元素示例。

```
a= {1,2,3,4,5}
print(a)
a.update("abcde")
print(a)
a.update(["朱荣","俊华"])
print(a)
a.update((5,7,9))
print(a)
a.update({"曾月":91,"陈保":92,"陈柯":62,"陈涛":87})
print(a)
```

本程序的运行结果为:

```
{1, 2, 3, 4, 5}
{1, 2, 3, 4, 5, 'a', 'd', 'e', 'b', 'c'}
{1, 2, 3, 4, 5, 'a', '朱荣', '俊华', 'd', 'e', 'b', 'c'}
{1, 2, 3, 4, 5, 'a', '朱荣', 7, 9, '俊华', 'd', 'e', 'b', 'c'}
{1, 2, 3, 4, 5, 'a', '朱荣', 7, 9, '曾月', '陈柯', '陈涛', '俊华', 'd', 'e', '陈保',
'b', 'c'}
```

代码解析:

(1) 第 1 行代码定义了一个集合 a 并为其赋值。

(2) 第 2 行代码输出 a 的全部元素值。

(3) 第 3 行代码使用 update()给 a 添加一个字符串,这时会自动将字符串拆分成单个字母再添加进集合。

(4) 第 4 行代码输出 a 的全部元素值。

(5) 第 5 行代码使用 update()给 a 添加一个列表,列表中每个元素单独添加进集合。

(6) 第 6 行代码输出 a 的全部元素值。

(7) 第 7 行代码使用 update()给 a 添加一个元组,元组中每个元素单独添加进集合。

(8) 第 8 行代码输出 a 的全部元素值。

(9) 第 9 行代码使用 update()给 a 添加一个字典,字典中每个键单独添加进集合。

(10) 第 10 行代码输出 a 的全部元素值。

3.5.3 删除集合元素

在 Python 语言程序设计中，通常有四种方法删除集合中的某个元素值。

方法一：**remove()**

使用 remove()删除集合中的元素时，如果要删除的元素存在，则直接删除；如果要删除的元素不存在，则程序报错。使用 remove()删除集合元素的语法格式如下：

```
集合名.remove(元素值)
```

【例 3-31】 使用 **remove()**删除集合中的元素示例。

```
a= {1,2,3,4,5}
print(a)
a.remove(3)
print(a)
a.remove(8)
print(a)
```

本程序的运行结果为：

```
{1, 2, 3, 4, 5}
{1, 2, 4, 5}
Traceback (most recent call last):

  File "D:\00 2022_6_python_code\3\li3_31.py", line 5, in <module>
    a.remove(8)

KeyError: 8
```

代码解析：

(1) 第 1 行代码定义集合 a 并为其赋值。

(2) 第 2 行代码输出 a 的全部元素值。

(3) 第 3 行代码使用 remove 方法移除元素 3。

(4) 第 4 行代码输出 a 的全部元素值。

(5) 第 5 行代码使用 remove 方法移除元素 8，但是原来集合中不存在 8 这个值，所以运行结果抛出异常，程序结束。

方法二：**discard()**

使用 discard()删除集合元素时，如果集合中存在这个元素就直接删除，如果元素不存在则不做任何操作。使用 discard 方法删除集合元素的语法格式如下：

```
集合名.discard(元素值)
```

【例 3-32】 使用 **discard()**删除集合元素示例。

```
a= {1,2,3,4,5}
print(a)
```

```
a.discard(3)
print(a)
a.discard(8)
print(a)
```

本程序的运行结果为：

```
{1, 2, 3, 4, 5}
{1, 2, 4, 5}
{1, 2, 4, 5}
```

代码解析：

(1) 第1行代码定义集合a并为其赋值。

(2) 第2行代码输出a的全部元素值。

(3) 第3行代码使用discard方法移除元素3。

(4) 第4行代码输出a的全部元素值。

(5) 第5行代码使用discard方法移除元素8,虽然原来集合中不存在8这个值,但也不出现错误提示。

(6) 第6行代码输出a的全部元素值。

方法三：**pop()**

使用pop()可以随机删除集合中的某一个元素,如果集合为空则程序报错。使用pop()删除集合元素的语法格式如下：

```
集合名.pop()
```

【例3-33】 使用pop()随机删除集合元素示例。

```
a= {1,2,3,4,5}
print(a)
a.pop()
print(a)
```

本程序的运行结果为：

```
{1, 2, 3, 4, 5}
{2, 3, 4, 5}
```

代码解析：

(1) 第1行代码定义一个集合a并为其赋值。

(2) 第2行代码输出a的全部元素值。

(3) 第3行代码使用pop()移除一个元素。

(4) 第4行代码输出a的全部元素值,可以看到集合中少了一个元素,但并不是原集合的最后一个元素。

方法四：**clear()**

使用clear()可以一次删除集合内的所有元素,返回结果为一个空集合。语法格式如下：

```
集合名.clear()
```

【例 3-34】 使用 clear()删除集合所有元素示例。

```
a= {1,2,3,4,5}
print(a)
a.clear()
print(a)
```

本程序的运行结果为：

```
{1, 2, 3, 4, 5}
set()
```

代码解析：

(1) 第 1 行代码定义一个集合 a 并为其赋值。

(2) 第 2 行代码输出 a 的全部元素值。

(3) 第 3 行代码使用 clear()移除全部集合元素。

(4) 第 4 行代码输出 a 的全部元素值，可以看到结果为 set()，表示一个空集合。

3.5.4 删除集合

在 Python 语言程序设计中，使用 del 命令删除整个集合。语法格式如下：

```
del 集合名
```

【例 3-35】 集合删除示例。

```
a= {1,2,3,4,5}
print(a)
del a
print(a)
```

本程序的运行结果为：

```
{1, 2, 3, 4, 5}
Traceback (most recent call last):

  File "D:\00 2022_6_python_code\3\li3_35.py", line 4, in <module>
    print(a)

NameError: name 'a' is not defined
```

代码解析：

(1) 第 1 行代码定义一个集合 a 并为其赋值。

(2) 第 2 行代码输出 a 的全部元素值。

(3) 第 3 行代码使用 del 删除集合。

(4) 第 4 行代码输出 a 的全部元素值,结果出现错误提示,提示集合 a 不存在。

3.5.5 集合之间的运算

在 Python 语言程序设计中,集合之间常用的运算符如表 3-4 所示。

表 3-4 集合之间常用的运算符

运算符	含 义
&	求集合的交集。返回结果为两个集合中都存在的元素所组成的集合,如果两个集合中没有相同的元素,则返回结果为空集
|	求集合的并集。返回结果为把两个集合合并的同时去掉重复值
-	求集合的差集。返回结果为所有属于一运算符左边集合且不属于右边集合的元素
in	判断某个元素是否属于某个集合,如果存在,返回结果为 True;如果不存在,返回结果为 False

【例 3-36】 集合交集运算示例。

```
li1= {1,2,3,4,5}
li2={5,6,7,8,9}
print(li1 & li2)
li3={"朱荣","俊华"}
print(li1 & li3)
```

本程序的运行结果为:

```
{5}
set()
```

代码解析:

(1) 第 1 行代码定义了一个集合 li1 并为其赋值。

(2) 第 2 行代码定义了一个集合 li2 并为其赋值。

(3) 第 3 行代码输出 li1 与 li2 两个集合的交集,结果为两个集合中都存在的元素 5 所构成的集合。

(4) 第 4 行代码定义了一个集合 li3 并为其赋值。

(5) 第 5 行代码输出 li1 与 li3 两个集合的交集,因为两个集合中没有相同的元素,所以输出结果为空集。

【例 3-37】 集合并集运算示例。

```
li1= {1,2,3,4,5}
li2={5,6,7,8,9}
li3= li1 | li2
print(li3)
li4={"朱荣","俊华"}
li5= li1 | li4
print(li5)
```

本程序的运行结果为：

```
{1, 2, 3, 4, 5, 6, 7, 8, 9}
{1, 2, 3, 4, 5, '朱荣', '俊华'}
```

代码解析：

(1) 第 1 行代码定义集合 li1 并为其赋值。

(2) 第 2 行代码定义集合 li2 并为其赋值。

(3) 第 3 行代码定义集合 li3,赋值为 li1 与 li2 两个集合的并集。

(4) 第 4 行代码输出 li3。

(5) 第 5 行代码定义集合 li4 并为其赋值。

(6) 第 6 行代码定义集合 li5,赋值为 li1 与 li4 两个集合的并集。

(7) 第 7 行代码输出 li5。

【例 3-38】 集合的差集运算示例。

```
li1= {1,2,3,4,5}
li2={5,6,7,8,9}
print(li1 - li2)
li3={"朱荣","俊华"}
print(li1 - li3)
```

本程序的运行结果为：

```
{1, 2, 3, 4}
{1, 2, 3, 4, 5}
```

代码解析：

(1) 第 1 行代码定义了一个集合 li1 并为其赋值。

(2) 第 2 行代码定义了一个集合 li2 并为其赋值。

(3) 第 3 行代码输出 li1 与 li2 两个集合的差集,因为 li2 中有一个集合元素 5 在 li1 集合中存在,所以要从 li1 中删除。

(4) 第 4 行代码定义了一个集合 li3 并为其赋值。

(5) 第 5 行代码输出 li1 与 li3 两个集合的差集,因为两个集合中没有任何重合的元素,所以差集运算没有删除任何元素。

【例 3-39】 判断元素是否存在于集合中的运算示例。

```
li1= {"qufu", "rizhao", "jsj"}
print("qufu" in li1)
print("abc" in li1)
```

本程序的运行结果为：

```
True
False
```

代码解析：

(1) 第1行代码定义了一个集合li1并为其赋值。

(2) 第2行代码判断“qufu”元素是否在li1集合中存在,结果为真。

(3) 第3行代码判断“abc”元素是否在li1集合中存在,结果为假。

注意：在Python语言程序设计中,“+”与“*”运算符不能用于集合,只能用于字符串、列表及元组类型。

3.5.6 集合常用的操作函数

在Python语言程序设计中,一些常用的集合操作函数如表3-5所示。

表3-5 几种常用的集合操作函数

函数用法格式	功能
len(集合名)	统计集合中有多少个元素
集合1.union(集合2)	连接两个集合
set(序列名)	将列表、元组等序列转换成集合类型,转换的同时删除重复值
max(集合名)	得到集合中元素的最大值
min(集合名)	得到集合中元素的最小值

【例3-40】 计算集合中元素的个数。

```
li1= {"qufu", "rizhao", "jsj"}
geshu=len(li1)
print(geshu)
```

本程序的运行结果为：

```
3
```

代码解析：

(1) 第1行代码定义了一个集合li1并为其赋值。

(2) 第2行代码计算li1集合中元素的个数。

(3) 第3行代码输出个数。

【例3-41】 集合拼接示例。

```
li1= {"qufu", "rizhao", "jsj"}
li2={1,2,3}
print(li1.union(li2))
print(li2.union(li1))
```

本程序的运行结果为：

```
{1, 2, 'rizhao', 'qufu', 3, 'jsj'}
{1, 2, 3, 'rizhao', 'qufu', 'jsj'}
```

代码解析：

(1) 第 1 行代码定义了一个集合 li1 并为其赋值。

(2) 第 2 行代码定义了一个集合 li2 并为其赋值。

(3) 第 3 行代码输出 li1.union(li2)的结果。

(4) 第 4 行代码输出 li2.union(li1)的结果。

在 Python 语言程序设计中，可以使用 set(序列名)把已经存在的列表、元组等序列类型换为集合类型，因为集合不允许有重复值，所以在转换成集合的同时也实现了删除重复值的功能。

【例 3-42】 列表、元组类型转集合类型示例。

```
li1 = [1,2,3,4,5,1,2,3,4,5]
print(li1)
print(type(li1))
jihe1 = set(li1)
print(jihe1)
print(type(jihe1))
li2=(1,2,3,1,2,3)
print(li2)
print(type(li2))
jihe2 = set(li2)
print(jihe2)
print(type(jihe2))
```

本程序的运行结果为：

```
[1, 2, 3, 4, 5, 1, 2, 3, 4, 5]
<class 'list'>
{1, 2, 3, 4, 5}
<class 'set'>
(1, 2, 3, 1, 2, 3)
<class 'tuple'>
{1, 2, 3}
<class 'set'>
```

代码解析：

(1) 第 1 行代码定义了一个列表 li1 并为其赋值。

(2) 第 2 行代码输出 li1 的全部元素值，可以看到列表中的重复值也输出了。

(3) 第 3 行代码输出 li1 的类型，可以看到结果为 list。

(4) 第 4 行代码通过 set(li1)将列表 li1 转换为集合 jihe1。

(5) 第 5 行代码输出 jihe1 的全部元素值，可以看到输出结果中删除了所有重复值。

(6) 第 6 行代码输出 jihe1 的类型，可以看到结果为 set。

(7) 第 7 行代码定义了一个元组 li2 并为其赋值。

(8) 第 8 行代码输出 li2 的全部元素值，可以看到元组中的重复值也输出了。

(9) 第 9 行代码输出 li2 的类型，可以看到结果为 tuple。

(10) 第 10 行代码通过 set(li2)将元组 li2 转换为集合 jihe2。

(11) 第 11 行代码输出 jihe2 的全部元素值,可以看到输出结果中删除了所有重复值。

(12) 第 12 行代码输出 jihe2 的类型,可以看到结果为 set。

【例 3-43】 计算集合中的最大值、最小值。

```
li1={1,2,3,55,8,7,4}
print(max(li1))
print(min(li1))
```

本程序的运行结果为:

```
55
1
```

代码解析:

(1) 第 1 行代码定义了一个列表 li1 并为其赋值。

(2) 第 2 行代码输出 li1 的最大元素值。

(3) 第 3 行代码输出 li1 的最小元素值。

本 章 习 题

一、填空题

1. ________是指对操作的对象截取其中的一部分。
2. 切片选取的区间是左闭右________型的,不包含结束位的值。
3. 列表的索引号是从 ________开始的。
4. 使用________方法可以在列表的指定位置插入元素。
5. 若要按照从小到大的顺序排列列表中的元素,可以使用________方法。
6. 以下程序的输出结果为________。

```
a = [1,2,3,4,5,6,7,8,9]
b = a[3:5]
print(b)
```

7. s = "Welcome to rizhao",表达式 print(s[-6:],s[:-6])的结果为________。
8. 元组使用________存放元素,列表使用的是方括号。
9. 用于返回元组中元素最小值的是________方法。
10. 已经定义了字典 d={'姓名': '王晨','学号': '2019001','年龄': '20'},则表达式 len(d)的值为________。

二、判断题

1. 列表的 count 方法的功能是统计某个数值在列表中出现了几次。 ( )
2. append 和 insert 都是列表对象的方法,其中 insert 的作用是在列表尾部添加元素,append 的作用是在列表任意位置插入元素。 ( )
3. 列表对象的 pop 方法默认删除列表的最后一个元素。 ( )

4. Python 中的列表是不可变的。　（　）
5. 一个列表可以是另一个列表的元素。　（　）
6. 字符串和列表都是序列类型。　（　）
7. 已知列表 a=[1,2,[3,4]],则 len(a)=4。　（　）
8. 切片 a[0:3]和 a[:3]的含义相同。　（　）
9. 元组的索引是从 0 开始的。　（　）
10. 通过下标索引可以修改和访问元组的元素。　（　）
11. 元组是可变的列表,它具有列表的大多数性质。　（　）
12. 元组和列表中的元素必须具有相同类型。　（　）
13. 字典中的值只能是字符串类型。　（　）
14. 在字典中,可以使用 count 方法计算键值对的个数。　（　）
15. 在字典中,可以使用下标访问字典的元素。　（　）
16. 字典的键可以为数值、字符串、元组和列表。　（　）
17. 字典的元素可以通过键来访问,也可以通过位置访问。　（　）
18. 字典的键必须是不可变的。　（　）
19. 在字典中,允许存在键值相同的多个键值对。　（　）
20. 字典就是若干组“键值对”放在一个{}里面。　（　）
21. a={}创建了一个空集合。　（　）
22. 可以对两个集合进行“+”运算。　（　）
23. 可以使用 set()创建集合。　（　）
24. 集合中允许出现重复值。　（　）
25. 集合可以进行交、并、差运算。　（　）
26. 集合可以通过 in 运算符判断一个元素是否存在。　（　）

实训项目 1　Python 列表操作

1. 实训目的

(1) 熟练掌握列表对象的创建与删除操作。
(2) 熟练掌握列表元素的增加与删除操作。
(3) 熟练掌握列表元素访问与计数操作。
(4) 熟练掌握列表切片操作。
(5) 熟练掌握列表排序操作。

2. 实训内容

(1) 下面程序是某位同学编写的个人爱好的小程序,请将程序补充完整并在 Spyder 中运行查看结果。

```
aihao=['旅游','看书','听歌']
aihao.①('网络游戏')              #在列表的最后添加一个爱好
```

```
print('所有爱好是: ',②)
print('第二个爱好是: ',③)
```

(2) 编写程序实现:已知列表元素为[12,3,48,6,79,63,89,7],对列表进行逆序输出、升序排序输出、逆序排序输出。

(3) 编写程序实现:从列表[1,2,3,4,5,6,7,8,9,10]中取出所有奇数值并输出。

(4) 编写程序实现:从列表[1,2,3,4,5,6,7,8,9,10]中取出所有偶数值并输出。

(5) 编写程序实现:从列表[1,2,3,4,5,6,7,8,9,10]中取出所有下标为奇数的值并输出。

(6) 编写程序实现:分别取出列表[1,2,3,4,5,6,7,8,9,10]中所有奇数值和偶数值,并拼接成一个新列表,所有奇数值在前,偶数值在后,然后输出新列表。

(7) 编写程序实现:分别取出列表[1,2,3,4,5,6,7,8,9,10]中所有奇数值和偶数值,并拼接成一个新列表,所有偶数值在前,奇数值在后,然后输出新列表。

(8) 编写程序实现:定义一个列表,元素为奇数个数字,输出中间位置的数字。

(9) 本章所有关于列表的例题在 Spyder 中输入运行,查看结果。

3. 实训步骤

(1) 下面程序是某位同学编写的个人爱好的小程序,请将程序补充完整并在 Spyder 中运行查看结果。

① 打开 Spyder 编程界面,新建空白程序文件。

② 输入代码并保存。

```
aihao=['旅游','看书','听歌']
aihao.append('网络游戏')            #在列表的最后添加一个爱好
print('所有爱好是: ',aihao)
print('第二个爱好是: ',aihao[1])
```

③ 运行代码。程序运行结果为:

```
所有爱好是: ['旅游', '看书', '听歌', '网络游戏']
第二个爱好是: 看书
```

④ 分析理解输出全部列表元素和引用某一个元素的用法,掌握在列表最后添加元素的用法。

(2) 编写程序实现:已知列表元素为[12,3,48,6,79,63,89,7],对列表进行逆序输出、升序排序输出、降序排序输出。

① 打开 Spyder 编程界面,新建空白程序文件。

② 输入代码并保存。

```
a=[12,3,48,6,79,63,89,7]
print(a[::-1])
a.sort()
print(a)
a.sort(reverse=True)
print(a)
```

③ 运行代码。程序运行结果为：

```
[7, 89, 63, 79, 6, 48, 3, 12]
[3, 6, 7, 12, 48, 63, 79, 89]
[89, 79, 63, 48, 12, 7, 6, 3]
```

④ 分析理解通过列表切片实现逆序的方法，熟悉 sort()的用法。

(3) 编写程序实现：从列表[1,2,3,4,5,6,7,8,9,10]中取出所有奇数值并输出。

① 打开 Spyder 编程界面，新建一个空白程序文件。

② 输入代码并保存。

```
a=[1,2,3,4,5,6,7,8,9,10]
b=a[::2]
print(b)
```

③ 运行代码。程序运行结果为：

```
[1, 3, 5, 7, 9]
```

④ 分析理解列表切片步长的用法。

(4) 编写程序实现：从列表[1,2,3,4,5,6,7,8,9,10]中取出所有偶数值并输出。

① 打开 Spyder 编程界面，新建一个空白程序文件。

② 输入代码并保存。

```
a=[1,2,3,4,5,6,7,8,9,10]
b=a[1::2]
print(b)
```

③ 运行代码。程序运行结果为：

```
[2, 4, 6, 8, 10]
```

④ 分析理解列表切片的用法。

(5) 编写程序实现：从列表[1,2,3,4,5,6,7,8,9,10]中取出所有下标为奇数的值并输出。

① 打开 Spyder 编程界面，新建一个空白程序文件。

② 输入代码并保存。

```
a=[1,2,3,4,5,6,7,8,9,10]
b=a[1::2]
print(b)
```

③ 运行代码。程序运行结果为：

```
[2, 4, 6, 8, 10]
```

④ 理解切片实现取出下标为奇数的值与取出所有偶数值的区别，理解切片实现控制的

是下标。

(6) 编写程序实现：分别取出列表[1,2,3,4,5,6,7,8,9,10]中所有奇数值和偶数值，并拼接成一个新列表，所有奇数值在前，偶数值在后，然后输出新列表。

① 打开 Spyder 编程界面，新建一个空白程序文件。

② 输入代码并保存。

```
a=[1,2,3,4,5,6,7,8,9,10]
b=a[::2]
c=a[1::2]
d=b+c
print(d)
```

③ 运行代码。程序运行结果为：

```
[1, 3, 5, 7, 9, 2, 4, 6, 8, 10]
```

④ 分析理解切片的“+”运算符的用法。

(7) 编写程序实现：分别取出列表[1,2,3,4,5,6,7,8,9,10]中所有奇数值和偶数值，并拼接成一个新列表，所有偶数值在前，奇数值在后，然后输出新列表。

① 打开 Spyder 编程界面，新建一个空白程序文件。

② 输入代码并保存。

```
a=[1,2,3,4,5,6,7,8,9,10]
b=a[1::2]
c=a[::2]
d=b+c
print(d)
```

③ 运行代码。程序运行结果为：

```
[2, 4, 6, 8, 10, 1, 3, 5, 7, 9]
```

④ 分析理解列表的“+”运算符两边列表位置顺序的影响。

(8) 编写程序实现：定义一个列表，元素为奇数个数字，输出中间位置的数字。

① 打开 Spyder 编程界面，新建一个空白程序文件。

② 输入代码并保存。

```
list1=[1,2,3,4,5,6,7]
t=(len(list1))//2
print(list1[t])
```

③ 运行代码。程序运行结果为：

```
4
```

④ 分析理解列表 len 函数的用法。

(9) 本章所有关于列表的例题在 Spyder 中输入运行，查看结果。

① 打开 Spyder 编程界面,新建一个空白程序文件。

② 输入各例题代码并保存。

③ 运行代码,查看程序运行结果。

实训项目 2 Python 元组、字典、字符串操作

1. 实训目的

(1) 熟练掌握元组对象的创建与删除操作。

(2) 熟练掌握元组的切片操作。

(3) 熟练掌握字典对象的创建与删除操作。

(4) 熟练掌握字典元素的读取操作。

(5) 熟练掌握字典元素的添加与修改操作。

(6) 掌握字典中一些常用操作函数。

(7) 熟练掌握字符串切片用法。

2. 实训内容

(1) 编写程序实现:自定义一个数字内容的元组,输出元组元素的个数、最大值及最小值。

(2) 编写程序实现:自定义一个字典,内容为自己班里任意五名同学的姓名、学号,其中学号当键,姓名当值,输出整个字典的所有元素值、第 2 个元素值及字典中元素的个数。

(3) 编写程序实现:自定义任意一个字符串,取出下标为偶数的字符组成一个新字符串 A,取出下标为奇数的字符组成一个新字符串 B,输出 A+B 的内容。

(4) 编写程序实现:自定义一个字符串,倒序输出字符串的内容。

(5) 编写程序实现:自定义一个字符串,内容为奇数个字母,输出中间位置的字母。

(6) 编写程序实现:自定义一个空列表,定义三个字典,内容分别为三名同学的姓名、年龄和性别,使用列表的 append 命令将定义的字典内容追加进列表,输出显示列表内容。

3. 实训步骤

(1) 编写程序实现:自定义一个数字内容的元组,输出元组元素的个数、最大值及最小值。

① 打开 Spyder 编程界面,新建一个空白程序文件。

② 输入代码并保存。

```
a1=(1,3,6,5,6,7,88)
print(len(a1))
print(max(a1))
print(min(a1))
```

③ 运行代码。程序运行结果为:

```
7
88
1
```

④ 分析理解元组的定义方法及计算函数的用法。

(2) 编写程序实现：自定义一个字典，内容为自己班里任意五名同学的姓名、学号，其中学号当键，姓名当值，输出整个字典的所有元素值及字典中元素的个数。

① 打开 Spyder 编程界面，新建一个空白程序文件。

② 输入代码并保存。

```
dict1={"2019414950":"岳文静",
"2019414951":"张美玉",
"2019414959":"侯晓婷",
"2019414960":"黄晓慧",
"2019414961":"姜圣宇"}
print(dict1)
print(len(dict1))
```

③ 运行代码。程序运行结果为：

```
{'2019414950': '岳文静', '2019414951': '张美玉', '2019414959': '侯晓婷',
 '2019414960': '黄晓慧', '2019414961': '姜圣宇'}
5
```

④ 分析理解字典的键值对的用法。

(3) 编写程序实现：自定义任意一个字符串，取出下标为偶数的字符组成一个新字符串 A，取出下标为奇数的字符组成一个新字符串 B，输出 A+B 的内容。

① 打开 Spyder 编程界面，新建一个空白程序文件。

② 输入代码并保存。

```
str="abcdefg"
print(str)
A=str[::2]
B=str[1::2]
print(A+B)
```

③ 运行代码。程序运行结果为：

```
abcdefg
acegbdf
```

④ 分析理解字符串切片的用法。

(4) 编写程序实现：自定义一个字符串，倒序输出字符串的内容。

① 打开 Spyder 编程界面，新建一个空白程序文件。

② 输入代码并保存。

```
str="Qufu Normal University"
print(str[::-1])
```

③ 运行代码。程序运行结果为：

```
ytisrevinU lamroN ufuQ
```

④ 分析理解字符串切片的用法。

(5) 编写程序实现：自定义一个字符串，内容为奇数个字母，输出中间位置的字母。

① 打开 Spyder 编程界面，新建一个空白程序文件。

② 输入代码并保存。

```
str="abcde"
t=len(str)//2
print(str[t])
```

③ 运行代码。程序运行结果为：

```
c
```

④ 分析理解字符串长度计算和下标的用法。

(6) 编写程序实现：自定义一个空列表，定义三个字典，内容分别为三名同学的姓名、年龄和性别，使用列表的 append 命令将定义的字典内容追加进列表，输出显示列表内容。

① 打开 Spyder 编程界面，新建一个空白程序文件。

② 输入代码并保存。

```
stu_list=[]
print(stu_list)
stu1={"姓名":"王晨","age":18,'性别':"男"}
stu_list.append(stu1)
print(stu_list)
stu2={"姓名":"朱丽","age":19,'性别':"女"}
stu_list.append(stu2)
print(stu_list)
stu3={"姓名":"吴华","age":18,'性别':"女"}
stu_list.append(stu3)
print(stu_list)
```

③ 运行代码。程序运行结果为：

```
[]
[{'姓名': '王晨', 'age': 18, '性别': '男'}]
[{'姓名': '王晨', 'age': 18, '性别': '男'}, {'姓名': '朱丽', 'age': 19, '性别': '女'}]
[{'姓名': '王晨', 'age': 18, '性别': '男'}, {'姓名': '朱丽', 'age': 19, '性别':
'女'}, {'姓名': '吴华', 'age': 18, '性别': '女'}]
```

④ 分析理解列表与字典如何结合使用。

第4章 最简单的Python语言程序——顺序结构

在 Python 语言程序设计中，用于控制程序流向的控制流结构有三种，分别为顺序结构、选择结构与循环结构。前面章节学习的变量赋值、列表操作、字典操作等语句都可以用来构成程序代码。

4.1 输出语句

在 Python 语言程序设计中，可以使用格式输出函数 print 输出显示程序运行的结果。前面各章已经使用过 print 函数的默认格式直接输出程序结果。在使用 print 函数输出运行结果时，默认一个 print 函数运行完后自动换到下一行；输出多个变量的值时，print 参数列表中的变量名用逗号分隔，输出结果时多个变量之间会自动用空格分隔。

格式输出语法

在 Python 语言程序设计中，还可以在 print 函数中使用格式控制符格式化输出结果，用于控制程序运行结果按照自己想要的形式进行输出。

print 函数的常用语法格式为：

```
print(变量列表)
print(格式控制 %(变量列表))
```

说明：

(1) 格式控制是用双引号或单引号括起来的字符串，字符串中包括三种信息。

① 普通字符：普通字符在输出时保留原来的样子，原来是什么样，就原封不动地显示出来。

② 转义字符：根据原来的转义字符的规定输出，如遇到"\n"要换行等。

③ 格式化符号：格式化符号由"%"和相应规定的格式字符组成，如"%d"等。表 4-1 列出了 Python 中常用的格式控制符及其用法。

(2) 输出多个变量的值时，变量名之间用逗号隔开，输出时只输出值，不输出分隔符。

(3) print()默认每执行一个自动换到下一行，可以在 print()中通过设置参数 end=" " 控制多个 print()的结果用空格隔开。

(4) "格式控制"与"%(变量名列表)"之间可以加空格，但不能加其他符号。

(5) 当使用格式化符号格式化输出多个变量的值时，要使格式化符号的个数与变量名的个数一致。

表 4-1　部分 print 语句中格式化符号用法

符　号	描　　述
%d	格式化整数。按照整数的实际长度输出
%md	按照指定长度输出整数。如果实际长度小于指定的长度 m,则左补空格;如果实际长度大于等于 m,则按实际长度输出
%-md	用法同上,只是如果实际长度小于指定的长度 m,则右补空格
%s	格式化字符串。按照字符串的实际长度输出
%ms	按照指定长度输出字符串。如果实际长度小于指定的长度 m,则左补空格;如果实际长度大于等于 m,则按实际长度输出
%-ms	用法同上,只是如果实际长度小于指定的长度 m,则右补空格
%f	格式化浮点数。按此格式输出时小数点后保留 6 位
%.nf	按照指定的小数位数输出浮点数
%m.nf	按照指定的小数位数和长度输出浮点数。如果实际长度小于指定的长度 m,则左补空格;如果实际长度大于等于 m,则按实际长度输出
%-m.nf	用法同上,只是如果实际长度小于指定的长度 m,则右补空格

【例 4-1】 默认输出格式。

```
print(1,2,3)
print(1)
print(2)
print(3)
```

本程序运行结果如下：

```
1 2 3
1
2
3
```

代码解析：

(1) 第 1 行代码同时输出多个数值,数值之间用逗号隔开,输出时只输出值,不输出分隔符。

(2) 第 2～4 行代码分别输出 1、2、3,每个 print()自动换行。

【例 4-2】 设置 end 参数值为空格,使多个 print()的输出结果用空格间隔。

```
print(1,end=" ")
print(2,end=" ")
print(3,end=" ")
```

本程序运行结果如下：

```
1  2  3
```

代码解析：每一个 print()中都设置了 end＝" ",所以最后输出的三个值在同一行,用空格间隔。

【例 4-3】 整型数据的格式化输出示例。

```
a=123
print(a)
print('%d' %a)
print('%8d' %a)
print('%-8d' %a)
```

本程序运行结果如下：

```
123
123
     123
123
```

代码解析：

(1) 第 1 行代码定义变量 a 并赋值为整型数据 123。

(2) 第 2 行代码使用默认格式输出变量 a 的值。

(3) 第 3 行代码使用“%d”格式控制输出变量 a 的值。

(4) 第 4 行代码使用“%8d”格式控制输出变量 a 的值，因为 8 大于 3，所以左补空格。

(5) 第 5 行代码使用“%-8d”格式控制输出变量 a 的值，因为 8 大于 3，所以右补空格。

【例 4-4】 浮点型数据格式输出示例。

```
a=354.5671
print(a)
print('%f' %a)
print('%.2f' %a)
print('%8.2f' %a)
print('%-8.2f' %a)
```

本程序的运行结果为：

```
354.5671
354.567100
354.57
  354.57
354.57
```

代码解析：

(1) 第 1 行代码定义变量 a 并赋值为浮点型数据 354.5671。

(2) 第 2 行代码使用默认格式输出变量 a 的值，结果为原样输出。

(3) 第 3 行代码使用“%f”格式控制输出变量 a 的值，原数小数点后只有四位数字，按“%f”格式输出时结果保留小数点后 6 位。

(4) 第 4 行代码使用“%.2f”格式控制输出变量 a 的值，输出结果四舍五入保留了小数点后 2 位数字。

（5）第5行代码使用“%8.2f”格式控制输出变量a的值，小数点后保留2位，加上小数点及小数点之前的三个数字，得到当前数据的实际长度为6，因为6小于8，所以左补空格。

（6）第6行代码使用“%-8.2f”格式控制输出变量a的值，右补空格。

【例4-5】 字符串格式输出示例。

```
a="Hello,Python!"
print(a)
print('%s' %a)
print('%20s' %a)
print('%-20s' %a)
```

本程序的运行结果为：

```
Hello,Python!
Hello,Python!
       Hello,Python!
Hello,Python!
```

代码解析：

（1）第1行代码定义变量a并赋值为字符串类型。

（2）第2行代码使用默认格式输出变量a的值。

（3）第3行代码使用“%s”格式控制输出变量a的值。

（4）第4行代码使用“%20s”格式控制输出变量a的值，左补空格。

（5）第5行代码使用“%-20s”格式控制输出变量a的值，右补空格。

【例4-6】 控制输出不同类型变量的示例。

格式输出示例

```
name = '王晨'
age = 24
height = 1.88
print('我是：%s, 年龄：%d, 身高：%fm' % (name,age,height))
print('我是：%s, 年龄：%d, 身高：%.2f m' % (name,age,height))
print('姓名：%s, 年龄：%d, 身高：%.2f 米' % (name,age,height))
```

本程序的运行结果如下：

```
我是：王晨, 年龄：24, 身高：1.880000m
我是：王晨, 年龄：24, 身高：1.88 m
姓名：王晨, 年龄：24, 身高：1.88 米
```

代码解析：

（1）第1行代码定义变量name并赋值为字符串类型。

（2）第2行代码定义变量age并赋值为整型。

（3）第3行代码定义变量height并赋值为浮点型。

（4）第4行代码使用print函数格式化输出三个变量的值，第一个格式符“%s”控制第一个变量name，第二个格式符“%d”控制第二个变量age，第三个格式符“%f”控制第三个变量height。一定要注意，在print函数中，格式符的个数必须与变量的个数一致。

(5) 第 5 行代码使用 print 函数格式化输出三个变量的值,使用"%.2f"格式控制保留小数点后 2 位。

(6) 第 6 行代码使用 print 函数格式化输出三个变量的值,将之前的单位"m"换成汉字"米",字符不管换成什么,都原样输出。

4.2 输入语句

在 Python 3.x 中,使用 input()在程序运行过程中从键盘获取用户输入的内容。input()的一般语法格式为:

```
变量名=input()
```

输入语句

说明:

(1) 如果在编写的程序中添加了 input(),则程序运行时遇到 input 语句就会停下来等着用户从键盘输入数据,用户输入完成后按回车键确认输入完成,程序才会继续执行下面的语句。

(2) 默认通过 input()输入的数据为字符串。

(3) 输入的字符串可以通过运算符进行字符串连接、复制等操作,但无法直接参与算术运算。

(4) 可以在使用 input()时指定类型转换,例如,A=int(input())语句在输入内容的同时将输入内容强制转换成整型数据再赋给变量 A,则变量 A 的数据类型为整型,可以直接参与算术运算。

(5) 可以使用"变量名= input("提示语句")"格式在程序运行过程中出现一些提示信息,提醒用户该从键盘输入一些内容了,但是这个"提示语句"只出现在"Console"中,有与没有"提示语句"对原程序的运行结果都无影响。

【例 4-7】 input()应用示例。

```
name = input()
print("你好,",name)
```

键盘输入 zhurong,本程序的运行结果为:

```
你好, zhurong
```

代码解析:

(1) 第 1 行代码运行时会停下来,等待用户在 Console 窗口中输入一串字符,这里输入"zhurong"给变量 name。

(2) 第 2 行代码输出结果,因为输出 name 的值是在程序运行中从键盘输入的,所以运行时如果输入的内容不同,则运行结果也会不同。

【例 4-8】 使用 input()输入两个字符串并进行拼接运算示例。

```
x = input()
y = input()
print(x+y)
```

键盘输入字符串“abc”“123”,本程序的运行结果如下:

```
abc123
```

代码解析:

(1) 第 1 行代码使用一个 input()在程序运行时从键盘得到字符串内容“abc”并赋给变量 x。

(2) 第 2 行代码再使用一个 input()在程序运行时从键盘得到字符串内容“123”并赋给变量 y。

(3) 第 3 行代码输出 x+y 的结果,字符串之间的“+”表示的是拼接运算,所以输出了结果“abc123”。

【例 4-9】 使用 input()输入内容直接参与算术运算错误示例。

```
x = input()
print(x+3.5)
```

键盘输入字符串“123”,本程序运行结果如下:

```
Traceback (most recent call last):

  File "D:\OO 2022_6_python_code.\4\li4_9.py", line 2, in <module>
    print(x+3.5)

TypeError: can only concatenate str (not "float") to str
```

代码解析:

(1) 第 1 行代码使用一个 input()在程序运行时从键盘得到字符串内容“123”并赋给变量 x。

(2) 第 2 行代码输出 x+3.5 的结果,但是 x 为字符串类型,不能与浮点型数据 3.5 进行加法运算,所以程序的最终运行结果显示错误。

将本程序的第 1 行代码修改为如下格式:

```
x = float(input())
```

修改后程序的运行结果为:

```
123
126.5
```

修改后程序的第 1 行代码使用 input()在程序运行时从键盘得到字符串内容“123”后,

先进行了强制类型转换,将字符串类型转换成浮点型,再赋给变量 x,这时变量 x 的数据类型为浮点型,所以可以参与算术运算,x+3.5 的输出结果为 126.5。

【例 4-10】 input("提示语句")的用法示例。

input 提示信息用法

```
name = input("请输入你的名字:")
print("你好,",name)
```

键盘输入字符串"zhurong",本程序的运行结果为:

```
请输入你的名字:zhurong
你好, zhurong
```

代码解析:

(1) 第 1 行代码使用 input()在程序运行时从键盘得到字符串内容并赋给变量 name。运行时在 Console 窗口中显示的提示,"请输入你的名字:"后输入"zhurong",按回车键即可。

(2) 第 2 行代码输出结果,注意引号内的逗号原样输出,变量名 name 前的逗号是分隔符,不输出。

【例 4-11】 input()输入内容与切片结合应用实例。

要求:输入内容为"zhu rong",姓为"zhu",名为"rong",使用切片取出姓和名,分别输出。

```
name= input('please input xingming:')
xing=name[:3]
print("你好,",xing)
ming=name[-4:]
print("你好,",ming)
```

键盘输入字符串"zhu rong",本程序的运行结果如下:

```
please input xingming:zhurong
你好, zhu
你好, rong
```

(1) 第 1 行代码使用 input()在程序运行时从键盘得到字符串内容并赋给变量 name,'please input xingming:'起提示说明的作用。

(2) 第 2 行代码使用切片取出 name 串中的姓。

(3) 第 3 行代码输出"你好,"+姓结果。

(4) 第 4 行代码使用切片取出 name 串中的名。

(5) 第 5 行代码输出"你好,"+名结果。

4.3 顺序结构程序设计

顺序结构是 Python 三种控制流中最简单的一种,直接按照程序中所写的代码顺序逐条执行。

【例 4-12】 假设半径 r 为 3.5，求圆周长与圆面积，并输出结果，要求输出时有文字说明，计算结果取小数点后 2 位数字。

```
r=3.5
l=2*3.14*r
s=3.14*r*r
print("圆周长为: %.2f,圆面积为: %.2f" %(l,s))
```

本程序的运行结果为：

```
圆周长为: 21.98,圆面积为: 38.47
```

代码解析：

(1) 第 1 行代码定义圆半径。

(2) 第 2 行代码计算圆周长。

(3) 第 3 行代码计算圆面积。

(4) 第 4 行代码输出圆周长和圆面积的值。

本程序不管运行多少次，每次运行结果都是相同的。只能用于计算半径为 3.5 的圆周长与圆面积。

【例 4-13】 在程序运行时从键盘输入任意一个半径值，求圆周长与圆面积，并输出结果，要求输出时有文字说明，计算结果取小数点后 2 位数字。

```
s=input("请输入一个半径值: ")
r=float(s)
l=2*3.14*r
s=3.14*r*r
print("圆周长为: %.2f,圆面积为: %.2f" %(l,s))
```

键盘输入 2.6，本程序的运行结果为：

```
请输入一个半径值: 2.6
圆周长为: 16.33,圆面积为: 21.23
```

键盘输入 4.5，再运行一次程序，运行结果为：

```
请输入一个半径值: 4.5
圆周长为: 28.26,圆面积为: 63.59
```

代码解析：

(1) 第 1 行代码从键盘输入一个半径值。

(2) 第 2 行代码将输入的值强制转换成 float 类型给半径变量 r。

(3) 第 3 行代码计算圆周长。

(4) 第 4 行代码计算圆面积。

(5) 第 5 行代码输出圆周长和圆面积的值。

本程序每次运行可以输入不同的半径值,得到不同的计算结果,本程序实现了计算任意半径的圆周长与圆面积。

本章习题

一、填空题

1. Python 中共包含________、________与________三种控制流。

2. 使用 print 格式符控制输出格式时,格式符可以用________或双引号括起来,变量名前必须加一个________。

3. Python 使用________函数在程序运行过程中从键盘获取用户输入的内容。

4. 当程序运行到 input 时会停下来等着用户从________输入数据,用户输入完成后按________确认输入完成。

5. 默认通过 input()输入的数据为________。

6. 表达式 print("%.2f" %5.3267)的结果为________。

二、判断题

1. 使用 print 格式符控制输出格式时,同时输出多个变量值时,可以把多个变量名放在一个元组里,前面加一个%符号。 ( )

2. 使用 print 格式符格式化多个变量值时,格式符的个数要与变量名的个数一致。 ( )

3. 通过 input()输入的字符串可以通过运算符进行连接、复制等操作,但无法直接参与算术运算。 ( )

4. 通过 input()输入时可以指定类型转换。 ( )

5. 默认一个 input()输入一个数据占一行。 ( )

6. 无论使用单引号还是双引号包含字符,使用 print 输出的结果都一样。 ( )

7. 无论 input()接收什么数据,都会以字符串的方式进行保存。 ( )

8. 语句 a=input()中,a 是变量名,input 是函数名,input 之后的圆括号表明调用该函数。 ( )

实训项目 Python 输入/输出语句及顺序结构程序设计

1. 实训目的

(1) 熟练掌握 Python 输出语句格式控制符的用法。

(2) 熟练掌握 Python 输入函数 input()的用法。

(3) 熟练掌握顺序结构程序设计的方法。

2. 实训内容

(1) 打开 Spyder 编辑器,输入以下代码,运行 3 次,每次输入不同的值,查看运行结果。

```
import math
a=float(input("请输入直角边 1 的长度"))      #输入实数
b=float(input("请输入直角边 2 的长度"))      #输入实数
c=a * a+b * b                                #计算,得到的是斜边的平方
c=math.sqrt(c)                               #开方,得到的是斜边长
print("斜边长为:",c)                          #c 表示斜边长
```

(2) 编写程序实现：分别定义一个整型、浮点型、字符串型变量并赋值，分别用不同的格式符控制输出。要求分别使用两种方式控制输出：一是在同一个 print 语句中同时输出三个变量的名称和值；二是使用三个 print 语句，一个 print 语句输出一个变量的名称和值。输出浮点型时小数点后保留 2 位。

(3) 编写程序实现：输出整数 1234 百位以上的数字。(提示：使用整除运算，程序输出 12。)

(4) 编写程序实现：从键盘输入任意一个姓名，使用切片方法取出姓，输出"你好，<姓>"。例如，输入的是"Wang XiaoMing"，则输出为"你好，Wang"。

(5) 编写程序实现：从键盘输入任意一个姓名，使用切片方法取出名，输出"你好，<名>"。例如，输入的是"Wang XiaoMing"，则输出为"你好，XiaoMing"。

(6) 打开 Spyder 编辑器，输入以下代码，运行时输入相应的值，查看运行结果。

```
student=[]
#输入第一个学生的信息
xuehao=int(input("请输入学号: "))
name=input("请输入姓名: ")
stu_info={'学号':xuehao,"姓名":name}
student.append(stu_info)
#输入第二个学生的信息
xuehao=int(input("请输入学号: "))
name=input("请输入姓名: ")
stu_info={'学号':xuehao,"姓名":name}
student.append(stu_info)
#输入第三个学生的信息
xuehao=int(input("请输入学号: "))
name=input("请输入姓名: ")
stu_info={'学号':xuehao,"姓名":name}
student.append(stu_info)
#输出学生列表的内容
print(student)
```

3. 实训步骤

(1) 打开 Spyder 编辑器，输入给定代码，运行 3 次，每次输入不同的值，查看运行结果。

① 打开 Spyder 编程界面，新建一个空白程序文件。

② 输入代码并保存。

③ 运行代码。三次程序运行结果为：

```
runfile('D:/00 2022_6_python_code/4/untitled4.py', wdir='D:/00 2022_6_python_
code/4')

请输入直角边 1 的长度 3

请输入直角边 2 的长度 4
斜边长为: 5.0

runfile('D:/00 2022_6_python_code/4/untitled4.py', wdir='D:/00 2022_6_python_
code/4')

请输入直角边 1 的长度 2

请输入直角边 2 的长度 5
斜边长为: 5.385164807134504

runfile('D:/00 2022_6_python_code/4/untitled4.py', wdir='D:/00 2022_6_python_
code/4')

请输入直角边 1 的长度 6

请输入直角边 2 的长度 1
斜边长为: 6.082762530298219
```

④ 分析理解 input()从键盘获取数据的方法。

(2) 编写程序实现：分别定义一个整型、浮点型、字符串型变量并赋值，分别用不同的格式符控制输出。要求分别使用两种方式控制输出：一是在同一个 print 语句中同时输出三个变量的名称和值；二是使用三个 print 语句，一个 print 语句输出一个变量的名称和值。输出浮点型时小数点保留 2 位。

① 打开 Spyder 编程界面，新建一个空白程序文件。

② 输入代码并保存。

```
b1=99
b2=89.53456
b3="zhurong"
print("b1=%d,b2=%.2f,b3=%s" %(b1,b2,b3))
print("b1=%d" %b1)
print("b2=%.2f" %b2)
print("b3=%s" %b3)
```

③ 运行代码。程序运行结果为：

```
b1=99,b2=89.53,b3=zhurong
b1=99
b2=89.53
b3=zhurong
```

④ 分析理解 print()中格式符控制输出结果的用法。

(3) 编写程序实现：输出整数1234百位以上的数字。(提示：使用整除运算，程序输出12。)

① 打开Spyder编程界面，新建一个空白程序文件。

② 输入代码并保存。

```
s=int(input("从键盘输入1234: "))
b=s//100
print("百位以上的数字: ",b)
```

③ 运行代码。程序运行结果为：

```
从键盘输入1234: 1234
百位以上的数字: 12
```

④ 分析理解input()输入字符串转换为整型的用法。

(4) 编写程序实现：从键盘输入任意一个姓名，使用切片方法取出姓，输出"你好，<姓>"。例如，输入的是"Wang XiaoMing"，则输出为"你好，Wang"。

① 打开Spyder编程界面，新建一个空白程序文件。

② 输入代码并保存。

```
name= input('请输入你的名字:')
xing=name[:4]
print("你好,",xing)
```

③ 运行代码。程序运行结果为：

```
请输入你的名字:Wang XiaoMing
你好, Wang
```

④ 分析理解Python中从键盘获取数据与切片结合使用的方法。

(5) 编写程序实现：从键盘输入任意一个姓名，使用切片方法取出名，输出"你好，<名>"。例如，输入的是"Wang XiaoMing"，则输出为"你好，XiaoMing"。

① 打开Spyder编程界面，新建一个空白程序文件。

② 输入代码并保存。

```
name= input('请输入你的名字:')
ming=name[-8:]
print("你好,",ming)
```

③ 运行代码。程序运行结果为：

```
请输入你的名字:Wang XiaoMing
你好, XiaoMing
```

④ 分析理解Python中各种数据类型。

(6) 打开Spyder编辑器，输入给定代码，运行时输入相应的值，查看运行结果。

① 打开 Spyder 编程界面,新建一个空白程序文件。

② 输入代码并保存。

③ 运行代码。程序运行结果为:

```
请输入学号: 11

请输入姓名: zhurong

请输入学号: 22

请输入姓名: wujunhua

请输入学号: 33

请输入姓名: jiaocunyan
[{'学号': 11, '姓名': 'zhurong'}, {'学号': 22, '姓名': 'wujunhua'}, {'学号': 33, '姓名': 'jiaocunyan'}]
```

④ 分析理解 input()、字典及列表结合使用的方法。

第5章 Python分支结构程序设计

分支结构是三种基本控制流结构之一,也称为选择结构。分支结构会在程序执行过程中根据给定条件表达式的值控制程序的走向。在大多数程序设计中都会包含分支结构。在Python语言程序设计中,提供了单分支选择结构、双分支选择结构及多分支选择结构三种形式。

5.1 单分支选择结构

在Python语言程序设计中,单分支选择结构用来判断所指定的条件是否满足,如果满足指定的条件,则执行语句块,否则跳过语句块。单分支选择结构的语法格式如下:

```
if  条件表达式:
    语句块
```

(1) 当条件表达式的结果为真时,程序将执行语句块,否则跳过语句块,结束整个单分支语句,继续执行程序代码中下一条语句。

(2) if语句行的冒号是格式的组成部分,是不能省略的。

(3) 当条件表达式的结果为真时,可以执行一句或多句代码,不管语句块中是一句代码还是多句代码,都要进行相同的缩进。

【例5-1】 判断两个整数的大小,并输出大的数。

```
x=25
y=3
if x>y:
    print("大的数为: ",x)
```

本程序运行结果如下:

```
大的数为: 25
```

代码解析:

(1) 第1行代码定义变量x并赋值为25。

(2) 第2行代码定义变量y并赋值为3。

(3) 第3、4行代码是一个单分支if语句,首先判断条件表达式,因为25>3为真,所以执行 print 语句输出结果。

【例 5-2】 从键盘输入两个整数,输出大的那一个数。

```
x=int(input('please input x:'))
y=int(input('please input y:'))
if x>y:
    print("大的数为: ",x)
```

本程序第一次运行结果为:

```
please input x:2

please input y:8
```

本程序第二次运行程序结果为:

```
please input x:11

please input y:5
大的数为: 11
```

代码解析:

(1) 第 1 行代码使用 input 函数从键盘获得数据并转换为整型作为变量 x 的值。

(2) 第 2 行代码使用 input 函数从键盘获得数据并转换为整型作为变量 y 的值。

(3) 第 3、4 行代码是一个单分支 if 语句,首先判断条件表达式,第一次运行程序时,x=2,y=8,2>8 为假,所以程序跳过了 print 语句,没有输出任何结果;第二次运行程序时,x=11,y=5,11>5 为真,所以执行 print 语句,输出结果。

5.2 双分支选择结构

在 Python 语言程序设计中,双分支选择结构的语法格式如下:

双分支语法及实例

```
if 条件表达式:
    语句块 1
else:
    语句块 2
```

说明:

(1) 对于双分支选择结构,如果条件表达式的值为真,则执行语句块 1,否则执行语句块 2。

(2) 不要将语法格式中的 if 和 else 当成两个语句,if 和 else 同属于一个 if 语句,else 要与 if 配对使用。

(3) 语法格式中的一对 if 和 else 要对齐,if 和 else 后面跟的语句块要缩进。

(4) 语法格式中的 if 和 else 行的冒号是格式要求,不能省略。

【例 5-3】 双分支选择结构示例。

```
x=int(input('please input x:'))
y=int(input('please input y:'))
if x>y:
    print("大的数为: ",x)
else:
    print("大的数为: ",y)
```

本程序的第一次运行结果为：

```
please input x:2

please input y:8
大的数为: 8
```

本程序的第二次运行结果为：

```
please input x:11

please input y:5
大的数为: 11
```

代码解析：

(1) 第 1 行代码使用 input 函数从键盘获得数据并转换为整型作为变量 x 的值。

(2) 第 2 行代码使用 input 函数从键盘获得数据并转换为整型作为变量 y 的值。

(3) 第 3～6 行代码是一个双分支语句，首先判断条件表达式，第一次运行程序时，x=2，y=8，2>8 为假，所以程序执行 else 之后的 print 语句输出结果；第二次运行程序时，x=11，y=5，11>5 为真，所以执行 if 之后的 print 语句输出结果。

【例 5-4】 从键盘输入一个正整数，然后输出它的奇偶性。

```
p=int(input("please input:"))
if p%2==0:
    print('%d 是偶数' %p)
else:
    print('%d 是奇数' %p)
```

本程序两次运行结果如下：

```
please input:3
3 是奇数

please input:6
6 是偶数
```

代码解析：

(1) 第 1 行代码使用 input 函数从键盘获得数据并转换为整型作为变量 p 的值。

(2) 第 2～5 行代码是一个双分支语句，首先判断条件表达式，第一次运行程序时，p 为

3,3%2==0为假,执行else后的print语句输出结果;第二次运行程序时,p为6,6%2==0为真,执行if后的print语句输出结果。

【例5-5】 判断一个字符串是不是回文。

回文是指正着读和反着读都一样的字符串。

```
s = input()
if s = = s[::-1]:
    print(s,'是回文')
else:
    print(s,'不是回文')
```

本程序两次运行结果如下:

```
abcde
abcde 不是回文

abcba
abcba 是回文
```

代码解析:

(1) 第1行代码使用input函数从键盘获得字符串并作为s的值。

(2) 第2~5行代码是一个双分支语句,首先判断条件表达式,第一次运行程序时,条件表达式为假,执行else后的print语句输出结果;第二次运行程序时,条件表达式为真,执行if后的print语句输出结果。

【例5-6】 从键盘输入三个数,判断是否能构成三角形。

```
s=input("从键盘输入三个数(用空格间隔): ")
x1,x2,x3=s.split( )
a=int(x1)
b=int(x2)
c=int(x3)
if (a + b > c and a + c > b and b + c > a):
    print('%d,%d,%d三个数能构成一个三角形。' %(a,b,c))
else:
    print('%d,%d,%d三个数不能构成一个三角形。' %(a,b,c))
```

本程序两次运行结果如下:

```
从键盘输入三个数(用空格间隔): 3 3 6
3,4,5 三个数能构成一个三角形

从键盘输入三个数(用空格间隔): 3  4  5  ↙
3,3,6 三个数不能构成一个三角形
```

代码解析:

(1) 第1行代码使用input函数从键盘获得字符串并将其作为s的值。

(2) 第2行代码使用split函数将字符串s拆分成三个串分别赋给变量x1、x2和x3。

(3) 第3~5行代码将变量x1、x2和x3强制转换为int类型。

(4) 第 6～9 行代码是一个双分支语句，首先判断条件表达式，第一次运行程序时，条件表达式为真，运行 if 后的语句；第二次运行程序时，条件表达式为假，运行 else 后的语句。

5.3　多分支选择结构

在 Python 语言程序设计中，多分支选择结构的语法格式如下：

```
if 条件表达式 1:
    语句块 1
elif 条件表达式 2:
    语句块 2
elif 条件表达式 3:
    语句块 3
...
else:
    语句块 n
```

说明：

(1) 所有的 if、elif 和 else 构成一句代码。

(2) 语法格式中的 if、elif 和 else 要对齐，if、elif 和 else 后面跟的语句块要缩进。

(3) 语法格式中的 if、elif 和 else 行的冒号是格式要求，不能省略。

【例 5-7】 从键盘输入一个数，判断该数是正数、负数还是零。

```
a=int(input("从键盘输入一个数: "))
if a>0:
    print(a,"是一个正数")
elif a<0:
    print(a,"是一个负数")
else:
    print(a,"等于 0")
```

本程序三次运行结果如下：

```
从键盘输入一个数: 8
8 是一个正数

从键盘输入一个数: -8
-8 是一个负数

从键盘输入一个数: 0
0 等于 0
```

代码解析：

(1) 第 1 行代码使用 input 从键盘获得数据并转换为整型作为变量 a 的值。

(2) 第 2～7 行代码是一个多分支语句，共有三个分支，运行程序验证结果时，要对三种情况进行验证，三次运行结果对应的就是正、负及零三种情况。

本章习题

一、填空题

1. Python 中提供了________选择结构、________选择结构及多分支选择结构三种形式的选择结构。

2. 单分支选择结构中，当条件表达式的结果为________时，程序将执行语句块，否则________语句块，执行下一条语句。

3. 以下程序的输出结果为________。

```
a = 15
b = 5
if a >=15:
    a = 10
else:
    b = 0
print('a=%d, b=%d'%(a,b))
```

4. 运行以下程序时输入“5 3”，输出的结果为________。

```
s=input("输入两个整数(用空格间隔)：")
x1,x2=s.split()
a=int(x1)
b=int(x2)
if (a>b):
    t=a
    a=b
    b=t
print(a,b)
```

二、判断题

1. 单分支选择结构中 if 后面的冒号可以省略。 (　　)

2. 所有的 if、else 后面的语句块都与 if、else 对齐输入。 (　　)

3. 在 Python 编程中使用选择结构时要严格控制好不同语句块的缩进量，属于同一个语句块的各条语句缩进量要相同。 (　　)

4. 分支结构是三种基本控制流结构之一，也称为选择结构。 (　　)

5. 分支结构会在程序执行过程中根据给定条件表达式的值控制程序的走向。 (　　)

6. 顺序结构的语句必须按顺序执行，不能跳过任意一句，但分支结构可以根据情况跳过语句。 (　　)

实训项目 Python分支结构程序设计

1. 实训目的

(1) 熟练掌握 Python 单分支结构的用法。

(2) 熟练掌握 Python 双分支结构的用法。

(3) 熟练掌握 Python 多分支结构的用法。

2. 实训内容

(1) 下面程序用于计算整数 x 的绝对值,请将程序补充完整并在 Spyder 中运行查看结果。

```
x=___①___(input("请输入 x 的值"))
if x>=0:
    ___②___
else:
    print(-x)
```

(2) 以下是某位同学设计的密码验证程序,请将程序补充完整并在 Spyder 中运行查看结果。

```
x=___①___('请输入密码')          #程序运行过程中从键盘输入密码内容
if x=='zr123':
    print('密码正确!')
___②___:
    print('密码错误,请重新输入!')
```

(3) 以下程序实现了某系统登录验证功能,只有用户名和密码全部正确时才能登录成功。请将程序补充完整并在 Spyder 中运行查看结果。

```
username=input("username:")
passwd=input("passwd:")
___①___ username=="zr"___②___passwd=="111":
    print("登录成功!")
else:
    print("登录失败")
```

(4) 下面程序实现除法运算,在程序设计时要突出除数不能为零时才能进行除法运算。请将程序补充完整并在 Spyder 中运行查看结果。

```
a=int(input("请输入被除数:"))
b=int(input("请输入除数:"))
c=0
if ___①___:
    c=___②___
    print('a/b=',c)
```

```
else:
    print('除数不能为 0')
```

(5) 下面是一个体温检测程序,在程序运行时从键盘输入一个体温值,如果体温值大于等于 37.5 就输出体温过高;如果体温值低于 35.0,则输出体温过低;体温值在 35.0 至 37.5 之间的输出体温正常。请将程序补充完整并在 Spyder 中运行查看结果。

```
tiwen=float(___①___("请输入你的体温值: "))
if tiwen___②___37.5:
    print("你的体温过高")
___③___tiwen<35.0:
    print("你的体温过低")
else:
    print("你的体温正常")
```

(6) 编写程序实现:定义一个整型变量并赋值,判断该数是正整数、负整数还是零。如果是正整数,输出'+';如果是负整数,输出'-';如果是零,输出'0'。

(7) 编程程序实现:输入一个三位数,输出该数是不是水仙花数(水仙花数是一个三位数,其各位数字的立方和等于该数本身)。

3. 实训步骤

(1) 下面程序用于计算整数 x 的绝对值,请将程序补充完整并在 Spyder 中运行查看结果。

① 打开 Spyder 编程界面,新建一个空白程序文件。

② 输入代码并保存。

```
x=int(input("请输入 x 的值"))
if x>=0:
    print(x)
else:
    print(-x)
```

③ 运行代码。程序的两次运行结果为:

```
请输入 x 的值-3
3

请输入 x 的值 3
3
```

④ 分析理解 Python 中双分支选择结构的用法,理解几个分支就要设计几种验证。

(2) 以下是某位同学设计的密码验证程序,请将程序补充完整并在 Spyder 中运行查看结果。

① 打开 Spyder 编程界面,新建一个空白程序文件。

② 输入代码并保存。

```
x=input('请输入密码')     #程序运行过程中从键盘输入密码内容
if x=='zr123':
    print('密码正确！')
else:
    print('密码错误，请重新输入！')
```

③ 运行代码。程序两次运行结果为：

```
请输入密码 zr123
密码正确!

请输入密码 123
密码错误，请重新输入!
```

④ 分析理解 Python 中双分支选择结构的用法。

(3) 以下程序实现了某系统登录验证功能，只有用户名和密码全部正确时才能登录成功。请将程序补充完整并在 Spyder 中运行查看结果。

① 打开 Spyder 编程界面，新建一个空白程序文件。

② 输入代码并保存。

```
username=input("username:")
passwd=input("passwd:")
if username=="zr" and passwd=="111":
    print("登录成功!")
else:
    print("登录失败")
```

③ 运行代码。程序两次运行结果为：

```
username:zr

passwd:111
登录成功!

username:tt

passwd:111
登录失败
```

④ 分析理解 Python 中双分支选择结构的用法，判断表达式中逻辑运算符的用法。

(4) 下面程序实现除法运算，在程序设计时要突出除数不能为零时才能进行除法运算。请将程序补充完整并在 Spyder 中运行查看结果。

① 打开 Spyder 编程界面，新建一个空白程序文件。

② 输入代码并保存。

```
a=int(input("请输入被除数："))
b=int(input("请输入除数："))
c=0
```

```
if b!=0:
    c=a/b
    print('a/b=',c)
else:
    print('除数不能为 0')
```

③ 运行代码。程序两次运行结果为：

```
请输入被除数：3

请输入除数：5
a/b= 0.6

请输入被除数：3

请输入除数：0
除数不能为 0
```

④ 分析理解 Python 中双分支选择结构的用法。

(5) 下面是一个体温检测程序，在程序运行时从键盘输入一个体温值，如果体温值大于等于 37.5，就输出体温过高；如果体温值低于 35.0，则输出体温过低；体温值在 35.0 至 37.5 之间的输出体温正常。请将程序补充完整并在 Spyder 中运行查看结果。

① 打开 Spyder 编程界面，新建一个空白程序文件。

② 输入代码并保存。

```
tiwen=float(input("请输入你的体温值："))
if tiwen>=37.5:
    print("你的体温过高")
elif tiwen<35.0:
    print("你的体温过低")
else:
    print("你的体温正常")
```

③ 运行代码。程序三次运行结果为：

```
请输入你的体温值：37.6
你的体温过高

请输入你的体温值：34.7
你的体温过低

请输入你的体温值：36
你的体温正常
```

④ 分析理解 Python 中多分支选择结构的用法。

(6) 编写程序实现：定义一个整型变量并赋值，判断该数是正整数、负整数还是零。如果是正整数，输出'+'；如果是负整数，输出'-'；如果是零，输出'0'。

① 打开 Spyder 编程界面，新建一个空白程序文件。

② 输入代码并保存。

```
a=int(input("从键盘输入一个数:"))
if a>0:
    print("+")
elif a<0:
    print("-")
else:
    print("0")
```

③ 运行代码。程序三次运行结果为:

```
从键盘输入一个数:7
+

从键盘输入一个数:-7
-

从键盘输入一个数:0
0
```

④ 分析理解 Python 中多分支选择结构的用法。

(7) 编程程序实现:输入一个三位数,输出该数是不是水仙花数(水仙花数是一个三位数,其各位数字的立方和等于该数本身)。

① 打开 Spyder 编程界面,新建一个空白程序文件。

② 输入代码并保存。

```
t=int(input("请输入一个整数"))
a=t//100
b=t//10%10
c=t%10
if a * * 3+b**3+c**3==t and t>= 100 and t<1000:
    print(t,'是水仙花数!')
else:
    print(t,'不是水仙花数!')
```

③ 运行代码。程序两次运行结果为:

```
请输入一个整数 123
123 不是水仙花数!

请输入一个整数 153
153 是水仙花数!
```

④ 分析理解 Python 中分支结构的用法。

第6章 Python循环结构程序设计

循环结构是实际应用编程中最常用的结构之一，对于一些重复处理的情况，一般要通过循环结构实现。Python 提供了 while 语句和 for 语句两种形式的循环结构。

6.1 while 语句

在 Python 语言程序设计中，while 语句的语法格式如下：

```
while 条件表达式:
    循环体
```

循环结构介绍和 while 语法及示例

说明：

(1) while 循环的执行过程：当条件表达式的值为真时，执行循环体中的语句；执行完一次循环体内所有的语句后，再次判断条件表达式的值，如果为真，再执行一遍，直到条件表达式为假时，结束 while 语句，继续执行下面的语句。

(2) while 循环需要一个循环变量控制进程。

(3) 循环体内如果包含多条语句，应该使用相同的缩进。

(4) 在循环体中应有使循环趋向于结束的语句。如果无此语句，则循环变量的值始终不改变，循环永不结束。即条件表达式永远为 True，无限循环。

【例 6-1】 使用 while 语句编程实现：求 1+2+3+…+100 的和。

```
t=1
sum=0
while t<=100:
    sum=sum+t
    t=t+1
print("1+2+…+100=",sum)
```

本程序的运行结果为：

```
1+2+…+100= 5050
```

代码解析：

(1) 第 1 行代码定义变量 t 并赋值为 1。

(2) 第 2 行代码定义变量 sum 并赋值为 0。

(3) 第 3～5 行代码是一个 while 语句，循环体包含两句代码，当 t 小于等于 100 时，重复将当前的 t 值加到 sum 里，再让 t 加 1，直到 t 加到 101，条件表达式为假，循环语句结束。

（4）第 6 行代码输出结果。

【例 6-2】 使用 **while** 语句编程实现：求 **1～100** 所有奇数的和。

while 求奇数和

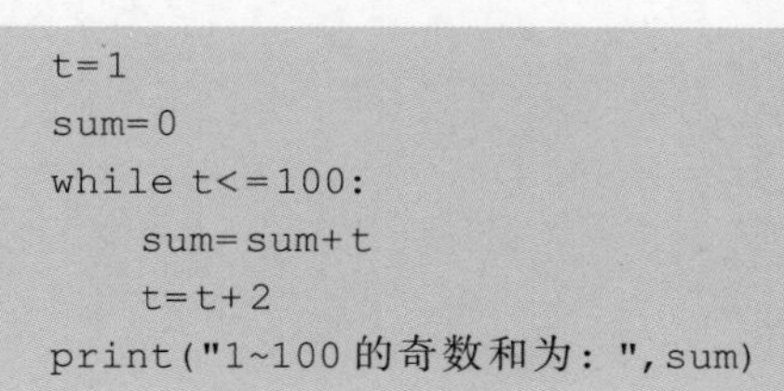

```
t=1
sum=0
while t<=100:
    sum=sum+t
    t=t+2
print("1~100的奇数和为：",sum)
```

本程序的运行结果为：

```
1~100的奇数和为：2500
```

代码解析：

（1）第 1 行代码定义变量 t 并赋值为 1。

（2）第 2 行代码定义变量 sum 并赋值为 0。

（3）第 3～5 行代码是一个 while 语句，共 3 行代码，循环体包含两句代码。当 t 小于等于 100 时，重复将当前的 t 值加到 sum 里，再让 t 加 2，直到 t 加到 101，条件表达式为假，循环语句结束。

（4）第 6 行代码输出结果。

【例 6-3】 使用 **while** 语句编程实现：求 **1～100** 所有偶数的和。

```
t=0
sum=0
while t<=100:
    sum=sum+t
    t=t+2
print("1~100的偶数和为：",sum)
```

本程序的运行结果为：

```
1~100的偶数和为：2550
```

代码解析：

（1）第 1 行代码定义变量 t 并赋值为 0。

（2）第 2 行代码定义变量 sum 并赋值为 0。

（3）第 3～5 行代码是一个 while 语句，共 3 行代码，循环体包含两句代码。当 t 小于等于 100 时，重复将当前 t 值加到 sum 里，再让 t 加 2，直到 t 加到 102，条件表达式为假，循环语句结束。

（4）第 6 行代码输出结果。

对比以上三个例题代码，可以发现 while 语句中循环变量的起始值和每次重复增加多少都会影响程序运行的结果。通常认为 while 语句实现循环需要三个要素：循环变量的初值、循环变量的终值及循环变量的每次增值。

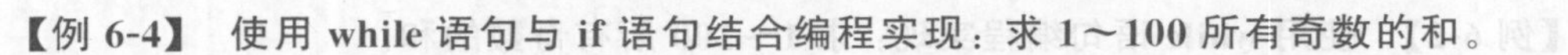

对于例 6-2 和例 6-3,除了使用控制循环变量每次增加多少实现外,还可以在循环体内添加一个单分支选择结构 if 语句,控制只有满足某些条件时循环语句才能执行。

while_if

【例 6-4】 **使用 while 语句与 if 语句结合编程实现:求 1~100 所有奇数的和。**

```
t=1
sum=0
while t<=100:
    if t%2==1:
        sum=sum+t
    t=t+1
print("1~100 的奇数和为: ",sum)
```

本程序的运行结果为:

```
1~100 的奇数和为: 2500
```

代码解析:

(1)第 1 行代码定义变量 t 并赋值为 1。

(2)第 2 行代码定义变量 sum 并赋值为 0。

(3)第 3~6 行代码是一个 while 语句,共 4 行代码,循环体包含两句代码,循环体的第 1 句是一个单分支选择结构,如果条件为真,可以将当前的 t 值加到 sum 中;如果条件为假,则跳过 sum 求和语句,直接执行循环体的第 2 句——t 求和语句,每次循环都让 t 加 1,直到 t 加到 101,条件表达式为假,循环语句结束。

(4)第 7 行代码输出结果。

【例 6-5】 **使用 while 语句与 if 语句结合编程实现:求 1~100 所有偶数的和。**

```
t=1
sum=0
while t<=100:
    if t%2==0:
        sum=sum+t
    t=t+1
print("1~100 的偶数和为: ",sum)
```

本程序的运行结果为:

```
1~100 的偶数和为: 2550
```

代码解析:

(1)第 1 行代码定义变量 t 并赋值为 1。

(2)第 2 行代码定义变量 sum 并赋值为 0。

(3)第 3~6 行代码是一个 while 语句,共 4 行代码,循环体包含两句代码,循环体的第 1 句是一个单分支选择结构,如果条件为真,可以将当前的 t 值加到 sum 中;如果条件为假,则跳过 sum 求和语句,直接执行循环体的第 2 句——t 求和语句,每次循环都让 t 加 1,直到 t 加到 101,条件表达式为假,循环语句结束。

(4)第 7 行代码输出结果。

6.2 for 语句

在 Python 语言程序设计中,for 语句的语法格式如下。

格式一:

for 语法

```
for 循环变量 in 序列:
    循环体
```

格式二:

```
for 循环变量 in range(start,end,step):
    循环体
```

说明:

(1) 格式一中的"序列"是指有明确值的序列类型,常见是列表和字符串。

(2) 格式二使用 Python 提供的内置 range 函数可以生成一个整数序列。

(3) 循环体中的语句要有相同的缩进。

【例 6-6】 使用 for 语句遍历输出数字型列表的所有元素值。

```
for t in [1,2,3,4,5]:
    print(t)
```

本程序的运行结果为:

```
1
2
3
4
5
```

代码解析:本程序共两行代码,是一个 for 循环语句,使用 for 语句遍历输出列表的所有元素值。

【例 6-7】 使用 for 语句遍历输出字符串型列表的所有元素值。

```
for t in ["英语","数学","语文"]:
    print(t)
```

本程序的运行结果为:

```
英语
数学
语文
```

代码解析:本程序使用 for 语句遍历输出列表的所有元素值。

【例 6-8】 使用 for 语句遍历输出字符串的所有字符。

```
for t in "rizhao":
    print(t)
```

本程序的运行结果为：

```
r
i
z
h
a
o
```

代码解析：本程序使用 for 语句遍历输出字符串的所有字符。

在 Python 语言程序设计中，print 函数的默认结束标志为换行，所以每执行一次 print 语句都会自动换行。为了将多个 print 语句的结果显示在同一行，可以指定 print 语句的结束标志为空格。

【例 6-9】 使用 for 语句遍历输出字符串的所有字符，并显示在同一行。

```
for t in "rizhao":
    print(t,end=" ")
```

本程序的运行结果为：

```
r i z h a o
```

代码解析：本程序使用 for 语句遍历输出字符串的所有字符，并在 print 函数中指定 end=" "，使所有字符显示在同一行。

在 Python 语言程序设计中，使用内置 range 函数可以生成一个整数序列，语法格式如下：

```
range(start, end, step=1)
```

说明：

(1) 函数 range()运行时会返回一个整数序列。

(2) 参数 start 为整数序列的起始值，可以省略，省略时使用默认值 0。

(3) 参数 end 为整数序列的结束值，在生成的整数序列中不包含结束值。range()至少有一个参数，必须指定结束值。

(4) 参数 step 为整数序列的步长，可以省略，省略时使用默认值 1。

【例 6-10】 在 for 语句中使用 range()生成数值序列。

```
for x in range(1,5):
    print(x,end=" ")
```

本程序的运行结果为：

```
1 2 3 4
```

代码解析：本程序用for语句遍历输出range()生成的整数序列，并在print函数中指定end=" "，使所有数字显示在同一行。本程序中使用的range(1,5)没有指定步长，使用默认的步长1，列表元素值每次增1。从1开始，输出到4，不输出5。

【例6-11】 在range()中只指定结束值生成数值序列。

```
for x in range(5):
    print(x)
```

本程序的运行结果为：

```
0
1
2
3
4
```

代码解析：本程序用for语句遍历输出range()生成的整数序列。本程序中没有指定起始值，使用默认的值0，没有指定步长，使用默认的步长1，所以输出结果从0开始，每次增1，输出到4，不输出5。

【例6-12】 在range()中指定步长生成数值序列。

```
for x in range(1,9,2):
    print(x)
```

本程序的运行结果为：

```
1
3
5
7
```

代码解析：本程序用for语句遍历输出range()生成的整数序列。因为在range()中指定步长为2，所以可以看到输出结果每次增加2，没有结束值9。

【例6-13】 求1+2+3+…+100的for语句实现。

```
sum=0
for t in range(1,101):
    sum=sum+t
print("1+2+3+…+100=",sum)
```

本程序的运行结果为：

```
1+2+3+…+100= 5050
```

代码解析：

(1) 第1行代码定义变量sum并赋值为0。

(2) 第2、3行代码是一个for语句，range(1,101)表明生成的整数序列从1开始到101结束，不包含101，没指定步长，使用默认步长1，所以当t小于等于100时，重复将当前的t

值加到 sum 里,再让 t 加 1,直到 t 加到 101,循环语句结束。

(3) 第 4 行代码输出结果。

【例 6-14】 求 1～100 所有奇数和的 for 语句实现。

```
sum=0
for t in range(1,101):
    if t%2==1:
        sum=sum+t
print("1~100 的奇数和为:",sum)
```

本程序的运行结果为:

```
1~100 的奇数和为: 2500
```

代码解析:

(1) 第 1 行代码定义变量 sum 并赋值为 0。

(2) 第 2～5 行代码是一个 for 语句,range(1,101)表明,生成的序列从 1 开始到 101 结束,不包含 101,没指定步长,使用默认步长 1,所以当 t 小于等于 100 时,进入循环体,先判断单分支选择结构的条件,如果为真,将当前的 t 值加到 sum 里,如果为假,跳过 sum 求和语句,直接执行 t 求和语句,直到 t 加到 101,循环语句结束。

(3) 第 6 行代码输出结果。

【例 6-15】 使用 for 循环计算棋盘上的麦粒数量。

棋盘麦粒

```
sum=0
for t in range(64):
    sum=sum+2**t
print("总共获得的麦粒:",sum)
```

本程序的运行结果为:

```
总共获得的麦粒: 18446744073709551615
```

代码解析:

(1) 第 1 行代码定义变量 sum 并赋值为 0。

(2) 第 2、3 行代码是一个 for 语句,range(64)表明生成的序列从 0 开始到 64 结束,不包含 64,没指定步长,使用默认步长 1,每次重复将 2 的 t 次方加进 sum 中,直到 t 加到 64 结束循环。

(3) 第 4 行代码输出结果。

【例 6-16】 编写一个 Python 语言程序,打印出所有的"水仙花数"。

```
for shu in range(100,1000):
    ge=shu%10
    bai=int(shu/100)
    shi=(int(shu/10))%10
    if shu==bai**3+shi**3+ge**3:
        print("%5d" %(shu))
```

本程序的运行结果为：

```
153
370
371
407
```

代码解析：本程序共6行代码，是一个for语句，每一次重复将当前数的个位、百位、十位分别取出，判断各位数字的立方和是否等于该数本身，如果为真，就输出当前数，否则跳过输出语句。

6.3 循环嵌套

一个循环体内又包含另一个完整的循环结构，称为循环的嵌套。

【例 6-17】 两层循环嵌套输出 20 个“*”。

```
for k in range(1,5):
    for t in range(1,6):
        print("*",end=" ")
```

本程序的运行结果为：

```
* * * * * * * * * * * * * * * * * * * *
```

代码解析：本程序共3行代码，是一个嵌套的for语句，外层for语句循环变量的取值为1、2、3、4，每次重复的循环体是内层的for语句，内层for语句循环变量的取值为1、2、3、4、5，所以内层for语句执行一次输出5个“*”，外层for语句控制着内层for语句重复4次，所以共输出20个“*”。

【例 6-18】 两层循环嵌套输出 20 个“*”，并控制一行只输出 5 个“*”。

```
for k in range(1,5):
    for t in range(1,6):
        print("*",end=" ")
    print()
```

本程序的运行结果为：

```
* * * * *
* * * * *
* * * * *
* * * * *
```

代码解析：本程序是一个嵌套的for语句，外层for语句循环变量的取值为1、2、3、4，每次重复的循环体有2句：第1句是一个for语句，第2句使用一个空的print()输出一个换行。因为print()默认用一次换一行，所以每次执行外层循环体时，先执行内层for语句，输出 5 个“ * ”,再输出一个换行。

【例 6-19】 编写一个 Python 语言程序,打印出 1000 以内的所有完数。

一个数如果恰好等于它的因子之和,这个数就称为“完数”。例如,6=1+2+3。

```
for n in range(2,1000):
    sum = 0
    for i in range(1,n):
        if (n%i == 0):
            sum += i
    if(sum == n):
        print("%5d" %n)
```

本程序的运行结果为:

```
  6
 28
496
```

代码解析:本程序是一个嵌套的 for 语句,外层 for 语句循环变量的取值范围为从 2 到 999,每次重复的循环体有 3 句代码:第 1 句定义 sum 变量并赋值为 0;第 2 句是一个 for 语句,用于求当前数的所有因子之和;第 3 句是一个单分支选择结构,先判断当前数是否与其所有因子之和相等,如果为真,就输出当前数,否则跳过输出语句。

6.4 break 和 continue 语句

在 Python 语言程序设计中,可以使用 break 语句和 continue 语句改变循环执行的状态。break 可以用来从循环体内跳出,即提前结束循环,接着执行循环下面的语句。continue 可以用来结束本次循环,即跳过循环体中 continue 下面尚未执行的语句,接着进行下一次是否执行循环的判定。

break 语句

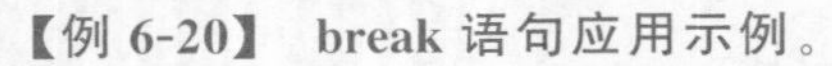
【例 6-20】 break 语句应用示例。

```
for x in range(1,6):
    if x==3:
        break
    print(x)
```

本程序的运行结果为:

```
1
2
```

代码解析:本程序是一个 for 语句,循环体中共 2 句代码,第 1 句是一个单分支选择结构,先判断 x 是否等于 3,如果为真,执行 break 语句结束整个循环;否则,跳过 break 语句,直接执行循环体中的输出语句。从本例的运行结果可以看出,循环体只执行了 2 次,当 x==3 时,就结束了整个循环。本例运行结果只输出了 2 个数;如果没有加 break 语句,循环应该输出 5 个数。

【例 6-21】 continue 语句应用示例。

```
for x in range(1,6):
    if x==3:
        continue
    print(x)
```

本程序的运行结果为:

```
1
2
4
5
```

代码解析:本程序是一个 for 语句,循环体中共 2 句代码,第 1 句是一个单分支选择结构,先判断 x 是否等于 3,如果为真,执行 continue 语句跳出本次循环,循环变量加 1,继续下一次循环;否则,跳过 continue 语句,直接执行循环体中的输出语句。从本例的运行结果可以看出,加了 continue 语句的循环只结束了 x==3 的那一次循环,所以输出结果中没有 3 这个数值,3 之后的循环继续,最终输出了 1~5 除了 3 之外的所有数值。

本章习题

填空题

1. ________就是周而复始地做同一件事情,直到某条件下结束。

2. Python 提供了________语句和________语句两种形式的循环结构。

3. Python 提供的内置 range 函数可以生成一个________,语法格式为 range(start,end,step),range 函数结果会返回一个整数序列,start 省略时默认值为________,step 为整数序列的步长,默认为________,end 为整数序列的结束值,在生成的整数序列中________结束值。

4. 以下程序的运行结果为________。

```
for t in [0,1,2]:
    print(t,end=" ")
```

5. 以下程序的运行结果为________。

```
for x in range(1,5):
    print(x,end=" ")
```

6. 以下程序的运行结果为________。

```
for x in range(5):
    print(x,end=" ")
```

7. 以下程序的运行结果为________。

```
for x in range(1,9,2):
    print(x,end=" ")
```

8. 以下程序的运行结果为________。

```
a=[]
for t in range(1,10,2):
    a.append(t)
print(a)
```

9. 以下程序的运行结果为________。

```
str1=""
a=[1,2,3,4,5]
for k in a:
    str1=str1+str(k)
print(str1)
```

10. 以下程序的运行结果为________。

```
s=0
a=[1,2,3,4,5]
for k in a:
    s=s+k
print(s)
```

11. 以下程序的运行结果为________。

```
t= 8
while t:
    t=t-1
    if not t%2:
        print(t,end=' ')
```

12. 以下程序的运行结果为________。

```
for x in "Qufu Normal University":
    if x == 'N':
        break
    else:
        print(x, end=" ")
```

13. 以下程序的运行结果为________。

```
for x in range(3):
    for t in "Qufu Normal University":
        if t=="N":
            break
        print(t,end=" ")
```

实训项目1 Python 循环结构程序设计

1. 实训目的

(1) 熟练掌握 for 循环与 while 循环的用法。

(2) 熟练掌握 range 函数在 for 循环中的使用方法。

(2) 熟练掌握 break 和 continue 语句的作用。

2. 实训内容

(1) 有一个数列1,-2,3,-4,5,…,-100,下面程序用于计算数列的和,请将程序补充完整并在 Spyder 中运行查看结果。

```
s=0
for i in range(1,___①___):
    if i%2==0:
        s=___②___
    else:
        s=s+i
print("s=",s)
```

(2) 百钱买百鸡。假设公鸡一只5钱,母鸡一只3钱,小鸡一钱3只,现用100钱来买100只鸡。问公鸡、母鸡、小鸡各买多少只?请将程序补充完整并在 Spyder 中运行查看结果。

```
for i in range(0,___①___):
    for j in range(0,___②___):
        if 5*i+3*j+(100-i-j)/3==100 and (100-i-j)%3==0:
            print("公鸡的数量是%d 母鸡的数量是%d 小鸡的数量是%d"%(___③___))
```

(3) 输出三位正整数中能被3整除的整数,请将程序补充完整并在 Spyder 中运行查看结果。

```
for i in range(100,___①___):
    if i%___②___==0:
        print(i)
```

(4) 读书计划:第1天读1页,第2天读2页……第30天读30页。老师推荐了一本1000页的书,按照该读书计划,多少天能读完这本书?请将程序补充完整并在 Spyder 中运行查看结果。

```
total=0
t=0
while total< ① :
    total=total+t
    t=t+1
print("读完这本书共需要%d天" ② t)
```

(5) 编写一个 Python 语言程序实现：求 1 到 20 之间所有偶数的和。

(6) 编写一个 Python 语言程序实现：读入一个整数 n,计算[1,n]中奇数的和。例如，输入 9,计算 1+3+5+7+9。

3. 实训步骤

(1) 有一个数列 1,−2,3,−4,5,…,−100,下面的程序用于计算数列的和,请将程序补充完整并在 Spyder 中运行查看结果。

① 打开 Spyder 编程界面,新建一个空白程序文件。

② 输入代码并保存。

```
s=0
for i in range(1,101):
    if i%2==0:
        s=s-i
    else:
        s=s+i
print("s=",s)
```

③ 运行代码。程序运行结果为：

```
s= -50
```

④ 分析理解 for 循环与 range 函数的用法。

(2) 百钱买百鸡。假设公鸡一只 5 钱,母鸡一只 3 钱,小鸡一钱 3 只,现用 100 钱来买 100 只鸡。问公鸡、母鸡、小鸡各买多少只？请将程序补充完整并在 Spyder 中运行查看结果。

① 打开 Spyder 编程界面,新建一个空白程序文件。

② 输入代码并保存。

```
for i in range(0,100):
    for j in range(0,100):
        if 5*i+3*j+(100-i-j)/3==100 and (100-i-j)%3==0:
            print("公鸡的数量是%d 母鸡的数量是%d 小鸡的数量是%d"%(i,j,(100-i-j)))
```

③ 运行代码。程序运行结果为：

```
公鸡的数量是 0  母鸡的数量是 25  小鸡的数量是 75
公鸡的数量是 4  母鸡的数量是 18  小鸡的数量是 78
公鸡的数量是 8  母鸡的数量是 11  小鸡的数量是 81
公鸡的数量是 12  母鸡的数量是 4  小鸡的数量是 84
```

④ 分析理解 for 循环与 range 函数的用法。

(3) 输出三位正整数中能被 3 整除的整数,请将程序补充完整并在 Spyder 中运行查看结果。

① 打开 Spyder 编程界面,新建一个空白程序文件。

② 输入代码并保存。

```
for i in range(100,1000):
    if i%3==0:
        print(i,end=" ")
```

③ 运行代码。程序运行结果为:

```
102 105 108 111 114 117 120 123 126 129 132 135 138 141 144 147 150 153 156 159 162 165
168 171 174 177 180 183 186 189 192 195 198 201 204 207 210 213 216 219 222 225 228 231
234 237 240 243 246 249 252 255 258 261 264 267 270 273 276 279 282 285 288 291 294 297
300 303 306 309 312 315 318 321 324 327 330 333 336 339 342 345 348 351 354 357 360 363
366 369 372 375 378 381 384 387 390 393 396 399 402 405 408 411 414 417 420 423 426 429
432 435 438 441 444 447 450 453 456 459 462 465 468 471 474 477 480 483 486 489 492 495
498 501 504 507 510 513 516 519 522 525 528 531 534 537 540 543 546 549 552 555 558 561
564 567 570 573 576 579 582 585 588 591 594 597 600 603 606 609 612 615 618 621 624 627
630 633 636 639 642 645 648 651 654 657 660 663 666 669 672 675 678 681 684 687 690 693
696 699 702 705 708 711 714 717 720 723 726 729 732 735 738 741 744 747 750 753 756 759
762 765 768 771 774 777 780 783 786 789 792 795 798 801 804 807 810 813 816 819 822 825
828 831 834 837 840 843 846 849 852 855 858 861 864 867 870 873 876 879 882 885 888 891
894 897 900 903 906 909 912 915 918 921 924 927 930 933 936 939 942 945 948 951 954 957
960 963 966 969 972 975 978 981 984 987 990 993 996 999
```

④ 分析理解 for 循环与单分支选择结构结合使用的方法。

(4) 读书计划:第 1 天读 1 页,第 2 天读 2 页……第 30 天读 30 页。老师推荐了一本 1000 页的书,按照该读书计划,多少天能读完这本书?请将程序补充完整并在 Spyder 中运行查看结果。

① 打开 Spyder 编程界面,新建一个空白程序文件。

② 输入代码并保存。

```
total=0
t=0
while total<1000:
    total=total+t
    t=t+1
print("读完这本书共需要%d天。" % (t-1))
```

③ 运行代码。程序运行结果为:

```
读完这本书共需要 45 天。
```

④ 分析理解 while 循环的用法。

(5) 编写一个 Python 语言程序实现:求 1 到 20 之间所有偶数的和。

① 打开 Spyder 编程界面,新建一个空白程序文件。

② 输入代码并保存。

```
sum=0
for i in range(2,21,2):
    sum=sum+i
print("1到20之间所有偶数的和:",sum)
```

③ 运行代码。程序运行结果为:

```
1到20之间所有偶数的和: 110
```

④ 分析理解 for 循环与 range 函数的用法。

(6) 编写一个 Python 语言程序实现:读入一个整数 n,计算[1,n]中奇数的和。例如,输入 9,计算 1+3+5+7+9。

① 打开 Spyder 编程界面,新建一个空白程序文件。

② 输入代码并保存。

```
n=int(input())
sum=0
for i in range(1,n+1,2):
    sum=sum+i
print("1到%d之间所有奇数的和:%d" %(n,sum))
```

③ 运行代码。程序运行结果为:

```
9
1到9之间所有奇数的和:25
```

④ 分析理解 for 循环、input 函数与 print 格式控制符的用法。

实训项目2　实现一个简易的学生管理系统

1. 实训目的

(1) 熟练掌握列表和字典的添加、删除等操作。

(2) 熟练掌握 print 输出语句、input 输入语句的用法。

(3) 熟练掌握分支结构、循环结构的用法。

2. 实训内容

实现一个简易的学生管理系统,功能包括:添加学生信息、删除学生信息、修改学生信息、查询学生信息、显示学生信息和退出系统。

具体要求如下:

(1) 编写主菜单,包括"1.添加学生信息、2.删除学生信息、3.修改学生信息、4.查询学生信息、5.显示所有学生信息、6.退出系统"6 个功能的菜单项,程序执行时首先显示这 6 个菜单项，当用户从键盘输入功能序号时可以执行相应的功能。

（2）使用字典保存每个学生的信息，包括学生的姓名、学号及年龄，使用列表保存所有学生的信息。

（3）使用一个无限循环保证程序一直能从键盘接收用户输入的信息。

（4）在循环中，根据用户输入的选择进行不同的操作，使用分支结构实现不同编号所对应的不同功能。

（5）在循环中使用 break 控制何时结束循环。

3. 实训步骤

（1）新建一个列表，用来保存学生的所有信息。代码如下：

```
#定义一个列表，用来存储多个学生的信息
students=[]
```

（2）定义一个永真循环。代码如下：

```
while True:
    #制作一个功能显示菜单界面
    print( '=' * 60)
    b="简易学生管理系统"
    print(b.center(50,"-"))
    print(' ' * 15," 1.添加学生信息")
    print(' ' * 15," 2.删除学生信息")
    print(' ' * 15," 3.修改学生信息")
    print(' ' * 15," 4.查询学生信息")
    print(' ' * 15," 5.显示所有学生信息")
    print(' ' * 15," 6.退出系统")
    print( '=' * 60)
    #获取用户选择的功能
    key = int(input("请选择功能(序号): "))

    #根据用户选择，完成相应功能
    if key == 1:
        print("您选择了添加学生信息功能")
        name = input("请输入学生姓名: ")
        stuId = input("请输入学生学号(学号不可重复): ")
        age = input("请输入学生年龄:")
        #验证学号是否唯一
        flag = 0
        for temp in students:
            if temp['id'] == stuId:
                flag = 1
                break
        if flag == 1:
            print("输入学生学号重复，添加失败!")
        else:
            #定义一个字典，存放单个学生信息
            stuInfo = {}
```

```
            stuInfo['name'] = name
            stuInfo['id'] = stuId
            stuInfo['age'] = age
            #单个学生信息放入列表
            students.append(stuInfo)
            print("添加成功!")
    elif key == 2:
        print("您选择了删除学生功能")
        delId=input("请输入要删除的学生学号:")
        #i记录要删除的下标,flag为标志位,如果找到要删除的学生学号 flag=1, 否则为 0
        i = 0
        flag = 0
        for temp in students:
            if temp['id'] == delId:
                flag = 1
                break
            else:
                i=i+1
        if flag == 0:
            print("没有此学生学号, 删除失败!")
        else:
            del students[i]
            print("删除成功!")

    elif key == 3:
        print(' '*10,'修改学生信息(不能修改学号)')
        print('-'*30)
        xuehao1=input('请输入要修改的学生学号: ')
        #检测是否有此学号, 然后修改信息
        flag = 0
        for temp in students:
            if temp['id'] == xuehao1:
                flag = 1
                break
        if flag == 1:
            newname = input('请输入新的姓名: ')
            newage = int(input('请输入新的年龄: '))
            temp['name'] = newname
            temp['age'] = newage
            print('学号为%s 的学生信息修改成功! ' %xuehao1)
        else:
            print("没有此学号, 修改失败!")
    elif key == 4:
        print("您选择了查询学生信息功能")
        searchID=input("请输入您要查询的学生学号:")
        #验证是否有此学号
        flag = 0
        for temp in students:
            if temp['id'] == searchID:
                flag = 1
```

```
                break
        if flag == 0:
            print("没有此学生学号，查询失败!")
        else:
            print("找到此学生，信息如下：")
            print("学号：%s\n 姓名：%s\n 年龄：%s\n"%(temp['id'],temp['name'],temp
            ['age']))
    elif key == 5:
        #遍历并输出所有学生的信息
        print('*'*30)
        print("接下来遍历所有的学生信息...")
        print("id      姓名      年龄")
        for temp in students:
            print("%s      %s      %s"%(temp['id'],temp['name'],temp['age']))
        print("*"*30)
    elif key == 6:
        quitconfirm = input("确定要退出吗?(y 或 n)")
        if quitconfirm == 'y':
            print("欢迎使用本系统，再见!")
            break;
    else:
        print("您输入有误，请重新输入")
```

(3) 运行程序查看结果。

运行程序时首先看到的是功能选择菜单,运行结果如下：

```
=============================================================
---------------------简易学生管理系统----------------------
                1.添加学生信息
                2.删除学生信息
                3.修改学生信息
                4.查询学生信息
                5.显示所有学生信息
                6.退出系统
=============================================================
```

① 输入数字 1,按回车键。然后按照提示输入相应内容后按回车键。运行结果如下：

```
请选择功能(序号)：1
您选择了添加学生信息功能

请输入学生姓名：wang

请输入学生学号(学号不可重复)：11

请输入学生年龄:17
添加成功!
```

在输入一个学生的信息后按回车键,再次出现功能选择菜单。

② 输入数字5,查看输入的信息。运行结果如下:

```
请选择功能(序号): 5
********************************
接下来遍历所有的学生信息...
id      姓名      年龄
11      wang      17
********************************
```

③ 再次出现功能菜单,输入数字3,进行修改。运行结果如下:

```
请选择功能(序号): 3
          修改学生信息(不能修改学号)
--------------------------------

请输入要修改的学生学号: 11

请输入新的姓名: liu

请输入新的年龄: 18
学号为11的学生信息修改成功!
```

④ 再次出现功能选择菜单,输入数字4,查询某个学生的信息,进入界面后根据要求输入要查询的学生学号,如果有此学生则显示学生信息,运行结果如下:

```
请选择功能(序号): 4
您选择了查询学生信息功能

请输入您要查询的学生学号:11
找到此学生, 信息如下:
学号: 11
姓名: liu
年龄: 18
```

如果没有要查询的学号,则查询失败。运行结果如下:

```
请选择功能(序号): 4
您选择了查询学生信息功能

请输入您要查询学生的学号:22
没有此学生学号, 查询失败!
```

⑤ 输入数字2,删除学生信息,删除时要输入指定要删除的学生学号,根据学号进行删除。运行结果如下:

```
请选择功能(序号): 2
您选择了删除学生功能

请输入要删除的学生学号:11
删除成功!
```

⑥ 输入数字 5,再次查看学生信息。运行结果如下：

```
请选择功能(序号)：5
******************************
接下来遍历所有的学生信息...
id      姓名      年龄
******************************
```

可以看到学号 11 对应的学生信息已经删除了。

⑦ 输入数字 6,按提示输入 y 则退出。运行结果如下：

```
请选择功能(序号)：6

确定要退出吗?(y或 n)y
欢迎使用本系统，再见!
```

第7章 函数

前面已经学习过一些常用内置函数的用法，例如，数学函数 abs(x)可以返回 x 的绝对值，int(x)可以强制把变量 x 转换成整型，还有输入输出函数等。

函数就是提前设计好的一段代码，用来实现某一个功能或某些功能，便于重复利用。在实际程序开发时，经常会在同一个问题中出现一些功能类似的重复代码，如果把这些代码抽取出来，单独写成一个函数，在所有需要的地方不必重复写代码，调用函数就可以。这样不仅可以提高代码的重用性，还可以使代码更简洁易懂。

在 Python 语言程序设计中，一些常用的功能模块已经编写成函数，即前面学过的常用内置函数。这些内置函数放在函数库中供大家调用，可以有效地提高代码的重用率，减少编写代码的工作量。

7.1 函数定义

函数的定义与调用示例

在 Python 语言程序设计中，可以定义自己需要的程序段以实现某项功能。函数定义的语法格式如下：

```
def 函数名(参数列表):
    函数体
    return 表达式
```

说明：

(1) 参数列表可以没有，但圆括号不能省略。

(2) 必须以 def 开头，必须有冒号。

(3) 函数名必须由字母、数字和下画线组成，且不能以数字开头。

(4) 函数体内可以有多句代码，但必须缩进对齐。

(5) return 语句可选。

(6) 函数定义之后必须调用才能运行函数体内定义的语句。函数必须先定义，后调用，如果把函数调用语句放在函数定义之前，程序就会出错。

【例 7-1】 无参函数的定义及调用。

```
#定义函数
def add2num():
    c = 11+22
    print(c)
```

```
#调用函数
add2num()
```

本程序运行结果如下：

```
33
```

代码解析：例 7-1 首先定义了一个函数用于计算两个数的和，这个函数没有定义参数，在函数体中包含两行代码，第一行代码把两个数的和赋给变量 c，第二行代码用于输出变量 c 的值。然后调用函数输出结果。

这个函数不管运行多少遍，输出结果都是一样的，计算的永远只是固定的两个数的和。

如果希望定义的函数可以计算任何两个数的和，就要在定义函数的时候让函数通过参数接收不同的数据。

【例 7-2】 将例 7-1 修改为有参函数。

```
#定义函数
def add2num(x,y):
    c = x+y
    print(c)
#调用函数
add2num(3,5)
```

本程序运行结果如下：

```
8
```

代码解析：本程序定义的函数有 x、y 两个参数，函数调用时可以传递任意两个值给参数 x、y，然后进入函数体，运行函数体中的两句代码，输出任意两个值的和。

【例 7-3】 在例 7-2 中使用 input 函数，每次运行时从键盘获取不同的值。

```
def add2num(x,y):
    c = x+y
    print("两个数的和：",c)
s=input("请从键盘输入任意两个数(空格隔开)：")
x1,x2=s.split()
a=int(x1)
b=int(x2)
add2num(a,b)
```

本程序两次运行的结果如下：

```
请从键盘输入任意两个数(空格隔开)：3 5
两个数的和：8

请从键盘输入任意两个数(空格隔开)：11 22
两个数的和：33
```

代码解析：本程序每次运行时可以从键盘获取任意两个数，传递给函数后，运行函数体中的两句代码，输出任意两个值的和。

7.2 实参与形参

在定义了有参函数后，调用函数时，主调函数与被调用的函数之间会存在数据传递的关系。在定义函数时函数名后面圆括号内的参数名称为形式参数，简称形参。在调用函数时，主调函数会在函数名后面的圆括号内给出参数的具体值（可以是常量、变量或者一个表达式，但必须能求出一个对应的确定值），这时主调函数名后圆括号内的参数就称为实际参数，简称实参。

在调用函数时，实参的值传递给形参，形参将接收的值带入相应的函数体执行函数体内的语句，最后得到运行结果。

形参与实参

说明：

（1）在例7-2中，在定义函数时指定了形参x、y，但是在未出现函数调用语句时，定义的函数体不占内存，不执行函数体中任何语句。

（2）只有出现了函数调用语句，调用add2num这个自定义函数时，形参变量x、y才被分配内存，接收实参传递过来的值，运行函数体中的所有语句。

（3）函数调用结束后，形参所占的内存会被释放。

（4）实参与形参的数据类型应该一致。

（5）实参与形参的个数应该相同，调用函数时实参的值传递给形参，传递时第一个实参的值传递给第一个形参，第二个实参的值传递给第二个形参，以此类推。

7.3 参数默认值

在Python语言程序设计中，可以在定义函数的同时给形参指定一个默认值，格式如下：

定义默认值参数

```
def 函数名(..., 形参名=默认值):
    函数体
```

说明：

（1）如果在定义函数的同时给形参指定了默认值，则在调用函数时可以不给带默认值的形参传递实参值，直接使用默认值。

（2）如果调用函数时，实参给带默认值的形参传递了一个新值，则使用实参传递的新值进行计算。

（3）可以给所有函数参数设置默认值，也可以只设置部分参数的默认值，但是设置部分参数的默认值时，带有默认值的参数必须放置在参数列表的末尾，否则程序将会提示出错。

(4) 在Python语言程序设计中,如果设置了默认参数,函数调用时允许实参的个数与形参的个数不相同的情况。

【例7-4】 使用默认值参数示例。

```
def add3num(x,y,z=5):
    c = x+y+z
    print("三个数的和: ",c)
add3num(1,2,3)
add3num(10,20)
```

本程序的运行结果为:

```
三个数的和: 6
三个数的和: 35
```

代码解析:本程序在定义函数时给形参变量z定义了默认值5,第一次调用函数时实参给了z一个新值3,所以要以z=3运行函数体,得到三个数的和为6;第二次调用函数时,没有给z传递实参值,所以以默认值5进行计算,最终得到三个数的和为35。

7.4 返回语句 return

在Python语言程序设计中,可以通过在函数体中添加return语句,将函数体的执行结果带回主调函数,并且退出函数体。当然,return语句不是必需的,可以根据需要选择添加与否。如果添加了return语句,return语句返回一个值给调用方。如果没有加return语句,Python语言程序会自动带回None。例如,可以将例7-4改为加return语句的程序,如例7-5所示。

【例7-5】 加return语句示例。

```
def add3num(x,y,z=5):
    c = x+y+z
    return c
print("三个数的和: ",add3num(1,2,3))
print("三个数的和: ",add3num(10,20))
```

本程序的运行结果为:

```
三个数的和: 6
三个数的和: 35
```

7.5 变量的作用域

在Python语言程序设计中,在一个函数体内部定义的变量称为局部变量。局部变量只在本函数体内有效,在此函数体外不能使用。在函数体之外定义的变量称为全局变量,全局变量可以在本程序的所有函数中使用。

如果在同一个程序中出现了全局变量与局部变量同名的情况,在执行函数体内的语句时使用局部变量。

【例 7-6】 全局变量与局部变量应用示例。

```
x1=3
x2=5
def max1(x1,x2):
    x1=8
    if x1>x2:
        print("大的数: ",x1)
    else:
        print("大的数: ",x2)
max1(x1,x2)
```

本程序的运行结果为:

```
大的数: 8
```

代码解析:本程序中定义了一个函数用于输出两个数中较大的那个数,因为函数体内有自己的 x1 的值,函数体内 x1 与 x2 进行比较时 x1 要用自己的值 8,而函数体内没有定义自己的 x2,所以用传递进来的 5 进行比较,所以输出结果为 8。

7.6 lambda 表达式

在 Python 语言程序设计中,可以使用 lambda 表达式,它是一个匿名函数方法。使用格式如下:

```
变量名=lambda  参数:表达式
```

说明:

(1) 在 lambda 表达式后面可以跟一个或多个参数,然后紧跟一个冒号,冒号之后是一个表达式。

(2) 在 lambda 表达式中冒号前是参数,冒号后是返回值。

(3) lambda 表达式返回一个值,冒号后表达式的计算结果就是函数的返回值。

【例 7-7】 lambda 表达式应用示例。

```
fun = lambda x,y,z : x + y + z
print(fun(1, 2, 3))
```

本程序的运行结果为:

```
6
```

代码解析:本程序定义了 lambda 表达式后,可以把 x、y、z 看作函数参数,把 fun 看作函数名。将本程序改写为函数定义的方式，代码如下：

```
def fun(x,y,z):
    t=x + y + z
    return t
print(fun(1, 2, 3))
```

7.7 案例精选

【例 7-8】 有一个数列 1，−2，3，−4，5，…，−100，编写一个函数，实现求该数列的和。

```
def fun():
    s=0
    for i in range(1,101):
        if i%2==0:
            s=s-i
        else:
            s=s+i
    print("数列的和为:",s)
fun()
```

本程序的运行结果为：

```
数列的和为: -50
```

【例 7-9】 定义函数求百钱买百鸡问题。

问题描述：假设公鸡一只 5 钱，母鸡一只 3 钱，小鸡一钱 3 只，现用 100 钱来买 100 只鸡。问公鸡、母鸡、小鸡各买多少只？

```
def bqbj():
    for m in range(0,100):
        for g in range(0,100):
            if 5 * g+3 * m+(100-m-g)/3==100 and (100-m-g)%3==0:
                print("公鸡的数量是%d 母鸡的数量是%d 小鸡的数量是%d"%(g,m,(100-m-
                g)))
bqbj()
```

本程序的运行结果为：

```
公鸡的数量是 0  母鸡的数量是 25  小鸡的数量是 75
公鸡的数量是 4  母鸡的数量是 18  小鸡的数量是 78
公鸡的数量是 8  母鸡的数量是 11  小鸡的数量是 81
公鸡的数量是 12  母鸡的数量是 4  小鸡的数量是 84
```

【例 7-10】 求 1 到 10 的阶乘和。

```
def fun(x):
    t=1
```

```
    for m in range(1,x+1):
        t=t*m
    return t
sum=0
for p in range(1,11):
    sum=sum+fun(p)
print("1到10的阶乘和为：",sum)
```

本例运行后在Console中显示的结果如下：

```
1到10的阶乘和为：4037913
```

本章习题

一、填空题

1. 在Python编程中定义函数时允许指定参数的默认值，带有默认值的参数一定要位于参数列表的________。

2. 函数名必须由字母、数字和下画线组成，不能以________开头。

3. 函数必须先________，后调用，如果把调用放在前面就会出错。

4. 在定义函数时函数名后面圆括号内的参数名称为________；调用此函数时，主调函数名后圆括号内的参数就称为________。

5. 定义函数时参数列表可以没有，但________不能省略，必须以________开头，必须有________。

6. 在一个函数体内部定义的变量称为________，在函数体之外定义的变量称为________。

二、判断题

1. 函数的名称可以随意命名。 ( )
2. 函数定义完成后，系统会自动执行其内部的功能。 ( )
3. 函数体以冒号起始，并且是缩进格式的。 ( )
4. 带有默认值的参数一定位于参数列表的末尾。 ( )
5. 局部变量的作用域是整个程序，任何时候使用都有效。 ( )
6. 函数可以有多个参数，参数之间用逗号隔开。 ( )
7. 使用return语句可以返回函数值并退出函数。 ( )
8. 不带return语句的函数会返回None。 ( )

实训项目1　自定义函数基础训练

1. 实训目的

(1) 熟练掌握函数的定义方法。

(2) 掌握函数中实参与形参的用法,理解变量的作用域。

2. 实训内容

(1) 编写函数,根据从键盘输入的长、宽、高之值计算长方体的周长和体积。

(2) 编写函数,从键盘输入参数 n,计算并显示表达式 1+1/2−1/3+1/4−1/5+1/6+…+(−1)^n/n 的前 n 项之和。

(3) 编写函数,从键盘输入一个数,判断是否为素数。

(4) 编写函数,求一个数除 1 和自身以外的因子。从键盘输入一个数,调用该函数输出除 1 和它自身以外的所有因子。

(5) 编写两个函数,分别求两个整数的最大公约数和最小公倍数。从键盘输入两个整数,分别调用这两个函数,并输出结果。

(6) 编写函数,从键盘输入一个整数,判断其是否为完全数。所谓完全数,是指这样的数:该数的各因子(除该数本身外)之和正好等于该数本身,例如,6=1+2+3,28=1+2+4+7+14。

3. 实训步骤

(1) 编写函数,根据从键盘输入的长、宽、高之值计算长方体的周长和体积。

① 打开 Spyder 编程界面,新建一个空白程序文件。

② 输入代码并保存。

```
def fun(c,k,g):
    zc= (int(c) + int(k)+int(g)) * 4
    tj = int(c) * int(k) * int(g)
    print("长: %s ,宽: %s ,高: %s,周长: %s,体积: %s" % (c, k,g, zc, tj))
n1 = input("长: ")
n2 = input("宽: ")
m =input("高:")
fun(n1,n2,m)
```

③ 运行代码。程序运行结果为:

```
长: 5

宽: 5

高:5
长: 5 ,宽: 5 ,高: 5,周长: 60,体积: 125
```

④ 分析理解函数的定义与调用方法。

(2) 编写函数,从键盘输入参数 n,计算并显示表达式 1+1/2−1/3+1/4−1/5+ 1/6+…+(−)^n/n 的前 n 项之和。

① 打开 Spyder 编程界面,新建一个空白程序文件。

② 输入代码并保存。

```
def fun(n):
    sum1 = 0
```

```
    sum2 =0
    if n % 2 == 0:
        for i in range(2,n+1,2):
            sum1 += 1 / i
    if n %2 != 0:
        for i in range(1,n+1,2):
            sum2 += 1 / i
    return sum1-sum2
m = int(input('请输入一个数字: '))
n = fun(m)
print(n)
```

③ 运行代码。程序运行结果为:

```
请输入一个数字:5
-1.5333333333333332
```

④ 分析理解函数的定义与调用方法。

(3) 编写函数,从键盘输入一个数,判断是否为素数。

① 打开 Spyder 编程界面,新建一个空白程序文件。

② 输入代码并保存。

```
import math
def panss(m):
    k = int(math.sqrt(m))
    for i in range(2, k+2):
      if m % i == 0:
        break #可以整除,肯定不是素数,结束循环
    if i == k+1:
        print(m, "是素数!")
    else:
        print(m, "不是素数!")
m = int(input("请输入一个整数(>1): "))
panss(m)
```

③ 运行代码。程序两次运行的结果为:

```
请输入一个整数(>1): 37
37 是素数!

请输入一个整数(>1): 8
8 不是素数!
```

④ 分析理解函数的定义与调用方法。

(4) 编写函数,求出一个数除 1 和自身以外的因子。从键盘输入一个数,调用该函数输出除 1 和它自身以外的所有因子。

① 打开 Spyder 编程界面,新建一个空白程序文件。

② 输入代码并保存。

```
def fun1(m):
    for i in range(2,m,1):
        if m%i==0:
            print(i)
x=int(input('请输入一个整数'))
fun1(x)
```

③ 运行代码。程序运行结果为：

```
请输入一个整数 8
2
4
```

④ 分析理解函数的定义与调用方法。

（5）编写两个函数，分别求两个整数的最大公约数和最小公倍数。从键盘输入两个整数，分别调用这两个函数，并输出结果。

① 打开 Spyder 编程界面，新建一个空白程序文件。

② 输入代码并保存。

```
def gongyueshu(m,n):
    min1=min(m,n)
    result=1
    for i in range(1,min1+1):
        if m%i==0 and n%i==0:
            result=i
    return result
def gongbeishu(m,n):
    result=gongyueshu(m,n)
    result2=m*n/result
    return int(result2)
s=input("输入两个整数(用空格隔开)：")
x1,x2=s.split()
m=int(x1)
n=int(x2)
print('最大公约数为:',gongyueshu(m,n))
print('最小公倍数为:',gongbeishu(m,n))
```

③ 运行代码。程序运行结果为：

```
输入两个整数(用空格隔开)：3 8
最大公约数为: 1
最小公倍数为: 24
```

④ 分析理解函数的定义与调用方法。

（6）编写函数，从键盘输入一个整数，判断其是否为完全数。所谓完全数，是指这样的数：该数的各因子（除该数本身外）之和正好等于该数本身，例如，6＝1＋2＋3，28＝1＋2＋4＋7＋14。

① 打开 Spyder 编程界面，新建一个空白程序文件。

② 输入代码并保存。

```
def panwanshu(n):
    yinzi=[]
    for t in range(1,n):
        if n%t==0:
            yinzi.append(t)
    if sum(yinzi)==n :
        print("%d是完数" %n)
    else:
        print("%d不是完数" % n)
n = int(input("输入一个数:"))
panwanshu(n)
```

③ 运行代码。程序三次运行结果为:

```
输入一个数:6
6是完数
输入一个数:28
28是完数
输入一个数:5
5不是完数
```

④ 分析理解函数的定义与调用方法。

实训项目2　利用函数的思想改写简易的学生管理系统

1. 实训目的

(1) 熟练掌握函数的定义方法。

(2) 掌握函数中实参与形参的用法,理解变量的作用域。

2. 实训内容

实现一个简易的学生管理系统,功能包括:添加学生信息、删除学生信息、修改学生信息、查询学生信息、显示学生信息和退出系统。

本实训项目要求:使用自定义函数实现每个功能。根据用户的选择,分别调用不同的函数,执行相应的功能。其他具体要求同第6章的实训项目2。

3. 实训步骤

(1) 新建一个列表,用来保存学生的所有信息。代码如下:

```
#定义一个空列表,用来保存学生的所有信息
students = []
```

(2) 定义一个打印功能菜单的函数,以提示用户选择需要的操作。代码如下:

```
def print_menu():
    #制作一个功能显示菜单界面
    print('=' * 60)
    b="简易学生管理系统"
    print(b.center(50,"-"))
    print(' ' * 15," 1.添加学生信息")
    print(' ' * 15," 2.删除学生信息")
    print(' ' * 15," 3.修改学生信息")
    print(' ' * 15," 4.查询学生信息")
    print(' ' * 15," 5.显示所有学生信息")
    print(' ' * 15," 6.退出系统")
    print('=' * 60)
```

(3) 定义一个用于添加学生信息的函数。在该函数中,要求用户根据提示输入学生信息。使用一个字典将这些信息保存起来,并添加到 students 列表中。代码如下:

```
#定义添加一个学生信息的函数
def add_info():
    print("您选择了添加学生信息功能")
    name = input("请输入学生姓名: ")
    stuId = input("请输入学生学号(学号不可重复): ")
    age = input("请输入学生年龄:")
    #验证学号是否唯一
    flag = 0
    for temp in students:
        if temp['id'] == stuId:
            flag = 1
            break
    if flag == 1:
        print("输入学生学号重复, 添加失败!")
    else:
        #定义一个字典, 存放单个学生信息
        stuInfo = {}
        stuInfo['name'] = name
        stuInfo['id'] = stuId
        stuInfo['age'] = age
        #将单个学生信息放入列表
        students.append(stuInfo)
        print("添加成功!")
```

(4) 定义一个用于删除学生信息的函数。使用 del 语句删除相应的学生信息。代码如下:

```
#定义一个用于删除学生信息的函数
def del_info():
    print("您选择了删除学生功能")
    delId=input("请输入要删除的学生学号:")
    #i 记录要删除的下标,flag 为标志位,如果找到要删除的学生学号,则 flag=1, 否则为 0
    i = 0
```

```
    flag = 0
    for temp in students:
        if temp['id'] == delId:
            flag = 1
            break
        else:
            i=i+1
    if flag == 0:
        print("没有此学生学号,删除失败!")
    else:
        del students[i]
        print("删除成功!")
```

（5）定义一个用于修改学生信息的函数。代码如下：

```
#定义一个用于修改学生信息的函数
def modify_info():
    print(' ' * 10,'修改学生信息(不能修改学号)')
    print('-' * 30)
    xuehao1=input('请输入要修改的学生学号: ')
    #检测是否有此学号，然后进行修改信息
    flag = 0
    for temp in students:
        if temp['id'] == xuehao1:
            flag = 1
            break
    if flag == 1:
        newname = input('请输入新的姓名: ')
        newage = int(input('请输入新的年龄: '))
        temp['name'] = newname
        temp['age'] = newage
        print('学号为%s 的学生信息修改成功!' %xuehao1)
    else:
        print("没有此学号,修改失败!")
```

（6）定义一个用于查询学生信息的函数。代码如下：

```
#定义一个用于查询学生信息的函数
def chaxun():
    print("您选择了查询学生信息功能")
    searchID=input("请输入您要查询的学生学号:")
    #验证是否有此学号
    flag = 0
    for temp in students:
        if temp['id'] == searchID:
            flag = 1
            break
    if flag == 0:
        print("没有此学生学号,查询失败!")
    else:
```

```
        print("找到此学生,信息如下：")
        print("学号：%s\n 姓名：%s\n 年龄：%s\n"%(temp['id'],temp['name'],temp
        ['age']))
```

(7) 定义一个显示所有学生信息的函数。在该函数中,遍历保存的学生信息列表,再一一取出每个学生的详细信息,并按照一定的格式进行输出。代码如下：

```
def show_infos():
    #遍历并输出所有学生的信息
    print('*'*30)
    print("接下来遍历所有的学生信息...")
    print("id     姓名     年龄")
    for temp in students:
        print("%s     %s     %s"%(temp['id'],temp['name'],temp['age']))
    print("*"*30)
```

(8) 定义一个 main 函数,用于控制整个程序的流程。首先使用一个无限循环保证程序一直能从键盘接收用户输入的信息。在循环中,打印功能菜单以提示用户进行选择,根据用户输入的序号选择不同的操作,使用分支结构实现不同序号所对应的不同操作。代码如下：

```
#定义一个 main 函数,用于控制整个程序的流程
def main():
    while True:
        print_menu()          #打印菜单
        #获取用户选择的功能
        key = int(input("请选择功能(序号):"))
        #根据用户选择,完成相应功能
        if key == 1:
            add_info()
        elif key == 2:
            del_info()
        elif key == 3:
            modify_info()
        elif key == 4:
            chaxun()
        elif key == 5:
            show_infos()
        elif key == 6:
            quitconfirm = input("确定要退出吗?(y或n)")
            if quitconfirm == 'y':
                print("欢迎使用本系统,再见!")
                break;
        else:
            print("您输入有误,请重新输入")
```

(9) 最后调用 main 函数,运行完整的学生管理系统。代码如下：

```
main()
```

(10) 运行程序,查看结果。

运行程序时首先看到的是功能选择菜单,运行结果如下:

```
==========================================================
-----------------------简易学生管理系统----------------------
                 1.添加学生信息
                 2.删除学生信息
                 3.修改学生信息
                 4.查询学生信息
                 5.显示所有学生信息
                 6.退出系统
==========================================================
```

① 输入数字 1,然后按回车键,按照提示输入相应内容后按回车键。运行结果如下:

```
请选择功能(序号): 1
您选择了添加学生信息功能

请输入学生姓名: wang


请输入学生学号(学号不可重复): 11


请输入学生年龄:17
添加成功!
```

在输入一个学生的信息后按回车键,再次出现功能选择菜单。

② 输入数字 5,查看输入的信息。运行结果如下:

```
请选择功能(序号): 5
*******************************
接下来遍历所有的学生信息...
id      姓名     年龄
11      wang     17
*******************************
```

③ 再次出现功能菜单,输入数字 3,进行修改。运行结果如下:

```
请选择功能(序号): 3
           修改学生信息(不能修改学号)
------------------------------------


请输入要修改的学生学号: 11


请输入新的姓名: liu


请输入新的年龄: 18
学号为 11 的学生信息修改成功!
```

④ 再次出现功能选择菜单,输入数字 4,查询某个学生的信息,进入界面后根据要求输

入要查询的学生学号,如果有此学生则显示学生信息,运行结果如下:

```
请选择功能(序号): 4
您选择了查询学生信息功能

请输入您要查询的学生学号:11
找到此学生, 信息如下:
学号: 11
姓名: liu
年龄: 18
```

如果没有要查询的学号,则查询失败。运行结果如下:

```
请选择功能(序号): 4
您选择了查询学生信息功能

请输入您要查询的学生学号:22
没有此学生学号, 查询失败!
```

⑤ 输入数字 2,删除学生信息,删除时要输入指定要删除的学生学号,根据学号进行删除。运行结果如下:

```
请选择功能(序号): 2
您选择了删除学生功能

请输入要删除的学生学号:11
删除成功!
```

⑥ 输入数字 5,再次查看学生信息。运行结果如下:

```
请选择功能(序号): 5
*******************************
接下来遍历所有的学生信息...
id      姓名      年龄
*******************************
```

可以看到 11 学号对应的学生信息已经删除了。

⑦ 输入数字 6,按提示输入 y 则退出。运行结果如下:

```
请选择功能(序号): 6

确定要退出吗?(y 或 n) y
欢迎使用本系统, 再见!
```

第8章 模块

在 Python 语言程序设计中，可以把一个“.py”文件称为一个模块，也可以把一组不同功能的“.py”文件组合成一个模块。在 Python 语言程序设计中，编写好的模块可以在解决问题编程时直接调用，给程序设计带来极大的方便。

8.1 导入模块的方法

在 Python 语言程序设计中，在调用模块前要先进行模块导入，模块导入的语法格式如下。

格式一：

```
import 模块名
```

格式二：

```
from 模块名 import 方法名
```

【例 8-1】 模块导入示例。

```
import math
print(math.sqrt(9))
from math import sqrt
print(sqrt(9))
```

本程序的运行结果为：

```
3.0
3.0
```

代码解析：可以看到采用两种格式导入后，调用相同方法运行的结果是完全一样的。使用格式一导入时，调用方法时需要加前缀，调用格式为“模块名.方法名”。而使用格式二导入时，可以直接调用方法，不用加前缀。

在 Python 语言程序设计中，当模块名较长时，可以在导入的同时给模块起一个别名，调用模块中的方法时可以使用格式“别名.方法名”。

```
import 模块名 as 别名
```

【例 8-2】 模块别名示例。

```
import math as m
print(m.sqrt(9))
```

代码解析：

（1）第 1 行代码导入模块 math 的同时定义别名为 m。

（2）第 2 行代码计算 m.sqrt(9)并输出结果。

8.2 常用的几个内置模块

8.2.1 os 模块

在 Python 语言程序设计中，os 是用来管理文件和目录的模块。比较常用的几个方法如表 8-1 所示。

表 8-1 os 模块中常用的几个方法

方法名	含义
getcwd()	返回当前的工作路径
chdir(路径名)	指定自己的目录为当前的工作路径
listdir(路径名)	返回一个列表，列表内容为指定路径里的所有文件名和文件夹名
mkdir(路径名)	创建路径名中指定的文件夹

表中列出的所有方法的调用格式为：

```
os.方法名(参数列表)
```

【例 8-3】 os 模块应用示例。

```
import os
a=os.listdir('D:\\zr1')
print("当前 zr1 文件夹下的所有文件名和文件夹名：")
print(a)
os.chdir('D:\\zr1')
os.mkdir('lianxi')
b=os.listdir('D:\\zr1')
print("创建新文件夹后，当前 zr1 文件夹下的所有文件名和文件夹名：")
print(b)
```

本程序的运行结果为：

```
当前 zr1 文件夹下的所有文件名和文件夹名：
['li3_1.py', 'li3_2.py', 'li3_3.py', 'li3_4.py', 'li3_5.py']
创建新文件夹后，当前 zr1 文件夹下的所有文件名和文件夹名：
['li3_1.py', 'li3_2.py', 'li3_3.py', 'li3_4.py', 'li3_5.py', 'lianxi']
```

代码解析：

（1）第 1 行代码导入 os 模块。

(2) 第 2 行代码调用 listdir 方法获得当前文件夹里的所有文件名和文件夹名存于 a 中。

(3) 第 3、4 行代码提示并输出 a 的值。

(4) 第 5 行代码调用 chdir 方法将 D:\\zr1 指定为当前工作路径。

(5) 第 6 行代码调用 mkdir 方法创建了一个新文件夹 lianxi。

(6) 第 7 行代码再次调用 listdir 方法获得当前文件夹里的所有文件名和文件夹名存于 b 中。

(7) 第 8、9 行代码提示并输出 b 的值。

8.2.2 time 模块

在 Python 语言程序设计中,time 模块可以用来格式化时间,常用的方法如表 8-2 所示。

表 8-2 time 模块中常用的几个方法

方法名	含义
time()	返回当前时间,返回值为自纪元以来的秒数
localtime()	返回一个元组,元组内容为 9 项,分别为年、月、日、时、分、秒、一周中第几天、一年中第几天及夏令时
time.strftime(format[,t])	返回字符串格式化的日期。第一个参数是自定义格式化字符串,第二个参数是元组格式时间
sleep(t)	休眠 t 秒

【例 8-4】 使用 time()计算一个程序的运行时间。

```
import time
start = time.time()
for t in range(100):
    print(t,end=' ')
end = time.time()
runtime=end - start
print ("\n 程序运行时间为: %.3f" %runtime)
```

本程序的运行结果为:

```
0 1 2 3 4 5 6 7 8 9 10 11 12 13 14 15 16 17 18 19 20 21 22 23 24 25 26 27 28 29 30 31 32 33 34
35 36 37 38 39 40 41 42 43 44 45 46 47 48 49 50 51 52 53 54 55 56 57 58 59 60 61 62 63 64 65
66 67 68 69 70 71 72 73 74 75 76 77 78 79 80 81 82 83 84 85 86 87 88 89 90 91 92 93 94 95 96
97 98 99
程序运行时间为: 0.006
```

代码解析:

(1) 第 1 行代码导入 time 模块。

(2) 第 2 行代码定义变量 start 并赋值为 time.time(),记录当前时间。

(3) 第 3、4 行代码是一个循环语句,输出 100 个数。

(4) 第 5 行代码定义变量 end 并赋值为 time.time(),记录新的当前时间。

(5) 第 6 行代码定义变量 runtime 并赋值为 end-start,即循环语句的运行时间。

(6) 第 7 行代码输出运行时间。

【例 8-5】 元组时间格式和字符串格式化时间格式示例。

```
import time
t1=time.localtime()
print("元组时间格式：",t1)
t2=time.strftime('%Y-%m-%d %H:%M:%S',t1)
print("字符串格式化时间：",t2)
```

本程序的运行结果为：

```
元组时间格式：time.struct_time(tm_year=2022, tm_mon=12, tm_mday=2, tm_hour=8,
tm_min=22, tm_sec=37, tm_wday=4, tm_yday=336, tm_isdst=0)
字符串格式化时间：2022-12-02 08:22:37
```

代码解析：

(1) 第 1 行代码导入 time 模块。

(2) 第 2 行代码使用 localtime()获取元组格式的当前时间赋给变量 t1。

(3) 第 3 行代码输出元组格式时间，共有 9 项，每一项都有自己的属性名，属性名及含义如表 8-3 所示。

表 8-3 元组格式时间的 9 项属性名及含义

属性名	含　义	属性名	含　义
tm_year	年	tm_sec	秒
tm_mon	月	tm_wday	一周中第几天
tm_mday	日	tm_yday	一年中第几天
tm_hour	小时	tm_isdst	夏令时
tm_min	分钟		

(4) 第 4 行代码使用 strftime 函数将元组格式时间 t1 字符串格式化，常用的几个自定义格式符如表 8-4 所示。

表 8-4 字符串格式化时间常用的几个格式符

格式化符号	含义	格式化符号	含义
%Y	年	%H	小时
%m	月	%M	分钟
%d	日	%S	秒

(5) 第 5 行代码输出字符串格式化时间。

【例 8-6】 设置休眠示例。

```
import time
for t in range(1,6):
    print(t)
    time.sleep(1)
```

本程序的运行结果为：

```
1
2
3
4
5
```

代码解析：因为在循环体中添加了 time.sleep(1)语句，所以每次循环输出一个数后会暂停 1 秒再继续下一次循环。

8.2.3 datetime 模块

在 Python 语言程序设计中，提供了 datetime 模块用于操作日期时间，datetime 中又包括不同的类，常用的主要是 date 与 datetime 类，其中常用的几个方法及含义如表 8-5 所示。

表 8-5 模块 datetime 中常用的几个方法

方法调用格式	含 义
datetime.date.today()	返回当前日期
datetime.datetime.today()	返回当前日期时间
datetime.datetime.now([m])	返回当前日期时间。如果提供了参数 m，则获取 m 参数所指时区的本地时间；如果不指定 m 参数，则与 today()的结果相同

【例 8-7】 datetime 模块常用方法应用示例。

```
import datetime
t1=datetime.date.today()
print("今天日期: ",t1)
t2=datetime.datetime.today()
print("当前日期时间: ",t2)
t3=datetime.datetime.now()
print("当前日期时间: ",t3)
print('字符串格式化时间: ', t3.strftime('%Y-%m-%d %H:%M:%S'))
```

本程序的运行结果为：

```
今天日期: 2023-02-24
当前日期时间: 2023-02-24 09:06:50.776776
当前日期时间: 2023-02-24 09:06:50.776776
字符串格式化时间: 2023-02-24 09:06:50
```

代码解析：

(1) 第 1 句代码导入 datetime 模块。

(2) 第 2 句代码使用 datetime.date.today()获取当前日期赋给变量 t1。

(3) 第 3 句代码输出当前日期。

(4) 第 4 句代码使用 datetime.datetime.today()获取当前日期时间赋给变量 t2。

(5) 第 5 句代码输出当前日期时间。

(6) 第 6 句代码使用 datetime.datetime.now()获取当前日期时间赋给变量 t3。

(7) 第 7 句代码输出当前日期时间。

(8) 第 8 句代码使用 strftime 方法自定义格式化 t3 并输出结果。

8.2.4 random 模块

在 Python 语言程序设计中,可以使用 random 模块中提供的方法随机生成一些数, random 模块中常用的一些方法及含义如表 8-6 所示。

表 8-6 random 模块中常用的几个方法

方法调用格式	含 义
random.random()	随机生成一个 0～1 的随机浮点数
random.uniform(a,b)	随机生成 a、b 之间的浮点数,a 和 b 可以是浮点数
random.randint(a,b)	随机生成 a、b 之间的整数,a、b 必须是整数
random.choice(m)	从 m 中随机获取一个元素
random. sample(m,t)	从 m 中随机获取 t 个元素,不允许有重复值

【例 8-8】 random 模块中常用方法应用示例。

```
import random
print('随机生成 0,1 之间 1 个浮点数:',random.random())
print('随机生成 1.1,5.5 之间 1 个浮点数:',random.uniform(1.1,5.5))
print('随机生成 2,6 中的 1 个整数:',random.randint(2, 6))
print('随机选择给定列表中的 1 个元素:',random.choice([2,4,1,7,12,15]))
print('随机选择给定列表中的 3 个元素:',random.sample([2,4,1,7,12,15],3))
```

本程序的运行结果为:

```
随机生成 0,1 之间 1 个浮点数: 0.7073107936659011
随机生成 1.1,5.5 之间 1 个浮点数: 4.033639007018078
随机生成 2,6 中的 1 个整数: 5
随机选择给定列表中的 1 个元素: 15
随机选择给定列表中的 3 个元素: [7, 4, 1]
```

再一次运行本程序的结果为:

```
随机生成 0,1 之间 1 个浮点数: 0.816541652481651
随机生成 1.1,5.5 之间 1 个浮点数: 2.288605849392602
随机生成 2,6 中的 1 个整数: 5
随机选择给定列表中的 1 个元素: 4
随机选择给定列表中的 3 个元素: [1, 15, 12]
```

代码解析:通过调用不同的方法随机生成数字,随机生成函数每次运行的结果可能不同。

【例 8-9】 随机生成 4 位字母与数字组合的验证码。

```
import random
yanzhengma=''                                   #验证码初始值为空串
for t in range(4):
    m1 = str(random.randint(0,9))               #随机生成一个 0~9 的数字
    m2 = chr(random.randint(65,90))             #随机生成一个 A~Z 的字母
    m3 = chr(random.randint(97,122))            #随机生成一个 a~z 的字母
    m4= random.choice([m1,m2,m3])               #从 A~Z、a~z、0~9 中随机选一个
    yanzhengma=yanzhengma + m4                  #循环 4 次连接起来

print("随机生成的 4 位验证码为: ",yanzhengma)
```

本程序的运行结果为:

```
随机生成的 4 位验证码为: 57Z8
```

再次运行本程序的结果为:

```
随机生成的 4 位验证码为: tpu4
```

代码解析:循环体内使用的是随机生成函数,所以每次运行得到的结果一般不同。

8.3 创建自己的模块

在 Python 语言程序设计中,可以将编写好的任意一个.py 文件当作一个模块,.py 前的文件名即为模块名,可以通过模块导入语句将自己的模块导入其他.py 文件中。在同一文件夹下的自定义模块可以方便地调用,导入格式为:

```
import 文件名
```

自定义模块的一般操作步骤如下。

模块制作

(1) 创建文件夹。

(2) 制作自定义模块。通常作为模块使用的.py 文件里只包含函数定义语句。

(3) 调用自定义模块。

【例 8-10】 自定义模块示例。

(1) 创建文件夹 lx8_10。

(2) 制作自定义模块 mk1.py,代码如下:

```
def add(a,b):
    return a+b
```

(3) 编写调用程序 diaoyong1.py,代码如下:

```
import mk1
a=int(input("输入一个数: "))
```

```
b=int(input("输入另一个数: "))
result = mk1.add(a,b)
print(result)
```

程序 diaoyong1.py 的运行结果为:

```
输入一个数: 3

输入另一个数: 5
8
```

代码解析:先制作自定义模块 mk1.py,里面放了求和函数,再编写程序调用此模块中的求和函数。

也可以使用导入模块方法的格式导入自定义模块,此时调用函数就不需要加前缀了,直接写函数即可。例如,将 diaoyong1.py 的代码修改如下:

```
from mk1 import add
a=int(input("输入一个数: "))
b=int(input("输入另一个数: "))
result = add(a,b)
print(result)
```

程序 diaoyong1.py 的运行结果为:

```
输入一个数: 7

输入另一个数: 6
13
```

通常在使用 Python 语言开发应用项目时,会把同一个项目中用到的各个功能定义成不同的模块并放在同一个文件夹下,再通过编写一个主程序调用各个模块。使用模块的方式写的项目,在第一次运行后,文件夹下会自动生成一个__pycache__文件夹,里面放的是用到的与自定义模块(.py 文件)同名的.pyc 文件。

Python 语言编写的程序运行时不需要编译成二进制代码,而是直接将源码转换为字节码(.pyc 文件),然后再执行这些字节码。在第一次运行主程序时,python 解释器会把转换好的字节码放到__pycache__文件夹中。以后再次运行时,如果被调用的模块没有发生改变,就跳过转换的步骤,直接到__pycache__文件夹中运行相关的.pyc 文件,可以有效地缩短程序运行的准备时间。

8.4 numpy 模块

模块 numpy 是一个第三方扩展库,主要用于快速处理任意维度的数组数据,其中提供了许多用于科学计算的方法,例如,数据统计分析方法,与数组操作、矩阵操作以及生成随机数等相关的方法。在使用该模块前需要先安装,安装语句为:

```
pip install numpy
```

使用 numpy 模块前应该先导入。为了使用方便,可以给模块起一个别名。惯用的导入语句格式如下:

```
import numpy as np
```

在 numpy 模块中通过数组格式处理数据,进行相关的科学计算,可以有效地提高程序的运行速度。

8.4.1 数组生成函数

在 Python 语言程序设计中,使用 numpy 模块的数组生成函数可以生成数组,将数据转化为 ndarray 格式。部分常用的数组生成函数如表 8-7 所示。

表 8-7 部分常用的数组生成函数

函 数 名	功 能
array(m)	将 m 转化为一个数组
array(m,dtype)	将 m 转化为一个类型为 dtype 的数组
arange(a,b[,c])	生成一个从 a 开始到 b 结束(不包含 b)且步长为 c 的一维数组,a 省略时默认值为 0,c 省略时默认值为 1
linspace(a,b,n)	生成包含 n 个元素的等差数列,从 a 开始到 b 结束,默认包含 b
ones((n,m))	返回指定维数的全 1 数组,参数为一个元组
zeros((n,m))	返回指定维数的全 0 数组,参数为一个元组
eye(n)	创建一个对角线上的元素为 1,其余元素为 0 的正方形 n 阶方阵
empty(n)或 empty((n,m))	创建一个空数组,只分配内存空间,不填充任何值

【例 8-11】 array 函数使用示例。

```
import numpy as np
s1=[3,9,21,6,8,11,9]
s2=np.array(s1)
print("列表值: ",s1)
print("默认数组值: ",s2)
print("对比 s1,s2 的数据类型: ",type(s1),type(s2))
s3=np.array(s1, np.int16)
print("指定 int16 型数组: ",s3)
s4=np.array(s1, np.float32)
print("指定 float32 型数组: ",s4)
```

本程序的运行结果为:

```
列表值:[3, 9, 21, 6, 8, 11, 9]
默认数组值:[3  9 21  6  8 11  9]
```

```
对比 s1,s2 的数据类型: <class 'list'><class 'numpy.ndarray'>
指定 int16 型数组: [3  9 21  6  8 11  9]
指定 float32 型数组: [3.  9. 21.  6.  8. 11.  9.]
```

代码解析：

(1) 第 1 句代码导入 numpy 模块。

(2) 第 2 句代码定义列表 s1 并赋值。

(3) 第 3 句代码通过 np.array(s1)将 s1 转换成数组类型并赋给变量 s2。

(4) 第 4 句代码输出列表 s1 的值。

(5) 第 5 句代码输出数组 s2 的值。

(6) 第 6 句代码输出 s1 和 s2 的数据类型。

(7) 第 7 句代码通过 np.array(s1,np.int16)将 s1 转换成 int16 类型的数组并赋给变量 s3。

(8) 第 8 句代码输出数组 s3 的值。

(9) 第 9 句代码通过 np.array(s1,np.float32)将 s1 转换成 float32 类型的数组并赋给变量 s4。

(10) 第 10 句代码输出数组 s4 的值。

通过本程序的运行结果可以看出，虽然 s1 和 s2 的输出结果看起来差不多，但却是不同的数据类型，s1 为列表类型，s2 为 ndarray 类型。

在使用 array 函数将给定数据转换成数组时，可以通过参数 dtype 指定数组元素类型，常用的类型如表 8-8 所示。

表 8-8　参数 dtype 部分常用的数据类型

类　型	说　　明	类　型	说　　明
int8	有符号的 8 位整数	float16	半精度浮点数
uint8	无符号的 8 位整数	float32	标准的单精度浮点数
int16	有符号的 16 位整数	float64	标准的双精度浮点数
uint16	无符号的 16 位整数		

【例 8-12】 使用 arange 函数生成数组示例。

```
import numpy as np
s1=np.arange(1,5)
print("s1:",s1)
s2=np.arange(1,5,2)
print("s2:",s2)
s3=np.arange(5)
print("s3:",s3)
```

本程序的运行结果为：

```
s1: [1 2 3 4]
s2: [1 3]
s3: [0 1 2 3 4]
```

代码解析：

(1) 第1句代码导入 numpy 模块。

(2) 第2句代码通过 np.arange(1,5)生成数组 s1 的值，s1 从 1 开始到 5 结束(不包含 5)，没指定步长，使用默认值 1，每次加 1。

(3) 第3句代码输出 s1 的值。

(4) 第4句代码通过 np.arange(1,5,2)生成数组 s2 的值，s2 从 1 开始到 5 结束(不包含 5)，每次加 2。

(5) 第5句代码输出 s2 的值。

(6) 第6句代码通过 np.arange(5)生成数组 s3 的值，没有指定开始值，使用默认值 0，s3 从 0 开始到 5 结束(不包含 5)，每次加 1。

(7) 第7句代码输出 s3 的值。

【例 8-13】 使用 **linspace** 函数生成数组示例。

```
import numpy as np
s1=np.linspace(1, 8, 8)
print("s1:",s1)
s2=np.linspace(1, 8, 15)
print("s2:",s2)
```

本程序的运行结果为：

```
s1: [1. 2. 3. 4. 5. 6. 7. 8.]
s2: [1.  1.5  2.  2.5  3.  3.5  4.  4.5  5.  5.5  6.  6.5  7.  7.5  8.]
```

代码解析：

(1) 第1句代码导入 numpy 模块。

(2) 第2句代码通过 np.linspace(1,8,8)生成数组 s1 的值，s1 共生成 8 个数，从 1 开始到 8 结束(包含 8)，所以自动计算的等差步长为 1。

(3) 第3句代码输出 s1 的值。

(4) 第4句代码通过 np.linspace(1,8,15)生成数组 s2 的值，s2 共生成 15 数，从 1 开始到 8 结束(包含 8)，自动计算等差步长来生成 15 个数。

(5) 第5句代码输出 s2 的值。

【例 8-14】 生成全 **1** 或全 **0** 的二维数组。

```
import numpy as np
s1=np.ones((3,5))
print("s1:\n",s1)
s2=np.zeros((3,5))
print("s2:\n",s2)
```

本程序的运行结果为：

```
s1:
 [[1. 1. 1. 1. 1.]
 [1. 1. 1. 1. 1.]
 [1. 1. 1. 1. 1.]]
```

```
s2:
 [[0. 0. 0. 0. 0.]
 [0. 0. 0. 0. 0.]
 [0. 0. 0. 0. 0.]]
```

代码解析：

(1) 第 1 句代码导入 numpy 模块。

(2) 第 2 句代码通过 np.ones((3,5))生成一个 3 行 5 列的二维数组 s1,所有元素值都为 1。

(3) 第 3 句代码输出 s1 的值。

(4) 第 4 句代码通过 np.zeros((3,5))生成一个 3 行 5 列的二维数组 s2,所有元素值都为 0。

(5) 第 5 句代码输出 s2 的值。

在 Python 语言程序设计中,数组的切片操作与列表的切片操作一样。常用的使用格式为：

```
一维数组名[开始位置:结束位置]
二维数组名[行开始:行结束, 列开始:列结束]
```

【例 8-15】 创建一个边界元素全为 1,里面元素全为 0 的 6 行 6 列的数组。

```
import numpy as np
s1=np.ones((6,6))
print("s1:\n",s1)
s1[1:-1,1:-1]=0
print("修改的 s1:\n",s1)
```

本程序的运行结果为：

```
s1:
 [[1. 1. 1. 1. 1. 1.]
 [1. 1. 1. 1. 1. 1.]
 [1. 1. 1. 1. 1. 1.]
 [1. 1. 1. 1. 1. 1.]
 [1. 1. 1. 1. 1. 1.]
 [1. 1. 1. 1. 1. 1.]]
修改的 s1:
 [[1. 1. 1. 1. 1. 1.]
 [1. 0. 0. 0. 0. 1.]
 [1. 0. 0. 0. 0. 1.]
 [1. 0. 0. 0. 0. 1.]
 [1. 0. 0. 0. 0. 1.]
 [1. 1. 1. 1. 1. 1.]]
```

代码解析：

(1) 第 1 行代码导入 numpy 模块。

(2) 第 2 行代码通过 np.ones((6,6))生成一个 6 行 6 列的二维数组 s1,所有元素值都为 1。

(3) 第 3 行代码输出 s1 的值。

(4) 第 4 行代码通过切片操作把 s1 数组的里面元素值改为 0,s1[1:-1,1:-1]表示行的位置从 1 开始到 -1 结束,列的位置从 1 开始到 -1 结束,负号表示倒着数。

(5) 第 5 行代码输出修改后 s1 的值。

8.4.2 常用的统计计算函数

创建好 ndarray 数组后,可以通过一些统计方法对数组数据进行统计计算。ndarray 部分常用的统计函数如表 8-9 所示。

表 8-9 ndarray 常用的统计函数

方法名及调用格式	功 能
np.abs(s),np.fabs(s)	对数组 s 中每个元素求绝对值
s.sum()	对数组中的元素求和。对于二维数组,可以通过指定参数 axis=0 对每一列求和,axis=1 对每一行求和
s.mean()	数组中的元素求平均值。对于二维数组,可以通过指定参数 axis=0 对每一列求均值,axis=1 对每一行求平均值
s.std()	对数组中的元素求标准差
s.var()	对数组中的元素求方差
s.min()	对数组中的元素求最小值
s.max()	对数组中的元素求最大值

【例 8-16】 求绝对值应用示例。

```
import numpy as np
s1=np.array([-2,3,6,-7,8])
print("s1:\n",s1)
s2=abs(s1)
print("s2:\n",s2)
```

本程序的运行结果为:

```
s1:
 [-2  3  6 -7  8]
s2:
 [2 3 6 7 8]
```

代码解析:

(1) 第 1 行代码导入 numpy 模块。

(2) 第 2 行代码通过 np.array([-2,3,6,-7,8])将列表转换成数组 s1。

(3) 第 3 行代码输出 s1 的值。

(4) 第 4 行代码通过 abs(s1)对数组中的每一个元素求绝对值。

（5）第 5 行代码输出 s2 的值。

【例 8-17】 一维数组统计计算示例。

```
import numpy as np
s1=np.array([-2,3,6,-7,8])
print("s1:\n",s1)
print("均值:      ",s1.mean())
print("和: ",s1.sum())
print("标准差:",s1.std())
print("方差:",s1.var())
```

本程序的运行结果为：

```
s1:
 [-2  3  6 -7  8]
均值:      1.6
和: 8
标准差: 5.4626001134990645
方差: 29.839999999999996
```

代码解析：

（1）第 1 行代码导入 numpy 模块。

（2）第 2 行代码通过 np.array([－2,3,6,－7,8])将列表转换成数组 s1。

（3）第 3 行代码输出 s1 的值。

（4）第 4 行代码输出数组所有元素的平均值。

（5）第 5 行代码输出数组所有元素的和。

（6）第 6 行代码输出数组所有元素的标准差。

（7）第 7 行代码输出数组所有元素的方差。

【例 8-18】 二维数组统计计算示例。

```
import numpy as np
s1=np.array([[2,3,6],[1,2,4],[5,7,9]])
print("s1:\n",s1)
print("均值:      ",s1.mean())
print("和: ",s1.sum())
print("标准差:",s1.std())
print("方差:",s1.var())
print("每列元素的平均值: ",s1.mean(axis=0))
print("每列元素的平均值:",s1.mean(0))
print("每行元素的平均值:",s1.mean(axis=1))
print("每行元素的平均值:",s1.mean(1))
print("每列元素的和: ",s1.sum(axis=0))
print("每列元素的和:",s1.sum(0))
print("每行元素的和:",s1.sum(axis=1))
print("每行元素的和:",s1.sum(1))
```

本程序的运行结果为：

```
s1:
 [[2 3 6]
 [1 2 4]
 [5 7 9]]
均值:        4.333333333333333
和: 39
标准差: 2.494438257849294
方差: 6.222222222222222
每列元素的平均值: [2.66666667 4.         6.33333333]
每列元素的平均值: [2.66666667 4.         6.33333333]
每行元素的平均值: [3.66666667 2.33333333 7.        ]
每行元素的平均值: [3.66666667 2.33333333 7.        ]
每列元素的和:  [8 12 19]
每列元素的和: [8 12 19]
每行元素的和: [11  7 21]
每行元素的和: [11  7 21]
```

代码解析:

(1) 第1行代码导入numpy模块。

(2) 第2行代码通过array将二维列表转换成二维数组s1。

(3) 第3行代码输出s1的值。

(4) 第4行代码输出数组所有元素的平均值。

(5) 第5行代码输出数组所有元素的和。

(6) 第6行代码输出数组所有元素的标准差。

(7) 第7行代码输出数组所有元素的方差。

(8) 第8行代码通过指定axis=0输出数组每列元素的平均值。

(9) 第9行代码输出数组每列元素的平均值,axis=0可以只写0。

(10) 第10行代码通过指定axis=1输出数组每行元素的平均值。

(11) 第11行代码输出数组每行元素的平均值,axis=1可以只写1。

(12) 第12行代码通过指定axis=0输出数组每列元素的和。

(13) 第13行代码输出数组每列元素的和,axis=0可以只写0。

(14) 第14行代码通过指定axis=1输出数组每行元素的和。

(15) 第15行代码输出数组每行元素的和,axis=1可以只写1。

8.4.3 随机数生成函数

numpy模块也提供了许多随机数生成函数,部分常用的随机数生成函数如表8-10所示。

表8-10 部分常用的随机数生成函数

函 数 名	功 能
np.random.random(n)	随机生成指定个数的一维浮点型数组
np.random.rand(m,n)	随机生成服从均匀分布的二维浮点型数组

续表

函数名	功能
np.random.randn(m,n)	随机生成服从正态分布的二维浮点型数组
np.random.randint(low,high,size)	随机生成指定范围的二维整型数组。其中 low 为最小值,high 为最大值,size 为数组的维度

【例 8-19】 **numpy 模块的随机数生成函数应用示例。**

```
import numpy as np
s1=np.random.random(6)
print("随机生成 6 个浮点数:    ",s1)
s2=np.random.rand(3,5)
print("生成 3 行 5 列服从均匀分布的浮点型数组: \n",s2)
s3=np.random.randn(3,5)
print("生成 3 行 5 列服从正态分布的浮点型数组: \n",s3)
s4=np.random.randint(1,8,size=[3,5])
print("生成值在 1~8 的 3 行 5 列的整型数组:\n",s4)
```

本程序的运行结果为:

```
随机生成 6 个浮点数:
[0.65167539  0.76905879  0.11107349  0.86461201  0.20395211  0.48603208]
生成 3 行 5 列服从均匀分布的浮点型数组:
[[0.24926598  0.02833782  0.89343403  0.85273556  0.78091007]
 [0.95794872  0.96211357  0.18454085  0.47951781  0.13103815]
 [0.93568286  0.48587346  0.03236977  0.76216533  0.91639756]]
生成 3 行 5 列服从正态分布的浮点型数组:
[[1.48947954  1.60898042  1.09323031  -0.50336727  0.45146421]
 [0.76656391  0.21852141  0.40079764  1.17689126  -0.49338793]
 [-2.56403094 -0.25496584  3.30226143  1.05506849 -0.09541156]]
生成值在 1~8 的 3 行 5 列的整型数组:
[[1 2 1 5 5]
 [3 7 7 3 1]
 [1 2 1 4 5]]
```

代码解析:

(1) 第 1 行代码导入 numpy 模块。

(2) 第 2 行代码通过 np.random.random(6)生成含有 6 个元素的一维浮点型数组 s1。

(3) 第 3 行代码输出 s1 的值。

(4) 第 4 行代码通过 np.random.rand(3,5)生成 3 行 5 列服从均匀分布的浮点型数组 s2。

(5) 第 5 行代码输出 s2 的值。

(6) 第 6 行代码通过 np.random.randn(3,5)生成 3 行 5 列服从正态分布的浮点型数组 s3。

(7) 第 7 行代码输出 s3 的值。

(8) 第 8 行代码通过 np.random.randint(1,8,size=[3,5])生成值在 1～8 的 3 行 5 列

的整型数组 s4。

(9) 第 9 行代码输出 s4 的值。

8.4.4 改变数组形态

数组生成以后，numpy 模块还提供一些函数用于改变数组的维度形态，常用的几个改变数组形态的函数如表 8-11 所示。

表 8-11 常用的改变数组形态的函数

函　　数	功　　能
reshape(维度值)	改变数组的维度，其中参数值是一个正整数元组，指定改变后数组各维度的值
ravel()	将数组横向展开，无参数
flatten( )	将数组展开，无参时横向展开，加参数'F'时纵向展开

【例 8-20】 改变数组形态函数示例。

```
import numpy as np
s1= np.arange(9)
print('s1:',s1)
s2= s1.reshape((3,3))
print('s2:\n',s2)
print('横向展开:    ',s2.ravel())
print('横向展开:    ',s2.flatten())
print('纵向展开:    ',s2.flatten('F'))
```

本程序的运行结果为：

```
s1: [0 1 2 3 4 5 6 7 8]
s2:
 [[0 1 2]
 [3 4 5]
 [6 7 8]]
横向展开:     [0 1 2 3 4 5 6 7 8]
横向展开:     [0 1 2 3 4 5 6 7 8]
纵向展开:     [0 3 6 1 4 7 2 5 8]
```

代码解析：

(1) 第 1 行代码导入 numpy 模块。

(2) 第 2 行代码通过 np.arange(9)生成含 9 个元素值的一维数组 s1。

(3) 第 3 行代码输出 s1 的值。

(4) 第 4 行代码通过 reshape 函数将 s1 转变成 3 行 3 列的二维数组 s2。转换时要注意行数与列数的乘积应该等于转换成的元素总个数。

(5) 第 5 行代码输出 s2 的值。

(6) 第 6 行代码通过 ravel 函数将二维数组 s2 横向展开并输出，转换成一维数组。横向展开时，先从左向右读取第 1 行元素，然后从左向右读取第 2 行，以此递推。

(7) 第 7 行代码通过 flatten 函数将二维数组 s2 横向展开并输出,转换成一维数组。横向展开时,先从左向右读取第 1 行元素,然后从左向右读取第 2 行,以此递推。

(8) 第 8 行代码通过指定 flatten 函数的参数为'F',纵向展开 s2 并输出。纵向展开时,先从上到下读取第 1 列元素,再从上到下读取第 2 列元素,以此递推。

8.5 pandas 模块

pandas 模块属于第三方 Python 库。需要单独安装才能使用,安装命令如下:

```
pip install pandas
```

安装完成之后就可以在代码中导入 pandas 模块,常用的导入命令格式如下:

```
import pandas as pd
```

pandas 模块中有 Series 和 DataFrame 两种不同的数据结构:Series 是一维数据结构,DataFrame 是二维数据结构。

8.5.1 Series 数据结构

Series 数据结构类似于一维数组结构,由一组数据值(value)和一组标签组成,其中标签与数据值之间是一一对应的关系。数据值可以是任何数据类型,如整型、浮点型、字符串等,标签默认为整型数列,从 0 开始以 1 递增。

可以使用数组、列表及字典等数据创建 Series 对象。常用的语法格式如下:

```
pd.Series(data,index)
```

说明:

(1) data 参数为输入数据,可以是列表、数组等。

(2) index 参数用来指定索引值,如果不指定,默认为递增数列 0,1,2,…。

【例 8-21】 创建 Series 数据对象示例。

```
import pandas as pd
a= [1,3,5,7,12]
s1 = pd.Series(a)
print("默认参数值生成 s1: \n",s1)
s2 = pd.Series(a,index=['a','b','c','d','e'])
print("指定索引生成 s2: \n",s2)
```

本程序的运行结果为:

```
默认参数值生成 s1:
0    1
1    3
2    5
```

```
3     7
4    12
dtype: int64
指定索引生成 s2:
a     1
b     3
c     5
d     7
e    12
dtype: int64
```

代码解析:

(1) 第1行代码导入 pandas 模块。

(2) 第2行代码定义列表 a 并赋值。

(3) 第3行代码使用 pd.Series(a)将列表 a 转换为 Series 类型并赋给变量 s1。

(4) 第4行代码输出 s1。

(5) 第5行代码使用 pd.Series(a,index=['a','b','c','d','e'])将列表 a 转换为 Series 类型并赋给变量 s2,在转换的同时指定索引值为'a','b','c','d','e'。

(6) 第6行代码输出 s2。

创建好的 Series 数据对象,可以通过位置索引和标签索引两种方式读取访问。

【例 8-22】 访问 Series 数据示例。

```
import pandas as pd
a= [1,3,5,7,12]
s2 = pd.Series(a,index=['a','b','c','d','e'])
print("指定索引生成 s2: \n",s2)
print("位置索引:",s2[1])
print("标签索引:",s2["a"])
```

本程序的运行结果为:

```
指定索引生成 s2:
a     1
b     3
c     5
d     7
e    12
dtype: int64
位置索引: 3
标签索引: 1
```

代码解析:

(1) 第1行代码导入 pandas 模块。

(2) 第2行代码定义列表 a 并赋值。

(3) 第3行代码使用 pd.Series(a,index=['a','b','c','d','e'])将列表 a 转换为 Series 类型并赋给变量 s2,在转换的同时指定索引值为'a','b','c','d','e'。

(4) 第 4 行代码输出 s2。

(5) 第 5 行代码通过位置索引输出第二个元素的值,与之前的列表操作一样,第一个元素位置索引为 0,依次递增。

(6) 第 6 行代码通过标签索引 s2["a"]输出标签为 a 的元素值。

8.5.2 DataFrame 数据结构

DataFrame 是一个表格型数据结构,内容为一组有序的列,每列的值可以是不同类型,并且行和列都有索引。行索引是 index,列索引是 columns,默认都为数字序列 0,1,2,…。也可以自己指定 index 和 columns 的值。

1. 创建 DataFrame 数据对象

创建 DataFrame 数据对象的常用格式如下:

```
pd.DataFrame(data, index, columns)
```

说明:

(1) data 参数为输入数据,可以是列表、字典及数组等。

(2) index 参数用来指定行索引值,如果不指定,默认为递增数列 0,1,2,…。

(3) columns 参数用来指定列索引值,如果不指定,默认为递增数列 0,1,2,…。

【例 8-23】 由二维列表创建 **DataFrame** 数据对象示例。

```
import pandas as pd
a= [['王琳', 19, '女'], ['刘明', 20, '男'], ['于鹏', 20, '男']]
df = pd.DataFrame(a)
print(df)
```

本程序的运行结果为:

```
    0   1  2
0  王琳  19  女
1  刘明  20  男
2  于鹏  20  男
```

代码解析:

(1) 第 1 行代码导入 pandas 模块。

(2) 第 2 行代码定义列表 a 并赋值。

(3) 第 3 行代码使用 pd.DataFrame(a)将列表 a 转换为 DataFrame 类型并赋给变量 df。

(4) 第 4 行代码输出 df。

【例 8-24】 使用指定的 **index** 和 **columns** 索引值创建 **DataFrame** 数据对象。

```
import pandas as pd
a= [['王琳', 19, '女'], ['刘明', 20, '男'], ['于鹏', 20, '男']]
```

```
df = pd.DataFrame(a,columns=['姓名', '年龄', '性别'], index=['a', 'b', 'c'])
print(df)
```

本程序的运行结果为:

```
   姓名  年龄  性别
a  王琳   19    女
b  刘明   20    男
c  于鹏   20    男
```

代码解析:

(1) 第1行代码导入pandas模块。

(2) 第2行代码定义列表a。

(3) 第3行代码使用pd.DataFrame(a)将列表a转换为DataFrame类型并赋给变量df,转换类型时指定了行索引和列索引的值。

(4) 第4行代码输出df。

【例8-25】 由字典创建DataFrame数据对象示例。

```
import pandas as pd
a={"xm":['王琳', '刘明', '于鹏'],"nl":[19,20,20],'xb':['女','男','男']}
df = pd.DataFrame(a)
print(df)
```

本程序的运行结果为:

```
    xm   nl   xb
0  王琳   19   女
1  刘明   20   男
2  于鹏   20   男
```

代码解析:

(1) 第1行代码导入pandas模块。

(2) 第2行代码定义字典a。

(3) 第3行代码使用pd.DataFrame(a)将字典a转换为DataFrame类型并赋给变量df。

(4) 第4行代码输出df。

注意:由字典创建DataFrame数据对象时,字典的"键"自动变为DataFrame数据对象的列索引,值为DataFrame数据对象的数据。

2. 访问DataFrame数据

访问行常用的格式如下:

```
访问多行:DataFrame对象名[起始行号:结束行号]
访问一行:DataFrame对象名[行号]
```

访问列常用的格式为:

```
DataFrame 对象名[列索引名]
```

访问 DataFrame 数据通常也可以通过 loc 和 iloc 进行标签索引和位置索引。按照标签访问的格式如下：

```
定位行列：DataFrame 对象名.loc[行索引, 列名]
只定位行：DataFrame 对象名.loc[行索引]
只定位列：DataFrame 对象名.loc[:, 列名]
```

按照位置索引访问的格式如下：

```
定位行列：DataFrame 对象名.iloc[行号, 列号]
只定位行：DataFrame 对象名.iloc[行号]
只定位列：DataFrame 对象名.iloc[:, 列号]
```

【例 8-26】 访问 **DataFrame** 行数据示例。

```
import pandas as pd
a= [['王琳', 19, '女'], ['刘明', 20, '男'], ['于鹏', 20, '男']]
df = pd.DataFrame(a,columns=['姓名', '年龄', '性别'], index=['a', 'b', 'c'])
print("第 1 行:\n",df[0:1])
print("第 1 行及之后的行:\n",df[0:])
```

本程序的运行结果为：

```
第 1 行:
   姓名  年龄  性别
a  王琳  19    女
第 1 行及之后的行:
   姓名  年龄  性别
a  王琳  19    女
b  刘明  20    男
c  于鹏  20    男
```

代码解析：

(1) 第 1 行代码导入 pandas 模块。

(2) 第 2 行代码定义列表 a。

(3) 第 3 行代码使用 pd.DataFrame(a)将列表 a 转换为 DataFrame 类型并赋给变量 df,转换类型时指定了行索引和列索引的值。

(4) 第 4 行代码输出 df 的第 1 行数据。

(5) 第 5 行代码输出 df 第 1 行及之后的数据,即所有行数据。

【例 8-27】 通过列索引名访问 **DataFrame** 的列。

```
import pandas as pd
a= [['王琳', 19, '女'], ['刘明', 20, '男'], ['于鹏', 20, '男']]
df = pd.DataFrame(a,columns=['姓名', '年龄', '性别'], index=['a', 'b', 'c'])
print(df['姓名'])
print(df[['姓名', '性别']])  #第 1 列和第 3 列
```

本程序的运行结果为：

```
a      王琳
b      刘明
c      于鹏
Name: 姓名, dtype: object
   姓名  性别
a  王琳  女
b  刘明  男
c  于鹏  男
```

代码解析：

(1) 第 1 行代码导入 pandas 模块。

(2) 第 2 行代码定义列表 a。

(3) 第 3 行代码使用 pd.DataFrame(a)将列表 a 转换为 DataFrame 类型并赋给变量 df,转换类型时指定了行索引和列索引的值。

(4) 第 4 行代码输出 df 的姓名列数据。

(5) 第 5 行代码输出 df 的姓名、性别两列数据。

【例 8-28】 通过位置索引访问 **DataFrame** 的行和列。

```
import pandas as pd
a= [['王琳', 19, '女'], ['刘明', 20, '男'], ['于鹏', 20, '男']]
df = pd.DataFrame(a,columns=['姓名', '年龄', '性别'], index=['a', 'b', 'c'])
print("第 1 行: \n",df.iloc[0,:])
print("第 2 列: \n",df.iloc[:,1])
```

本程序的运行结果为：

```
第 1 行:
姓名     王琳
年龄     19
性别     女
Name: a, dtype: object
第 2 列:
a    19
b    20
c    20
Name: 年龄, dtype: int64
```

代码解析：

(1) 第 1 行代码导入 pandas 模块。

(2) 第 2 行代码定义列表 a。

(3) 第 3 行代码使用 pd.DataFrame(a)将列表 a 转换为 DataFrame 类型并赋给变量 df,转换类型时指定了行索引和列索引的值。

(4) 第 4 行代码输出 df 的第 1 行数据。

(5) 第 5 行代码输出 df 的第 2 列数据。

8.5.3 DataFrame 数据修改

修改 DataFrame 数据,通常也有标签索引和位置索引两种方式。

【例 8-29】 通过标签索引修改 DataFrame 数据值示例。

```
import pandas as pd
a= [['王琳', 19, '女'], ['刘明', 20, '男'], ['于鹏', 20, '男']]
df = pd.DataFrame(a,columns=['姓名', '年龄', '性别'], index=['a', 'b', 'c'])
print("初始数据: \n",df)
df.loc['a', '年龄'] = 23
print("修改后数据: \n",df)
```

本程序的运行结果为:

```
初始数据:
   姓名  年龄  性别
a  王琳  19   女
b  刘明  20   男
c  于鹏  20   男
修改后数据:
   姓名  年龄  性别
a  王琳  23   女
b  刘明  20   男
c  于鹏  20   男
```

代码解析:

(1) 第 1 行代码导入 pandas 模块。

(2) 第 2 行代码定义列表 a。

(3) 第 3 行代码使用 pd.DataFrame(a)将列表 a 转换为 DataFrame 类型并赋给变量 df,转换类型时指定了行索引和列索引的值。

(4) 第 4 行代码输出 df。

(5) 第 5 行代码通过 df.loc['a','年龄'] 将"a"行"年龄"列的元素值修改为 23。

(6) 第 6 行代码输出修改后的 df。

【例 8-30】 通过位置索引修改 DataFrame 数据值示例。

```
import pandas as pd
a= [['王琳', 19, '女'], ['刘明', 20, '男'], ['于鹏', 20, '男']]
df = pd.DataFrame(a,columns=['姓名', '年龄', '性别'], index=['a', 'b', 'c'])
print("初始数据: \n",df)
df.iloc[1, 1] = 22
print("修改后数据: \n",df)
```

本程序的运行结果为:

```
初始数据:
   姓名  年龄  性别
a  王琳  19    女
b  刘明  20    男
c  于鹏  20    男
修改后数据:
   姓名  年龄  性别
a  王琳  19    女
b  刘明  22    男
c  于鹏  20    男
```

代码解析:

(1) 第 1 行代码导入 pandas 模块。

(2) 第 2 行代码定义列表 a。

(3) 第 3 行代码使用 pd.DataFrame(a)将列表 a 转换为 DataFrame 类型并赋给变量 df,转换类型时指定了行索引和列索引的值。

(4) 第 4 行代码输出 df。

(5) 第 5 行代码通过 df.iloc[1,1] = 22 将第 2 行第 2 列的元素值改为 22。

(6) 第 6 行代码输出修改后的 df。

8.5.4 删除列操作

删除 DataFrame 数据中某一列元素常用的格式如下:

```
delDataFrame 对象名[列索引名]
```

【例 8-31】 删除 DataFrame 数据中的某一列示例。

```
import pandas as pd
a= [['王琳', 19, '女'], ['刘明', 20, '男'], ['于鹏', 20, '男']]
df = pd.DataFrame(a,columns=['姓名', '年龄', '性别'], index=['a', 'b', 'c'])
print("初始数据: \n",df)
del df["姓名"]
print("删除姓名列后数据: \n",df)
```

本程序的运行结果为:

```
初始数据:
   姓名  年龄  性别
a  王琳  19    女
b  刘明  20    男
c  于鹏  20    男
删除姓名列后数据:
   年龄  性别
a  19    女
b  20    男
c  20    男
```

代码解析：

(1) 第1行代码导入 pandas 模块。

(2) 第2行代码定义列表 a。

(3) 第3行代码使用 pd.DataFrame(a)将列表 a 转换为 DataFrame 类型并赋给变量 df,转换类型时指定了行索引和列索引的值。

(4) 第4行代码输出 df。

(5) 第5行代码通过 del 删除姓名列。

(6) 第6行代码输出删除姓名列后的 df。

8.5.5 DataFrame 常用属性

创建好的 DataFrame 数据对象可以通过属性查看相关信息，常用的属性如表 8-12 所示。

表 8-12 DataFrame 数据的常用属性

属性名	含 义	属性名	含 义
对象名.shape	DataFrame 数据的维度信息	对象名.index	DataFrame 数据的行索引信息
对象名.values	DataFrame 数据的值	对象名.columns	DataFrame 数据的列名称信息

【例 8-32】 查看 DataFrame 数据的常用属性示例。

```
import pandas as pd
a= [['王琳', 19, '女'], ['刘明', 20, '男'], ['于鹏', 20, '男']]
df = pd.DataFrame(a,columns=['姓名', '年龄', '性别'], index=['a', 'b', 'c'])
print('维度:',df.shape)
print('值:',df.values)
print('行索引:',df.index)
print('列索引:',df.columns)
```

本程序的运行结果为：

```
维度: (3, 3)
值: [['王琳' 19 '女']
 ['刘明' 20 '男']
 ['于鹏' 20 '男']]
行索引: Index(['a', 'b', 'c'], dtype='object')
列索引: Index(['姓名', '年龄', '性别'], dtype='object')
```

代码解析：

(1) 第1行代码导入 pandas 模块。

(2) 第2行代码定义列表 a。

(3) 第3行代码使用 pd.DataFrame(a)将列表 a 转换为 DataFrame 类型并赋给变量 df,转换类型时指定了行索引和列索引的值。

(4) 第4行代码输出 df 的维度。

(5) 第 5 行代码输出 df 的值。

(6) 第 6 行代码输出 df 的行索引名。

(7) 第 7 行代码输出 df 的列索引名。

8.5.6 DataFrame 常用统计方法

DataFrame 数据对象的常用统计方法如表 8-13 所示。

表 8-13 DataFrame 数据对象的常用统计方法

方法名	功能	方法名	功能
对象名.describe()	数值列的基本统计描述	对象名.std()	计算数据的标准差
对象名.head()	读取数据的前几行,默认为 5 行	对象名.corr()	计算相关系数
对象名.sum()	计算各列数据的和	对象名.cov()	计算协方差
对象名.mean( )	计算数据的算术平均值	对象名.min()	计算数据的最小值
对象名.var()	计算数据的方差	对象名.max()	计算数据的最大值

【例 8-33】 数值列的基本统计描述示例。

```
import pandas as pd
a= [['王琳', 99], ['刘明', 87], ['于鹏', 89]]
df = pd.DataFrame(a,columns=['姓名', '成绩'])
print("基本统计描述: \n",df.describe())
```

本程序的运行结果为:

```
基本统计描述:
            成绩
count   3.000000
mean   91.666667
std     6.429101
min    87.000000
25%    88.000000
50%    89.000000
75%    94.000000
max    99.000000
```

代码解析:

(1) 第 1 行代码导入 pandas 模块。

(2) 第 2 行代码定义列表 a。

(3) 第 3 行代码使用 pd.DataFrame(a)将列表 a 转换为 DataFrame 类型并赋给变量 df,转换类型时指定了行索引和列索引的值。

(4) 第 4 行通过 describe()得到数值列的基本统计信息并输出。

【例 8-34】 几个方法应用示例。

```
import pandas as pd
a= [['王琳', 99], ['刘明', 87], ['于鹏', 89],['张丽', 82],['吴华', 69],['王兴', 81]]
```

```
df = pd.DataFrame(a,columns=['姓名', '成绩'])
print(df.head())
print(df.head(3))
print("平均分: ",df['成绩'].mean())
print("最高分: ",df['成绩'].max())
print("最低分: ",df['成绩'].min())
```

本程序的运行结果为:

```
   姓名  成绩
0  王琳  99
1  刘明  87
2  于鹏  89
3  张丽  82
4  吴华  69
   姓名  成绩
0  王琳  99
1  刘明  87
2  于鹏  89
平均分: 84.5
最高分: 99
最低分: 69
```

代码解析:

(1) 第1行代码导入pandas模块。

(2) 第2行代码定义列表a。

(3) 第3行代码使用pd.DataFrame(a)将列表a转换为DataFrame类型并赋给变量df,转换类型时指定了列索引的值。

(4) 第4行代码使用head函数输出df的前5行。不指定参数时,默认为前5行。

(5) 第5行代码使用head函数输出df的前3行。

(6) 第6行代码使用mean函数计算成绩列的平均分并输出。

(7) 第7行代码使用max函数计算成绩列的最高分并输出。

(8) 第8行代码使用min函数计算成绩列的最低分并输出。

8.5.7 修改DataFrame数据类型

在Python语言程序设计中,既可以改变整个DataFrame数据对象的数据类型,也可以只改变某一列的数据类型。改变整个DataFrame数据对象的数据类型格式如下:

```
DataFrame对象名.astype('数据类型')
```

仅改变某一列的数据类型格式如下:

```
DataFrame对象名['列名'].astype('数据类型')
```

【例 8-35】 修改 DataFrame 数据类型示例。

```
import pandas as pd
a= [['王琳',1001, 99],['刘明',1002, 87],['于鹏', 1003,89],['张丽', 1004,82],['吴华',
1005, 69],['王兴',1006, 81]]
df = pd.DataFrame(a,columns=['姓名','学号','成绩'])
print("基本统计描述: \n",df.describe())
df['学号']=df['学号'].astype('str')  #转换为 str 类型
print("再输出一次基本统计描述: \n",df.describe())
```

本程序的运行结果为:

```
基本统计描述:
                学号          成绩
count     6.000000    6.000000
mean   1003.500000   84.500000
std       1.870829    9.954898
min    1001.000000   69.000000
25%    1002.250000   81.250000
50%    1003.500000   84.500000
75%    1004.750000   88.500000
max    1006.000000   99.000000
再输出一次基本统计描述:
             成绩
count   6.000000
mean   84.500000
std     9.954898
min    69.000000
25%    81.250000
50%    84.500000
75%    88.500000
max    99.000000
```

代码解析:

(1) 第 1 行代码导入 pandas 模块。

(2) 第 2 行代码定义列表 a。

(3) 第 3 行代码使用 pd.DataFrame(a)将列表 a 转换为 DataFrame 类型并赋给变量 df,转换类型时指定了列索引的值。

(4) 第 4 行代码输出数值列的基本统计信息。

(5) 第 5 行代码将“学号”列转换为字符串类型。

(6) 第 6 行代码再次输出数值列的基本统计信息。

通过两次输出的基本统计信息结果可以看出,describe 函数计算的是所有数值列的基本统计信息。

本章习题

判断题

1. 每一个 Python 文件就是一个模块。 ( )
2. 外部模块都提供了自动安装的文件,直接双击安装就可以。 ( )
3. 要调用 random 模块的 randint 函数,书写形式为 random.randint。 ( )
4. 每个 Python 文件都可以作为一个模块,模块的名字就是文件的名字。 ( )
5. 当程序中需要引入外部模块时,需要从外面下载并安装。 ( )
6. 在调用模块前要先进行模块导入。 ( )
7. 导入模块时只能使用“import 模块名”这种格式。 ( )
8. 可以使用 os.getcwd()查看当前工作路径。 ( )
9. 在 Python 语言程序设计中,可以自定义模块。 ( )
10. numpy 模块是一个第三方扩展库,主要用于快速处理任意维度的数组数据。 ( )

实训项目 利用模块的思想改写简易的学生管理系统

1. 实训目的

(1) 熟练掌握模块的导入与调用的方法。

(2) 熟练掌握自定义模块的方法。

2. 实训内容

实现一个简易的学生管理系统(见第 6 章实训项目 2),功能包括:添加学生信息、删除学生信息、修改学生信息、查询学生信息、显示学生信息和退出系统。

本实训项目要求:使用模块和自定义函数实现每个功能,每个模块文件里包含一个函数,实现相应功能。在主函数中,导入各功能模块,根据用户的选择分别调用不同模块里的函数,执行相应的功能。其他具体要求同第 6 章实训项目 2。

3. 实训步骤

(1) 新建一个文件夹,保存所有模块(.py 文件)。

(2) 定义实现打印功能菜单的模块文件 print_menu.py。代码如下:

```
#定义打印功能菜单提示函数
def print_menu():
    #制作一个功能显示菜单界面
    print('=' * 60)
    b="简易学生管理系统"
    print(b.center(50,"-"))
```

```
    print(' '* 15," 1.添加学生信息")
    print(' '* 15," 2.删除学生信息")
    print(' '* 15," 3.修改学生信息")
    print(' '* 15," 4.查询学生信息")
    print(' '* 15," 5.显示所有学生信息")
    print(' '* 15," 6.退出系统")
    print('='* 60)
```

(3) 定义用于添加学生信息的模块文件 add_info.py。代码如下：

```
def add_info(students):
    print("您选择了添加学生信息功能")
    name = input("请输入学生姓名：")
    stuId = input("请输入学生学号(学号不可重复)：")
    age = input("请输入学生年龄:")
    #验证学号是否唯一
    leap = 0
    for temp in students:
        if temp['id'] == stuId:
            leap = 1
            break
    if leap == 1:
        print("输入学生学号重复,添加失败!")
    else:
        #定义一个字典,存放单个学生信息
        stuInfo = {}
        stuInfo['name'] = name
        stuInfo['id'] = stuId
        stuInfo['age'] = age
        #单个学生信息放入列表
        students.append(stuInfo)
        print("添加成功!")
```

(4) 定义用于删除学生信息的模块文件 del_info.py。代码如下：

```
def del_info(students):
    print("您选择了删除学生功能")
    delId=input("请输入要删除的学生学号:")
    #i记录要删除的下标,flag为标志位,如果找到要删除的学号,则 flag=1, 否则为 0
    i = 0
    flag = 0
    for temp in students:
        if temp['id'] == delId:
            flag = 1
            break
        else:
            i=i+1
```

```
    if flag == 0:
        print("没有此学生学号，删除失败!")
    else:
        del students[i]
        print("删除成功!")
```

（5）定义用于修改学生信息的模块文件 modify_info.py。代码如下：

```
def modify_info(students):
    print(' ' * 10,'修改学生信息(不能修改学号)')
    print('-' * 30)
    xuehao1=input('请输入要修改的学生学号：')
    #检测是否有此学号,然后修改信息
    flag = 0
    for temp in students:
        if temp['id'] == xuehao1:
            flag = 1
            break
    if flag == 1:
        newname = input('请输入新的姓名：')
        newage = int(input('请输入新的年龄：'))
        temp['name'] = newname
        temp['age'] = newage
        print('学号为%s 的学生信息修改成功！ ' %xuehao1)
    else:
        print("没有此学号，修改失败!")
```

（6）定义查询某个学生信息的模块文件 chaxun.py。代码如下：

```
def chaxun(students):
    print("您选择了查询学生信息功能")
    searchID=input("请输入您要查询的学生学号:")
    #验证是否有此学号
    flag = 0
    for temp in students:
        if temp['id'] == searchID:
            flag = 1
            break
    if flag == 0:
        print("没有此学生学号，查询失败!")
    else:
        print("找到此学生，信息如下：")
        print("学号：%s\n 姓名：%s\n 年龄：%s\n"%(temp['id'],temp['name'],temp
        ['age'])
```

（7）定义显示所有学生信息的模块文件 show_infos.py。代码如下：

```
def show_infos(students):
    #遍历并输出所有学生的信息
    print('*' * 30)
```

```
    print("接下来遍历所有的学生信息...")
    print("id     姓名     年龄")
    for temp in students:
        print("%s     %s     %s"%(temp['id'],temp['name'],temp['age']))
    print("*"*30)
```

(8) 定义 main.py,用于控制整个程序的流程。代码如下：

```
import print_menu
import add_info
import del_info
import modify_info
import chaxun
import show_infos
students= []                    #定义一个空列表,用来保存后面输入的学生的所有信息
while True:
    print_menu.print_menu()       #打印菜单
    key = int(input("请选择功能(序号):"))       #获取用户选择的功能
    #根据用户选择,完成相应功能
    if key == 1:
        add_info.add_info(students)
    elif key == 2:
        del_info.del_info(students)
    elif key == 3:
        modify_info.modify_info(students)
    elif key == 4:
        chaxun.chaxun(students)
    elif key == 5:
        show_infos.show_infos(students)
    elif key == 6:
        quitconfirm = input("确定要退出吗?(y或n)")
        if quitconfirm == 'y':
            print("欢迎使用本系统,再见!")
```

(9) 运行 main.py 程序,查看结果。

运行程序时首先看到的是功能菜单选项界面,运行结果如下：

```
================================================================
----------------------简易学生管理系统----------------------
                1.添加学生信息
                2.删除学生信息
                3.修改学生信息
                4.查询学生信息
                5.显示所有学生信息
                6.退出系统
================================================================
```

① 输入数字 1,然后按回车键,根据提示输入相应内容后按回车键。运行结果如下：

```
请选择功能(序号)：1
您选择了添加学生信息功能

请输入学生姓名：wang

请输入学生学号(学号不可重复)：11

请输入学生年龄:17
添加成功!
```

在输入完一个学生的信息按回车键后，再次出现功能选择菜单。

② 输入数字 5，查看输入的信息。运行结果如下：

```
请选择功能(序号)：5
*******************************
接下来遍历所有的学生信息...
id      姓名    年龄
11    wang    17
*******************************
```

③ 再次出现功能选择菜单，输入数字 3，修改学生信息。运行结果如下：

```
请选择功能(序号)：3
            修改学生信息(不能修改学号)
--------------------------------


请输入要修改的学生学号：11


请输入新的姓名：liu


请输入新的年龄：18
学号为 11 的学生信息修改成功!
```

④ 再次出现功能选择菜单，输入数字 4，查询某个学生的信息，进入界面后按照要求输入要查询的学生学号，如果有此学生则显示学生信息，运行结果如下：

```
请选择功能(序号)：4
您选择了查询学生信息功能

请输入你要查询的学生学号:11
找到此学生，信息如下：
学号：11
姓名：liu
年龄：18
```

如果没有要查询的学号，则显示“没有此学生学号，查询失败!”运行结果如下：

```
请选择功能(序号): 4
您选择了查询学生信息功能

请输入您要查询的学生学号:22
没有此学生学号，查询失败!
```

⑤ 输入数字 2,指定要删除的学生学号,根据学号进行删除。运行结果如下：

```
请选择功能(序号): 2
您选择了删除学生功能

请输入要删除的学生学号:11
删除成功!
```

⑥ 输入数字 5,再次查看学生信息。运行结果如下：

```
请选择功能(序号): 5
********************************
接下来遍历所有的学生信息...
id      姓名      年龄
********************************
```

可以看到 11 学号对应的学生信息已经删除了。

⑦ 输入数字 6,按提示输入“y”退出。运行结果如下：

```
请选择功能(序号): 6

确定要退出吗?(y或n)y
欢迎使用本系统，再见!
```

第9章 类的定义与使用

在现实世界中存在各种不同形态的事物，这些事物之间存在着各种各样的联系。面向对象的程序设计描述的是客观世界中的事物，用对象代表一个具体的事物，把数据和数据的操作方法放在一起形成一个相互依存又不可分割的整体。

Python 是一种面向对象的语言。类和对象是面向对象编程语言的重要概念。

1）对象

对象是现实世界中实际存在的事物，是构成世界的一个独立单位，它是由数据（描述事物的属性）和作用于数据的操作（体现事物的行为）构成的一个独立整体。我们所生活的真实世界可以看成是由许多大小不同的对象所组成的。对象可以是有生命的个体，如一个人或一只鸟。对象也可以是无生命的个体，比如一辆汽车或一台计算机。对象还可以是一个抽象的概念，如天气的变化或鼠标所产生的事件。编程中的对象是指现实世界中的对象在计算机中的抽象表示，即仿照现实对象而建立的。

2）类

类是具有相同属性和行为的一组对象的集合，它提供一个抽象的描述，其内部包括属性和行为两个主要部分。

3）类与对象的关系

对象是根据类创建的，一个类可以对应多个对象。类与对象之间的关系可以描述为：类是对某一类事物的抽象描述，是对象的模板；对象用于表示现实中事物的个体，是类的实例。

9.1 Python 中类的定义

在 Python 语言程序设计中，将对象的静态特征抽象为属性，将对象的动态特征抽象为行为，用一组代码来表示，完成对属性的操作。使用 Python 语言创建类时直接定义的变量称为类的属性，定义的函数称为类的方法。

Python 中类的定义的语法格式：

类定义及示例

```
class 类名:
    类的属性
    类的方法
```

说明：

(1) 使用关键字 class 定义类。

(2) 需要指定类的名称。

(3) class 关键字与类名之间用空格隔开。

(4) 类名后加一个冒号。

(5) 换行后要先缩进再开始类的内部属性和方法的定义。

类的定义与前面的函数定义一样,只有在被调用执行时才会起作用。类定义后,其属性和方法的引用格式为:

```
类名.属性
类名.方法
```

【例 9-1】 类的定义与调用简单示例。

```
class Class_li1:
    s1="一个简单的类示例"
    def  huaxian():
        print("-"* 30)
Class_li1.huaxian()
print(Class_li1.s1)
Class_li1.huaxian()
```

本程序的运行结果为:

```
------------------------------
一个简单的类示例
------------------------------
```

代码解析:

(1) 第 1～4 行代码定义了一个类,类名为 Class_li1,有一个名为 s1 的属性,一个名为 huaxian 的方法,huaxian 方法的功能是绘制 30 个减号。

(2) 第 5 行代码使用 Class_li1.huaxian()调用类里的方法画一条线。

(3) 第 6 行代码通过 Class_li1.s1 调用属性值并输出。

(4) 第 7 行代码再次调用类方法 huaxian 画一条线。

在 Python 语言程序设计中,类中定义的方法与之前函数定义一样,可以定义无参函数,也可以定义有参数函数。在类里面定义有参函数的格式如下:

```
def  方法名(self, 参数列表):
        方法体
```

在类中定义方法时,与普通的函数定义相比,第一个参数要为 self。这个参数在类的实例化时会自动传入,于是实例便可以访问类中的属性和方法。当然第一个参数不是必须使用 self 这个名字,但大家都习惯用 self。

Python 类创建好之后,可以创建多个类的实例,创建实例的格式如下:

```
实例名=类名(参数)
```

如果创建了实例,可以通过句点表示法调用实例的属性和方法,格式如下:

```
实例名.属性名
实例名.方法名(参数)
```

创建了类的实例之后，还可以根据需要给本实例添加一些属性，格式如下：

```
实例名.新的属性名 = 值
```

【例 9-2】 创建类实例并添加新属性值示例。

```
class student:
    def speak(self):
        print("我是：%s, 年龄：%d, 身高：%.2f 米" % (self.name, self.age, self.
        height))
wangchen= student()          #类实例化一个对象
wangchen.name = "王晨"       #给对象添加新属性
wangchen.age = 18
wangchen.height = 1.80
wangchen.speak()             #调用类中的 speak()方法
```

本程序的运行结果为：

```
我是：王晨，年龄：18，身高：1.80 米
```

代码解析：

(1) 第 1～3 行代码定义了一个类，类名为 student，类中只定义了一个方法，名为 speak，功能是输出个人信息。

(2) 第 4 行代码使用 wangchen= student()创建了 student 类的一个实例 wangchen。

(3) 第 5～7 行代码通过 wangchen.name、wangchen.age、wangchen.height 给该例赋了三个新的属性值。

(4) 第 8 行代码通过 wangchen.speak()调用类方法输出个人信息。

【例 9-3】 直接在类内定义好属性，再创建类实例调用的方法。

```
class student:
    name = "王晨"
    age = 18
    height = 1.80
    def speak(self):
        print("我是：%s, 年龄：%d, 身高：%.2f 米" % (self.name, self.age, self.
        height))
wangchen= student()          #类实例化一个对象
wangchen.speak()             #调用类中的 speak()方法
```

本程序的运行结果为：

```
我是：王晨，年龄：18，身高：1.80 米
```

代码解析：

(1) 第1～6行代码定义了一个类，类名为student，类中定义了三个属性和一个方法。

(2) 第7行代码使用wangchen= student()创建了student类的一个实例wangchen。

(3) 第8行代码通过wangchen.speak()调用类方法输出个人信息。

9.2 Python类中的特殊方法

在Python语言程序设计中，提供了两个比较特殊的方法：__init__()和__del__()，这两个方法的名称是固定的(两个下画线开头和两个下画线结尾)。

构造方法及示例

9.2.1 构造方法

特殊方法__init__()为构造方法，是类的初始化方法，它在类的实例化操作后会自动调用，不需要手动调用。

定义__init__()的格式如下：

```
def __init__(self, 参数列表):
    属性赋值语句
```

定义了构造方法后，可以在创建类的实例对象的同时给属性赋值。

【例9-4】 定义无参构造方法示例。

```
class student:
    def __init__(self):
        self.name = "王晨"
        self.age = 18
        self.height=1.80
    def speak(self):
        print("我是: %s, 年龄: %d, 身高: %.2f 米" % (self.name, self.age, self.
        height))
wangchen= student()        #类student实例化一个对象
wangchen.speak()           #调用类中的speak方法
```

本程序的运行结果为：

```
我是: 王晨, 年龄: 18, 身高: 1.80 米
```

代码解析：

(1) 第1～7行代码定义了一个类，类名为student，类中定义了两个方法，在构造方法中定义三个属性并赋值。

(2) 第8行代码使用wangchen= student()创建了student类的一个实例wangchen。

(3) 第9行代码通过wangchen.speak()调用类方法输出个人信息。

此示例不管运行多少遍，运行输出的结果都是一样的。在解决实际问题时，通常用得比

较多的还是有参构造方法。定义了有参构造方法后，可以在类实例化的同时传递不同的实参值，从而得到不同的结果。

【例 9-5】 有参构造方法应用示例。

```
class student:
    def __init__(self,n,a,h):
        self.name = n
        self.age = a
        self.height=h
    def speak(self):
        print("我是: %s, 年龄: %d, 身高: %.2f 米" % (self.name, self.age, self.
        height))
wangchen= student("王晨",18,1.80)    #类 student 实例化一个对象
wangchen.speak()                     #调用类中的 speak()方法
zhangli= student("张丽",19,1.60)     #类 student 实例化一个对象
zhangli.speak()                      #调用类中的 speak()方法
```

本程序的运行结果为：

```
我是: 王晨, 年龄: 18, 身高: 1.80 米
我是: 张丽, 年龄: 19, 身高: 1.60 米
```

代码解析：

(1) 第 1～7 行代码定义了一个类，类名为 student，类中定义了两个方法，构造方法有三个形参，需要在类实例化时为其传递实参值。

(2) 第 8 行代码使用 wangchen= student("王晨",18,1.80)创建了 student 类的一个实例 wangchen，并且创建实例的同时给构造方法中的三个属性传递了实参值。

(3) 第 9 行代码通过 wangchen.speak()调用类方法输出个人信息。

(4) 第 10 行代码使用 zhangli= student("张丽",19,1.60)创建了 student 类的一个实例 zhangli，并且创建实例的同时给构造方法中的三个属性传递了实参值。

(5) 第 11 行代码通过 zhangli.speak()调用类方法输出个人信息。

9.2.2 析构方法

特殊方法__del__方法被称为析构方法。当删除一个对象来释放类所占用的资源时，Python 解释器默认会调用__del__方法。通常不用专门定义析构方法，直接使用系统自带的析构方法释放资源即可。

【例 9-6】 简单演示析构方法。

```
class Stu2:
    def __init__(self, name, age):
        self.name = name
        self.age = age
    def printxinxi(self):
        print("姓名: ",self.name)
```

```
        print("年龄：",self.age)
    def __del__(self):
        print("演示一下析构")
student1 = Stu2("吴华", 20)
student1.printxinxi()
```

本程序的运行结果为：

```
姓名：吴华
年龄：20
演示一下析构
```

代码解析：

(1) 第1～9行代码定义了一个类,类名为Stu2,类中定义了三个方法。

(2) 第10行代码使用student1=Stu2("吴华",20)创建了一个实例student1,并且创建实例的同时给构造方法中的属性传递了实参值。

(3) 第11行代码通过student1.printxinxi()调用类方法输出个人信息。

本章习题

判断题

1. 通过类可以创建对象,类有且只有一个对象实例。 ( )
2. 创建类的对象时,系统会自动调用构造方法进行初始化。 ( )
3. 创建完对象后,其属性的初始值是固定的,外界无法对其进行修改。 ( )
4. 对象可以是有生命的个体,如一个人或一只鸟。 ( )
5. 对象也可以是无生命的个体,如一辆汽车或一台计算机。 ( )
6. 具有相似特征和行为的事物的集合统称为类。 ( )
7. 一个对象由一组属性和一系列对属性进行操作的方法构成。 ( )
8. 在Python中使用关键字class定义类。 ( )
9. class关键字与类名之间用空格隔开。 ( )
10. 在类中定义有参的方法时,与普通的函数相比多定义了一个参数self。 ( )

实训项目1 类的基础练习

1. 实训目的

(1) 掌握Python中类的定义与使用方法。

(2) 了解类的属性及类中特殊方法的用法。

2. 实训内容

(1) 编写程序实现：设计一个课程类,该类中包括课程编号、课程名称、任课教师、上课地点等属性，还包括构造方法和显示课程信息的方法。设计完成后，请测试类的功能。具体有如下要求。

输入格式：定义无参构造方法，直接在构造方法中给属性赋值。

输出格式：输出每个属性的值，输出格式如下：

```
课程编号：20201001
课程名称：python
任课教师：朱荣
上课地点：JC408
```

(2) 编写程序实现：设计一个课程类，该类中包括课程编号、课程名称、任课教师、上课地点等属性，还包括构造方法和显示课程信息的方法。设计完成后，请测试类的功能。要求定义有参构造方法，通过类的实例化传递属性值。各属性值同实训内容(1)，输出格式同实训内容(1)。

(3) 改写实训内容(2)，先使用 input 函数在程序运行时获取实参值，再通过类的实例化传递给构造方法。

3. 实训步骤

(1) 编写程序实现：设计一个课程类，该类中包括课程编号、课程名称、任课教师、上课地点等属性，还包括构造方法和显示课程信息的方法。设计完成后，请测试类的功能。

① 打开 Spyder 编程界面，新建一个空白程序文件。

② 输入代码并保存。

```
class kecheng:
    def __init__(self):
        self.kechengbianhao = 20201001
        self.kechengming = "python"
        self.jiaoshiming = "朱荣"
        self.shangkedidian = "JC408"
    def printkcxx(self):
        print("课程编号：%d" %self.kechengbianhao)
        print("课程名称：%s" %self.kechengming)
        print("任课教师：%s" %self.jiaoshiming)
        print("上课地点：%s" %self.shangkedidian)
ke1 = kecheng()
ke1.printkcxx()
```

③ 运行代码。程序运行结果为：

```
课程编号：20201001
课程名称：python
任课教师：朱荣
上课地点：JC408
```

④ 分析理解类的定义及无参构造方法的用法。

(2) 编写程序实现：设计一个课程类，该类中包括课程编号、课程名称、任课教师、上课地点等属性，还包括构造方法和显示课程信息的方法。设计完成后，请测试类的功能。要求定义有参构造方法,通过类的实例化传递属性值。各属性值同实训内容(1),输出格式同实训内容(1)。

① 打开 Spyder 编程界面,新建一个空白程序文件。

② 输入代码并保存。

```
class kecheng:
    def __init__(self,bianhao,kcming,teachername,didian):
        self.kechengbianhao = bianhao
        self.kechengming = kcming
        self.jiaoshiming = teachername
        self.shangkedidian = didian
    def printkcxx(self):
        print("课程编号: %d" %self.kechengbianhao)
        print("课程名称: %s" %self.kechengming)
        print("任课教师: %s" %self.jiaoshiming)
        print("上课地点: %s" %self.shangkedidian)
ke1 = kecheng(20201001,'python','朱荣','JC408')
ke1.printkcxx()
```

③ 运行代码。程序运行结果为:

```
课程编号: 20201001
课程名称: python
任课教师: 朱荣
上课地点: JC408
```

④ 分析理解类的定义及有参构造方法的用法。

(3) 改写实训内容(2),先使用一个 input 语句在程序运行时获取实参值,再通过类的实例化传递给构造方法。

① 打开 Spyder 编程界面,新建一个空白程序文件。

② 输入代码并保存。

```
class kecheng:
    def __init__(self,bianhao,kcming,teachername,didian):
        self.kechengbianhao = bianhao
        self.kechengming = kcming
        self.jiaoshiming = teachername
        self.shangkedidian = didian
    def printkcxx(self):
        print("课程编号: %d" %self.kechengbianhao)
        print("课程名称: %s" %self.kechengming)
        print("任课教师: %s" %self.jiaoshiming)
        print("上课地点: %s" %self.shangkedidian)
s=input("课程信息(空格间隔): ")
bianhao,kcming,teachername,didian=s.split()
bianhao=int(bianhao)
ke1 = kecheng(bianhao,kcming,teachername,didian)
ke1.printkcxx()
```

③ 运行代码。程序运行结果为：

```
课程信息(空格间隔)：20201001 python 朱荣 JC408
课程编号：20201001
课程名称：python
任课教师：朱荣
上课地点：JC408
```

④ 分析理解类的定义及有参构造方法的用法，并与之前的知识点相结合。

实训项目 2　利用类的思想改写简易的学生管理系统

1. 实训目的

(1) 熟练掌握类的定义方法。

(2) 熟练掌握类的调用方法。

2. 实训内容

设计一个学生类，类中定义一个空列表用于存储学生信息。类中定义各个模块的具体功能函数。根据用户的选择，分别调用不同的类方法，执行相应的功能。其他具体要求同第6章实训项目2。

3. 实训步骤

(1) 打开 Spyder 编程界面，新建一个空白程序文件。

(2) 输入代码并保存。

```
class Stu2:
    def __init__(self):
        self.students= []
    #定义打印功能菜单提示函数
    def print_menu(self):
        #把功能列表显示给用户
        print("-" * 30)
        print("     简易学生管理系统  ")
        print(" 1.添加学生信息")
        print(" 2.删除学生信息")
        print(" 3.修改学生信息")
        print(" 4.查询学生信息")
        print(" 5.显示所有学生信息")
        print(" 6.退出系统")
        print('-' * 30)
    #定义一个添加学生信息的函数
    def add_info(self):
            print("您选择了添加学生信息功能")
            name = input("请输入学生姓名：")
            stuId = input("请输入学生学号(学号不可重复)：")
```

```
            age = input("请输入学生年龄:")

            #验证学号是否唯一
            leap = 0
            for temp in self.students:
                if temp['id'] == stuId:
                    leap = 1
                    break
            if leap == 1:
                print("输入学生学号重复, 添加失败!")

            else:
                #定义一个字典, 存放单个学生信息
                stuInfo = {}
                stuInfo['name'] = name
                stuInfo['id'] = stuId
                stuInfo['age'] = age

                #单个学生信息放入列表
                self.students.append(stuInfo)
                print("添加成功!")
    #定义一个删除学生信息的函数
    def del_info(self):
            print("您选择了删除学生功能")
            delId=input("请输入要删除的学生学号:")
            #i 记录要删除的下标,flag 为标志位,如果找到要删除的学号,则 flag=1, 否则
             为 0
            i = 0
            flag = 0
            for temp in self.students:
               if temp['id'] == delId:
                    flag = 1
                    break
               else:
                   i=i+1
            if flag == 0:
                print("没有此学生学号, 删除失败!")
            else:
                del self.students[i]
                print("删除成功!")

    #定义一个修改学生信息的函数
    def modify_info(self):
            print(' ' * 10,'修改学生信息(不能修改学号)')
            print('-' * 30)
            xuehao1=input('请输入要修改的学生学号: ')
            #检测是否有此学号, 然后修改信息
            flag = 0
            for temp in self.students:
                if temp['id'] == xuehao1:
```

```
                flag = 1
                break
        if flag == 1:
            newname = input('请输入新的姓名：')
            newage = int(input('请输入新的年龄：'))
            temp['name'] = newname
            temp['age'] = newage
            print('学号为%s 的学生信息修改成功！' %xuehao1)
        else:
            print("没有此学号，修改失败！")
#定义一个查询某个学生信息的函数
def chaxun(self):
        print("您选择了查询学生信息功能")
        searchID=input("请输入您要查询学生的学号:")
        #验证是否有此学号
        flag = 0
        for temp in self.students:
            if temp['id'] == searchID:
                flag = 1
                break
        if flag == 0:
            print("没有此学生学号，查询失败!")
        else:
            print("找到此学生，信息如下：")
            print("学号：%s\n 姓名：%s\n 年龄：%s\n"%(temp['id'],temp['name'],
            temp['age']))

#定义一个用于显示所有学生信息的函数
def show_infos(self):
    #遍历并输出所有学生的信息
        print('*' * 30)
        print("接下来遍历所有的学生信息...")
        print("id      姓名      年龄")
        for temp in self.students:
            print("%s      %s      %s"%(temp['id'],temp['name'],temp['age']))
        print("*"* 30)

#定义 main 函数
def main(self):
    while True:
        self.print_menu()           #打印菜单
        #获取用户选择的功能
        key = int(input("请选择功能(序号)："))
        #根据用户选择，完成相应功能
        if key == 1:
            self.add_info()
        elif key == 2:
            self.del_info()
        elif key == 3:
            self.modify_info()
```

```
            elif key == 4:
                self.chaxun()
            elif key == 5:
                self.show_infos()
            elif key == 6:
                #退出功能，尽量往不退出的方向引
                quitconfirm = input("确定要退出吗?(y或n)")
                if quitconfirm == 'y':
                    print("欢迎使用本系统，再见!")
                    break;
            else:
                print("您输入有误，请重新输入")
student1 = Stu2()
student1.main()
```

(3) 运行程序,查看结果。

运行程序时首先看到的是功能菜单选项界面,结果如下:

```
============================================================
----------------------简易学生管理系统----------------------
                1.添加学生信息
                2.删除学生信息
                3.修改学生信息
                4.查询学生信息
                5.显示所有学生信息
                6.退出系统
============================================================
```

① 输入数字1,然后按回车键,根据提示输入相应内容后按回车键。运行结果如下:

```
请选择功能(序号): 1
您选择了添加学生信息功能

请输入学生姓名: wang

请输入学生学号(学号不可重复): 11

请输入学生年龄:17
添加成功!
```

在输入一个学生的信息按回车键后,再次出现功能选择菜单。

② 输入数字5,查看输入的信息。运行结果如下:

```
请选择功能(序号): 5
******************************
接下来遍历所有的学生信息...
id      姓名      年龄
11      wang      17
******************************
```

③ 再次出现功能选择菜单，输入数字 3，进行修改。运行结果如下：

```
请选择功能(序号): 3
              修改学生信息(不能修改学号)
----------------------------------------

请输入要修改的学生学号: 11

请输入新的姓名: liu

请输入新的年龄: 18
学号为 11 的学生信息修改成功!
```

④ 再次出现功能选择菜单，输入数字 4，查询某个学生的信息，进入界面后根据要求输入要查询的学生学号，如果有此学生则显示学生信息，运行结果如下：

```
请选择功能(序号): 4
您选择了查询学生信息功能

请输入您要查询的学生学号:11
找到此学生, 信息如下:
学号: 11
姓名: liu
年龄: 18
```

如果没有要查询的学号，则显示“没有此学生学号，查询失败!”。运行结果如下：

```
请选择功能(序号): 4
您选择了查询学生信息功能

请输入您要查询的学生学号:22
没有此学生学号, 查询失败!
```

⑤ 输入数字 2，输入要删除的学生学号，根据学号进行删除。运行结果如下：

```
请选择功能(序号): 2
您选择了删除学生功能

请输入要删除的学生学号:11
删除成功!
```

⑥ 输入数字 5，再次查看学生信息。运行结果如下：

```
请选择功能(序号): 5
******************************
接下来遍历所有的学生信息...
id      姓名      年龄
******************************
```

可以看到学号为 11 的学生信息已经删除了。

⑦ 输入数字 6,按提示输入“y”退出。运行结果如下:

```
请选择功能(序号):6

确定要退出吗?(y或n)y
欢迎使用本系统,再见!
```

第10章 Python文件操作

在解决实际问题时，应用程序、数据、结果等通常都使用文件进行存储，以文件为操作对象。大家都会熟练地使用 Word 软件，例如，使用 Word 编写一份论文时，首先会打开或者新建一个 Word 文档，然后写入自己的内容，最后保存并关闭文档。其实编写一个新程序的过程也与操作 Word 文档的过程类似，首先打开或者新建一个程序文件，然后读入或者写入相关代码，最后保存并关闭文件。

10.1 文件基本操作

10.1.1 文件的打开和关闭

在 Python 语言程序设计中，使用 open 方法打开程序文件，使用的语法格式如下：

文件的打开与关闭

```
文件对象=open(文件名, 访问模式)
```

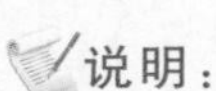

说明：

(1) 文件名是使用 open 方法时必须要加的参数，可以任意命名，但要遵守之前的变量名命名规则。

(2) 访问模式参数可以省略，如果不指定访问模式，则默认用只读方式打开文件。访问模式参数常用的几种取值如表 10-1 所示。

表 10-1 访问模式参数几种常用取值

模式	含 义
'r'	默认模式。以只读方式打开第一个参数指定的文件，文件指针自动定位于文件的开头位置
'w'	打开指定的文件用于写入内容。若指定的文件已经存在，则覆盖原来的内容；如果指定的文件不存在，则用第一个参数指定的文件名创建一个新的文件
'a'	打开指定的文件用于追加内容。若指定的文件已经存在，则文件指针会自动定位到文件末尾；如果指定的文件不存在，则用指定的文件名创建一个新的文件
'rb'	以二进制格式打开指定文件只用于读，文件指针自动定位于文件的开头位置
'wb'	以二进制格式打开指定文件只用于写入。若指定的文件已经存在，则覆盖其原来的内容，如果指定的文件不存在，则用第一个参数指定的文件名创建一个新的文件
'ab'	以二进制格式打开指定文件用于追加。若指定的文件已经存在，则文件指针会自动定位到文件末尾；如果指定的文件不存在，则用指定的文件名创建一个新的文件

当然,open 方法的访问模式不止这些,读者可以上网查询其他值。

在 Python 语言程序设计中,用 open 方法打开的文件,都要用 close 方法关闭,使用的语法格式如下:

```
文件对象.close()
```

其中,文件对象要与 open 方法打开的文件对象一致。

【例 10-1】 新建一个文件名为 t1.txt 的文件。

```
f = open('t1.txt', 'w')          #新建一个文件, 文件名为:t1.txt
f.close()                        #关闭这个文件
```

本程序运行后在 Spyder 控制台中看不到什么变化。但是,在例 10-1 代码所在的文件夹下会新建一个空白的 t1.txt 文件,如图 10-1 所示。

因为在本程序中文件名没有包含路径位置,所以自动将创建的文本文件与程序源代码放置在同一个文件夹下。也可以根据需要指明创建的文件存放在哪一个文件夹下。

【例 10-2】 在指定的文件夹中创建文件。

```
f = open('D:/zr1/t1.txt', 'w')
f.close()             #关闭这个文件
```

本程序运行后,会在指定的 D:\zr1 文件夹下创建 t1.txt 文件,如图 10-2 所示。

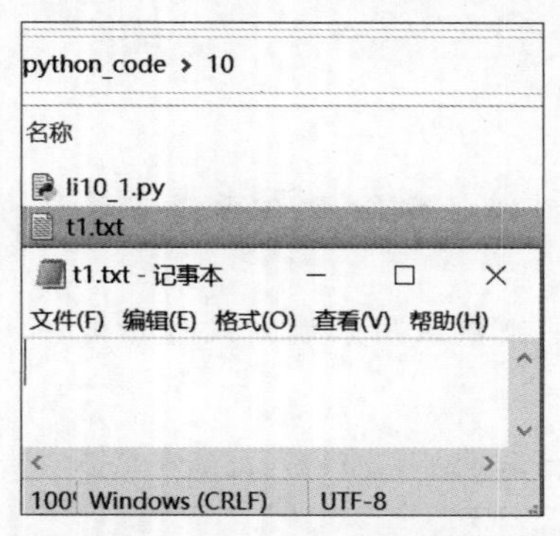

图 10-1 使用 open 方法新建的文件

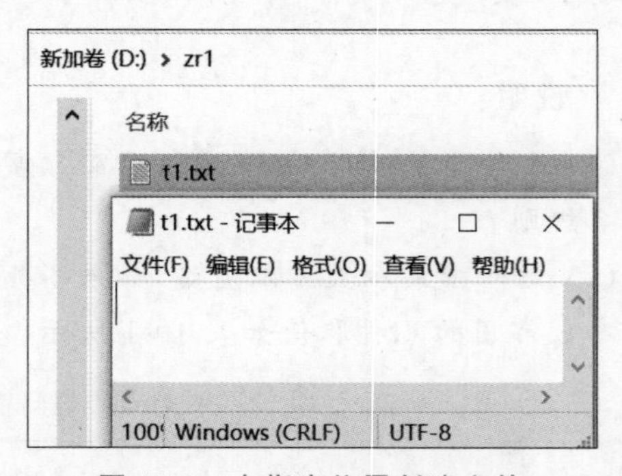

图 10-2 在指定位置创建文件

注意:

(1) 在 Python 语言程序设计中,指定文件路径的斜线为"/",如果想使用"\"需要加两个,例如,上例第一行代码可以修改为:f=open('D:\\zr1\\t1.txt','w')。

(2) 如果使用 open 方法打开的文件名不存在,则不能使用 r 模式打开。例如,zr1.txt 文件不存在,则 f=open('D:\\zr1\\zr1.txt','r')代码运行出错,提示信息如图 10-3 所示。

10.1.2 向文件中写入数据

在 Python 语言程序设计中,使用 write 方法向指定的文件中写入数据,每调用一次

```
  File "<ipython-input-6-ed51ba237326>", line
1, in <module>
    f = open('D:\\zr1\\zr1.txt', 'r')

FileNotFoundError: [Errno 2] No such file or
directory: 'D:\\zr1\\zr1.txt'
```

图 10-3 open 方法打开文件错误提示信息

write 方法，写入的数据就会追加到文件末尾，其语法格式如下：

```
文件对象.write(要写入的内容)
```

写文件

说明：

(1) 格式中的文件对象要与 open 方法打开的文件对象一致。

(2) 在打开一个文件后，多次调用 write 方法时，每调用一次，写入的数据就会追加到文件末尾。

(3) 如果对一个文件进行写操作后关闭了该文件，再使用 open 方法重新打开，再次调用 write 方法时，会覆盖原内容。

【例 10-3】 文件写入内容示例。

```
f = open('t1.txt', 'w')
f.write('今天晚上 8:30 开会!')
f.close()        #关闭这个文件
```

本程序运行后，会在 t1.txt 中写入相应内容，要打开 t1.txt 文件才能看到。结果如图 10-4 所示。

修改第 2 行代码为：

```
f.write('今天天气好晴朗!')
```

再次运行程序，打开 t1.txt，可以看到文件内容已经被覆盖，如图 10-5 所示。

图 10-4 write 方法写入内容

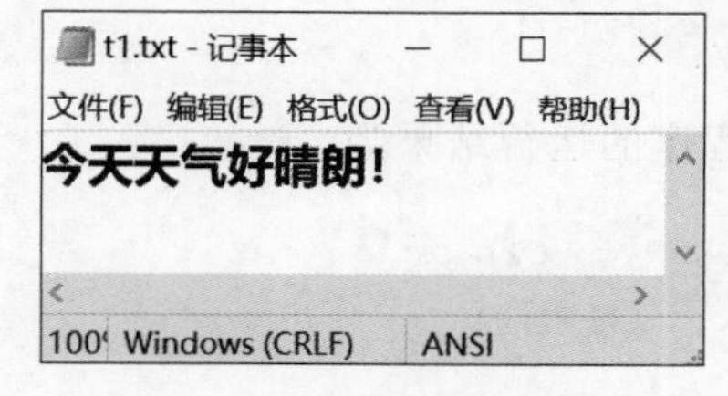

图 10-5 文件内容被覆盖示例

【例 10-4】 同一个文件多次使用 write 方法写入内容。

```
f = open('t1.txt', 'w')
f.write('今天晚上 8:30 开会!')
f.write('\n')
f.write('今天天气好晴朗!')
f.close()        #关闭这个文件
```

程序运行后打开 t1.txt 文件,看到的内容如图 10-6 所示。

图 10-6 多次调用 write 方法示例

注意:多次使用 write 方法写入内容时,可以使用"\n"进行换行控制,跟之前字符串的用法一样。

10.1.3 读取文件数据

1. read()

read 函数

在 Python 语言程序设计中,可以使用 read()读取文件中指定字节个数的内容,语法格式如下:

```
文件对象.read(size)
```

说明:size 表示要从文件中读取的数据长度,单位为字节。如果没有指定 size,默认读取文件的全部数据。

【例 10-5】 读取全部内容示例。

```
file = open('t1.txt', 'r')
t = file.read()
print(t)
file.close()
```

本程序的运行结果为:

```
今天晚上 8:30 开会!
今天天气好晴朗!
```

代码解析:程序运行后将 t1.txt 的全部内容都读出来赋给了变量 t,然后输出变量 t 的值。

【例 10-6】 读取部分字节内容示例。

```
file = open('t1.txt', 'r')
t = file.read(4)
print(t)
file.close()
```

本程序的运行结果为：

```
今天晚上
```

代码解析：在程序的第 2 行代码中指定 read()的参数为 4，所以读取 t1.txt 中前 4 个字节的内容赋给变量 t，然后输出变量 t 的值。

2. readlines()

在 Python 语言程序设计中，当文件的内容少时，可以使用 readlines()一次性读取文件的全部内容，语法格式如下：

```
文件对象.readlines()
```

说明：readlines()返回的结果为一个列表，列表中的每一个元素为文件中的一行数据，以换行符为一行的结束标志。

readlines 函数

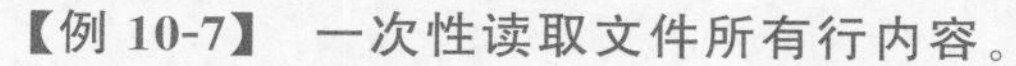

【例 10-7】 一次性读取文件所有行内容。

```
f = open('t1.txt', 'r')
t = f.readlines()
print(t)
f.close()
```

本程序的运行结果为：

```
['今天晚上 8:30 开会!\n', '今天天气好晴朗!']
```

代码解析：程序运行结果为一个列表，共两个元素，换行符做一行的最后结束放进了第一个列表元素。

3. readline()

在 Python 语言程序设计中，还可以使用 readline()逐行地读取数据，语法格式如下：

```
文件对象.readline()
```

说明：readline()调用一次只能读取一行内容，遇到换行符就结束读取。

【例 10-8】 读取文件一行内容。

readline 函数

```
f = open('t1.txt', 'r')
t = f.readline()
print(t)
f.close()
```

本程序的运行结果为：

```
今天晚上 8:30 开会!
```

代码解析：从程序运行结果可以看出，只读取了文件的第一行内容。

10.1.4 文件的定位操作

tell 函数

1. tell()

在 Python 语言程序设计中,可以使用 tell()获取文件当前的读写位置。语法格式如下:

```
文件对象.tell()
```

【例 10-9】 获取文件当前指针位置示例。

```
f = open('t1.txt', 'r')
t = f.read(4)
print("读取的数据是: ",t)
w1 = f.tell()
print("当前文件位置: ",w1)
f.close()
```

本程序的运行结果为:

```
读取的数据是: 今天晚上
当前文件位置: 8
```

代码解析:文件打开时,文件指针位于文件头,读操作之后,文件指针会随着读内容后移,因为一个汉字占两个位置,所以 tell()获取到当前文件指针位置为 8。

seek 函数

2. seek()

在 Python 语言程序设计中,tell 只能获取文件当前指针位置,不能移动文件指针位置。而要想移动文件指针位置到指定位置,可以使用 seek(),语法格式如下:

```
文件对象.seek(offset [, whence])
```

说明:

(1) offset 参数指定要移动的字节数。

(2) whence 参数指定从哪里开始移动。不指定时使用默认值 0,表示从文件头开始移动指定的字节数;指定值为 1 时,表示从当前位置开始移动指定的字节数;指定值为 2 时,表示从文件末尾开始移动指定的字节数。但是,取值 1 或 2 时,必须使用 rb 模式打开文件,如果使用 r 模式打开,程序运行时将提示出错。

【例 10-10】 从文件头开始移动文件指针示例。

```
f = open('t1.txt','r')
f.seek(6)
w1 = f.tell()
print("当前文件位置: ",w1)
f.close()
```

本程序的运行结果为：

```
当前文件位置：6
```

代码解析：因为seek(6)的作用就是从文件头往后移动6个字节，所以用tell()看看当前文件指针位置在哪里，结果为6。

【例10-11】 从文件末尾移动文件指针示例。

```
f = open('t1.txt','r')
f.seek(6,2)
w1 = f.tell()
print("当前文件位置：",w1)
f.close()
```

因为现在的程序是用r模式打开的文件，所以程序运行出错，错误提示信息如图10-7所示。

```
    f.seek(6,2)

UnsupportedOperation: can't do nonzero end-
relative seeks
```

图10-7 用r模式打开文件调用seek()出错提示

将第一行代码修改如下：

```
f = open('t1.txt','rb')
```

程序运行结果为：

```
当前文件位置：43
```

代码解析：因为seek(6,2)是从文件末尾开始往前移动6个字节，所以当前文件指针位置是43。

10.2 使用pandas模块命令导入外部数据文件

使用pandas可以读取与存入CSV、XLSX、TXT格式的本地数据文件及数据库文件。数据库文件这里不做具体介绍。下面介绍三种常用的本地数据文件的用法。

10.2.1 导入CSV文件

在Python语言程序设计中，可以使用pandas提供的read_csv()读取CSV格式的文件内容，并将其中的数据转换成DataFrame数据结构。常用的语法格式如下：

```
read_csv(文件名,encoding,header,names)
```

说明：

(1) 文件名指定要读入的外部 CSV 文件名。

(2) encoding 参数可以指定编码方式,Python 3 默认为 utf-8。将该参数设置为 gbk,可以解决中文乱码问题。

(3) header 参数一般不指定,使用默认值 0,表示用原表中的第一行数据作为列索引。

(4) names 参数可以指定列索引,但一般也不指定,直接使用原表数据中的列名作为 DataFrame 数据结构的列索引。如果原数据集中没有列名,则可以通过该参数在数据读取时给 DataFrame 数据结构指定列索引。

【例 10-12】 读取本地文件夹中的"水果销售记录.csv"文件示例。

在本地文件夹中有一个"水果销售记录.csv"文件,用 Excel 软件打开之后可以看到文件内容,文件内容截图如图 10-8 所示。

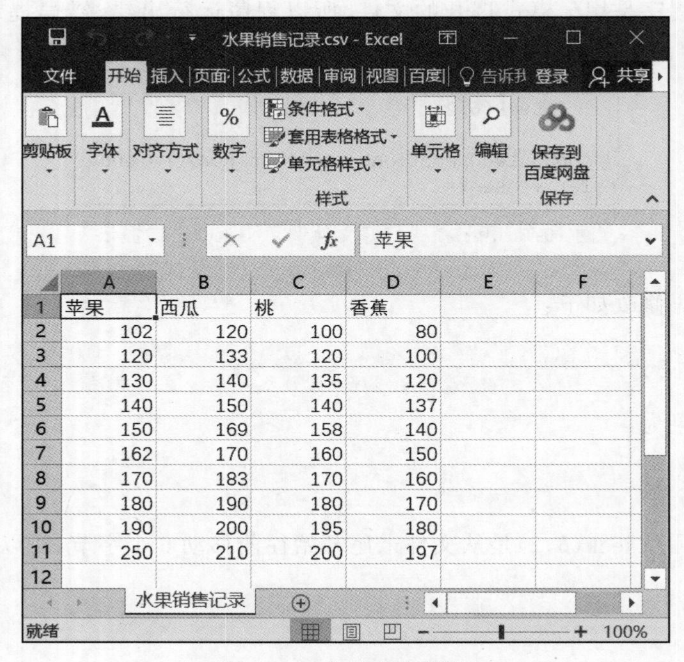

	A	B	C	D	E	F
1	苹果	西瓜	桃	香蕉		
2	102	120	100	80		
3	120	133	120	100		
4	130	140	135	120		
5	140	150	140	137		
6	150	169	158	140		
7	162	170	160	150		
8	170	183	170	160		
9	180	190	180	170		
10	190	200	195	180		
11	250	210	200	197		
12						

图 10-8 文件内容截图

```
import pandas as pd
a= pd.read_csv('水果销售记录.csv')
print(a)
```

本程序的运行结果为:

```
    苹果  西瓜  桃  香蕉
0  102  120  100   80
1  120  133  120  100
2  130  140  135  120
3  140  150  140  137
4  150  169  158  140
```

```
5  162  170  160  150
6  170  183  170  160
7  180  190  180  170
8  190  200  195  180
9  250  210  200  197
```

10.2.2 导入 Excel 文件

在 Python 语言程序设计中,可以使用 pandas 提供的 read_excel()读取 Excel 文件格式的文件内容,并将其中的数据转换成 DataFrame 数据结构。常用的语法格式如下:

```
read_excel (文件名,sheet_name,header, names,encoding)
```

说明:

(1) sheet_name 参数指定表格的第几个工作表,默认值为 0,表示第一个工作表,也可以传递工作表的名称。

(2) header 参数一般不指定,使用默认值 0,表示用原表中的第一行数据作为列索引。

(3) names 参数可以指定列索引,但一般也不指定,直接使用原表数据中的列名作为 DataFrame 数据结构的列索引。如果原数据集中没有列名,则可以通过该参数在数据读取时给 DataFrame 数据结构指定列索引。

【例 10-13】 读取本地文件“水果销售记录.xlsx”文件实例。

“水果销售记录.xlsx”文件内容与“水果销售记录.csv”文件内容相同。

```
import pandas as pd
a= pd.read_excel('水果销售记录.xlsx')
print(a)
```

本程序的运行结果为:

```
    苹果  西瓜  桃  香蕉
0  102  120  100   80
1  120  133  120  100
2  130  140  135  120
3  140  150  140  137
4  150  169  158  140
5  162  170  160  150
6  170  183  170  160
7  180  190  180  170
8  190  200  195  180
9  250  210  200  197
```

10.2.3 导入 TXT 文件

在 Python 语言程序设计中,可以使用 pandas 提供的 read_table()读取 TXT 格式的文

件内容,并将其中的数据转换成 DataFrame 数据结构。常用的语法格式如下:

```
read_table(文件名, sep='\t' , header, names,encoding)
```

说明:

(1) sep 参数指定读取原数据集中的各变量之间的分隔符,默认为 Tab 制表符。

(2) 其他参数同 read_csv()。

【例 10-14】 读取 xs.txt 文件内容示例。

本地文件"xs.txt"的内容如图 10-9 所示。

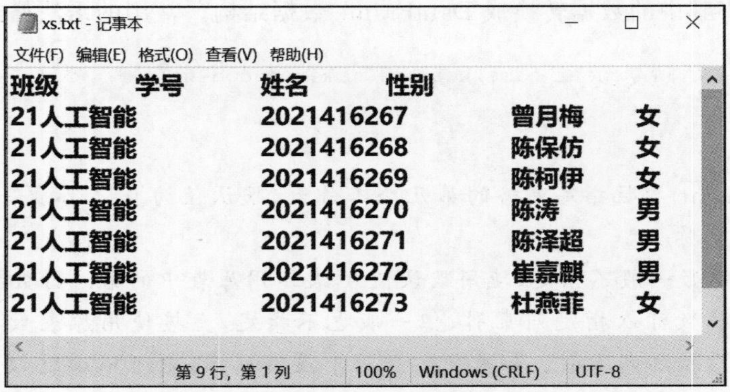

```
xs.txt - 记事本
文件(F) 编辑(E) 格式(O) 查看(V) 帮助(H)
班级	学号	姓名	性别
21人工智能	2021416267	曾月梅	女
21人工智能	2021416268	陈保仿	女
21人工智能	2021416269	陈柯伊	女
21人工智能	2021416270	陈涛	男
21人工智能	2021416271	陈泽超	男
21人工智能	2021416272	崔嘉麒	男
21人工智能	2021416273	杜燕菲	女
第 9 行, 第 1 列	100%	Windows (CRLF)	UTF-8
```

图 10-9 xs.txt 文件内容

```
import pandas as pd
a=pd.read_table('xs.txt')
print(a)
```

本程序的运行结果为:

```
      班级          学号      姓名   性别
0  21人工智能  2021416267  曾月梅    女
1  21人工智能  2021416268  陈保仿    女
2  21人工智能  2021416269  陈柯伊    女
3  21人工智能  2021416270   陈涛    男
4  21人工智能  2021416271  陈泽超    男
5  21人工智能  2021416272  崔嘉麒    男
6  21人工智能  2021416273  杜燕菲    女
```

10.3 保存数据到本地文件

10.3.1 保存数据到 Excel 文件

在 Python 语言程序设计中,可以使用 pandas 提供的 to_excel()将一个 DataFrame 数

据结构的数据存入本地 Excel 文件中。常用的语法格式如下：

```
DataFrame 对象.to_excel(文件名, sheet_name, index, columns, header)
```

说明：

(1) sheet_name 参数指定 Excel 的工作表名称。

(2) index 参数用于指定是否存入行索引。默认值为 True，将 DataFrame 数据结构对象的行索引也存入 Excel 文件中；指定 index=False 时，则行索引不存入 Excel 文件。

(3) columns 参数用于指定存入哪些列。

(4) header 参数用于指定作为列名的行，默认值为 0，即取第一行作为列名的行；若想存入的数据不包含列名，则可以指定 header=None。

【例 10-15】 使用 to_excel 方法，只指定文件名，其他参数使用默认值将数据保存到本地 Excel 文件。

```
import pandas as pd
data = {
    '苹果': [102, 120, 130, 140, 150, 162, 170, 180, 190, 250],
    '西瓜': [120, 133, 140, 150, 169, 170, 183, 190, 200, 210],
    '桃': [100, 120, 135, 140, 158, 160, 170, 180, 195, 200],
    "香蕉": [80, 100, 120, 137, 140, 150, 160, 170, 180, 197]
}
df = pd.DataFrame(data)
df.to_excel('水果销售记录 1.xlsx')
```

保存的本地文件"水果销售记录 1.xlsx"内容如图 10-10 所示。

水果销售记录1.xlsx - Excel

	苹果	西瓜	桃	香蕉
0	102	120	100	80
1	120	133	120	100
2	130	140	135	120
3	140	150	140	137
4	150	169	158	140
5	162	170	160	150
6	170	183	170	160
7	180	190	180	170
8	190	200	195	180
9	250	210	200	197

图 10-10 使用默认参数值保存的 Excel 文件内容

【例 10-16】 设置 to_excel 方法的 index=False,将数据保存到 Excel 文件。

```
import pandas as pd
data = {
    '苹果': [102, 120, 130, 140, 150, 162, 170, 180, 190, 250],
    '西瓜': [120, 133, 140, 150, 169, 170, 183, 190, 200, 210],
    '桃': [100, 120, 135, 140, 158, 160, 170, 180, 195, 200],
    "香蕉": [80, 100, 120, 137, 140, 150, 160, 170, 180, 197]
}
df = pd.DataFrame(data)
df.to_excel('水果销售记录 2.xlsx',index=False)        #不带行索引
```

保存的本地文件“水果销售记录 2.xlsx”内容如图 10-11 所示。

苹果	西瓜	桃	香蕉
102	120	100	80
120	133	120	100
130	140	135	120
140	150	140	137
150	169	158	140
162	170	160	150
170	183	170	160
180	190	180	170
190	200	195	180
250	210	200	197

图 10-11　不带行索引保存的 Excel 文件内容

对比以上两个实例的结果可以看出,DataFrame 数据对象的行索引存入 Excel 文件没有实际用处,所以在实际应用中,通常设置 index=False,不保存 DataFrame 数据对象的行索引到 Excel 文件中。

【例 10-17】 使用指定的工作表名,将数据保存到 Excel 文件。

```
import pandas as pd
data = {
    '苹果': [102, 120, 130, 140, 150, 162, 170, 180, 190, 250],
    '西瓜': [120, 133, 140, 150, 169, 170, 183, 190, 200, 210],
    '桃': [100, 120, 135, 140, 158, 160, 170, 180, 195, 200],
    "香蕉": [80, 100, 120, 137, 140, 150, 160, 170, 180, 197]
}
df = pd.DataFrame(data)
df.to_excel('水果销售记录 3.xlsx',index=False, sheet_name='zr1')
```

保存的本地文件“水果销售记录 3.xlsx”内容如图 10-12 所示。

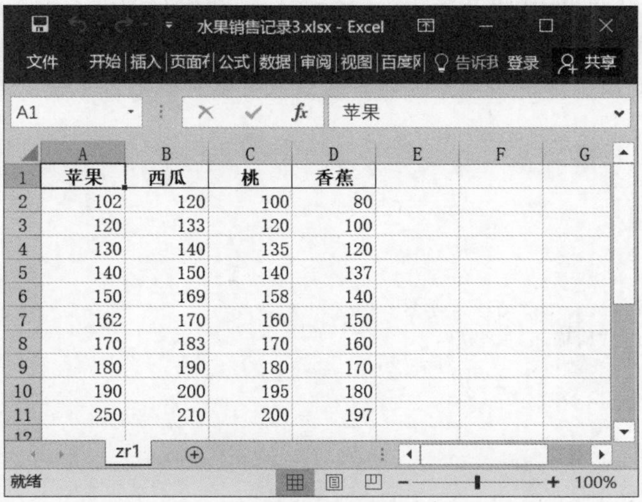

水果销售记录3.xlsx - Excel

	A	B	C	D
1	苹果	西瓜	桃	香蕉
2	102	120	100	80
3	120	133	120	100
4	130	140	135	120
5	140	150	140	137
6	150	169	158	140
7	162	170	160	150
8	170	183	170	160
9	180	190	180	170
10	190	200	195	180
11	250	210	200	197

zr1

图 10-12 指定工作表名保存的 Excel 文件

【例 10-18】 指定 to_excel 方法的 header=None 将数据保存到 Excel 文件。

```
import pandas as pd
data = {
    '苹果': [102, 120, 130, 140, 150, 162, 170, 180, 190, 250],
    '西瓜': [120, 133, 140, 150, 169, 170, 183, 190, 200, 210],
    '桃': [100, 120, 135, 140, 158, 160, 170, 180, 195, 200],
    "香蕉": [80, 100, 120, 137, 140, 150, 160, 170, 180, 197]
}
df = pd.DataFrame(data)
df.to_excel('水果销售记录 4.xlsx',index=False,header=None)
```

保存的本地文件“水果销售记录 4.xlsx”内容如图 10-13 所示。

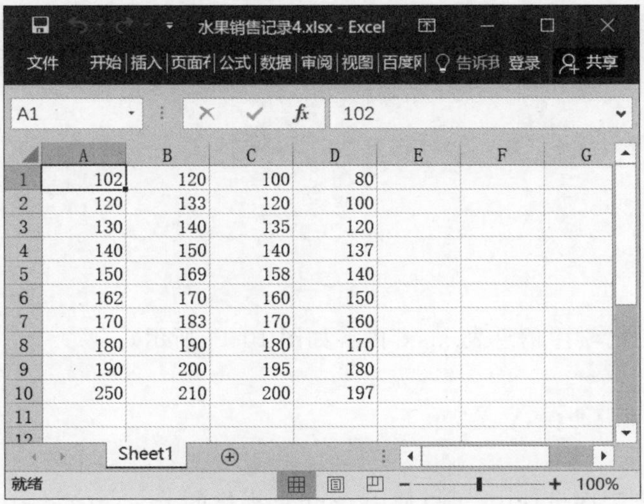

水果销售记录4.xlsx - Excel

	A	B	C	D
1	102	120	100	80
2	120	133	120	100
3	130	140	135	120
4	140	150	140	137
5	150	169	158	140
6	162	170	160	150
7	170	183	170	160
8	180	190	180	170
9	190	200	195	180
10	250	210	200	197

Sheet1

图 10-13 指定 header=None 保存的 Excel 文件

从图 10-18 可以看出,如果指定 header=None,则保存的 Excel 文件的第一行没有列名,不利于实际应用,所以通常这个参数不进行设置。

【例 10-19】 使用循环语句输入 5 名学生信息并保存到本地 Excel 文件中。

```
import pandas as pd
student=[]
#输入学生的信息
t=1
while t<=5:
    xuehao=int(input("请输入学号: "))
    name=input("请输入姓名: ")
    stu_info={'学号':xuehao,"姓名":name}
    student.append(stu_info)
    t=t+1
df = pd.DataFrame(student)
df.to_excel('学生信息表.xlsx',index=False)        #不带行索引
```

本程序运行时从控制台输入如下信息:

```
runfile('D:/00 2022_6_python_code/10/li10_19.py', wdir='D:/00 2022_6_python_code/10')

请输入学号: 2022001

请输入姓名: 王晨

请输入学号: 2022002

请输入姓名: 吴华

请输入学号: 2022003

请输入姓名: 张文

请输入学号: 2022004

请输入姓名: 常华

请输入学号: 2022005

请输入姓名: 李卉
```

保存的本地文件"学生信息表.xlsx"内容如图 10-14 所示。

10.3.2 保存数据到 CSV 文件

在 Python 语言程序设计中,可以使用 pandas 提供的 to_csv()将一个 DataFrame 数据结构的数据存入本地 CSV 文件中。常用的语法格式如下:

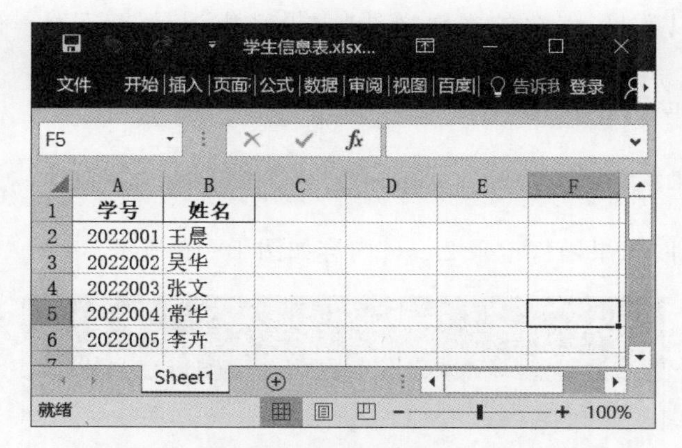

学号	姓名
2022001	王晨
2022002	吴华
2022003	张文
2022004	常华
2022005	李卉

图 10-14　循环输入的学生信息存入 Excel 文件

```
DataFrame 对象.to_csv(文件名, index, columns, header, encoding)
```

各参数设置方法与 to_excel()相同,这里不再具体介绍。

【例 10-20】　保存数据到本地 CSV 文件。

```
import pandas as pd
data = {
    '苹果': [102, 120, 130, 140, 150, 162, 170, 180, 190, 250],
    '西瓜': [120, 133, 140, 150, 169, 170, 183, 190, 200, 210],
    '桃': [100, 120, 135, 140, 158, 160, 170, 180, 195, 200],
    "香蕉": [80, 100, 120, 137, 140, 150, 160, 170, 180, 197]
}
df = pd.DataFrame(data)
df.to_csv('水果销售记录.csv',index=False)
```

保存的本地文件“水果销售记录.csv”内容如图 10-15 所示。

鏵规灉	瑗跨摐	妗?棣欒晧	
102	120	100	80
120	133	120	100
130	140	135	120
140	150	140	137
150	169	158	140
162	170	160	150
170	183	170	160
180	190	180	170
190	200	195	180
250	210	200	197

图 10-15　保存的 CSV 文件内容

从图 10-15 可以看出，保存的本地文件“水果销售记录.csv”第一行列名的汉字成了乱码。

将最后一行代码修改为：

```
df.to_csv('水果销售记录 2.csv',index=False,encoding="gbk")
```

保存的本地文件“水果销售记录 2.csv”内容如图 10-16 所示。

	A	B	C	D	E	F
1	苹果	西瓜	桃	香蕉		
2	102	120	100	80		
3	120	133	120	100		
4	130	140	135	120		
5	140	150	140	137		
6	150	169	158	140		
7	162	170	160	150		
8	170	183	170	160		
9	180	190	180	170		
10	190	200	195	180		
11	250	210	200	197		

图 10-16 正常保存汉字的本地 CSV 文件

10.3.3 保存数据到 TXT 文件

在 Python 语言程序设计中，可以使用 pandas 提供的 to_csv()将一个 DataFrame 数据结构的数据存入本地 TXT 文件中。

【例 10-21】 保存数据到本地 txt 文件。

```
import pandas as pd
data = {
    '苹果': [102, 120, 130, 140, 150, 162, 170, 180, 190, 250],
    '西瓜': [120, 133, 140, 150, 169, 170, 183, 190, 200, 210],
    '桃': [100, 120, 135, 140, 158, 160, 170, 180, 195, 200],
    "香蕉": [80, 100, 120, 137, 140, 150, 160, 170, 180, 197]
}
df = pd.DataFrame(data)
df.to_csv('水果销售记录.txt',index=False)
```

保存的本地文件“水果销售记录.txt”内容如图 10-17 所示。

本章提到的各种方法的原型中都还包含了许多其他参数，没有一一详细介绍，读者用到的时候可以到网上查阅相关说明。

图 10-17 保存的本地 TXT 文件内容

本 章 习 题

一、单选题

1. 打开一个已有的文件,然后在文件末尾添加信息,正确的打开方式为(　　)。

   A. 'r'　　B. 'w'　　C. 'a'　　D. 'w+'

2. 假设文件不存在,若使用 open 函数打开文件会报错,那么该文件的打开方式是(　　)模式。

   A. 'r'　　B. 'w'　　C. 'a'　　D. 'w+'

3. 假设 f 是文本文件,下列选项中,(　　)用于读取一行内容。

   A. f.read()　　B. f.read(200)　　C. f.readline()　　D. f.readlines()

4. 下列选项中,用于向文件中写内容的是(　　)。

   A. open　　B. write　　C. close　　D. read

5. 下列选项中,用于读取文件内容的是(　　)。

   A. open　　B. write　　C. close　　D. read

6. 下列语句打开的文件位置应该在(　　)。

```
file = open('t1.txt', 'w')
```

   A. C 盘根目录下　　B. D 盘根目录下

   C. Python 安装目录下　　D. 与源文件相同的目录下

二、判断题

1. 文件打开的默认方式是只读。(　　)
2. 在同一个文件中,多次使用 write 方法写入文件时,数据会追加到文件的末尾。(　　)

3. read 方法只能一次性读取文件中的所有数据。 ( )

4. 打开文件对文件进行读写,操作完成后应该调用 close 方法关闭文件,以释放资源。 ( )

5. 使用 readlines 方法把整个文件中的内容进行一次性读取,返回的是一个列表。 ( )

6. 使用 pandas 提供的 read_csv 方法读取 CSV 格式的文件内容。 ( )

7. 使用 pandas 提供的 read_excel 方法读取 Excel 文件格式的文件内容。 ( )

8. 使用 pandas 提供的 read_table 方法读取 TXT 格式的文件内容。 ( )

9. 使用 pandas 提供的 to_excel 方法将 DataFrame 数据结构的数据存入本地 Excel 文件中。 ( )

10. 使用 pandas 提供的 to_csv 方法将 DataFrame 数据结构的数据存到本地 CSV 文件中。 ( )

实训项目 1　外部文件的读取及数据处理操作

1. 实训目的

(1) 掌握 Python 中基本的文件读取操作。

(2) 熟练掌握读写 TXT 文件、CSV 文件及 Excel 文件的方法,进而掌握对数据进行处理的方法。

2. 实训内容

(1) 编写程序实现:向文件中写数据。使用 open('lianxi1.txt','w')方式打开一个新文件,使用 write 方法写入任意三句英文,使用 close 方法关闭文件,在资源管理器中打开 lianxi1.txt,查看写入的内容。

(2) 编写程序实现:使用 read 方法读取文件 lianxi1.txt 的前 12 个字符,并用 print 语句输出结果。

(3) 编写程序实现:使用 readlines 方法读取文件 lianxi1.txt 的所有内容并输出。

(4) 编写程序实现:使用 readline 方法逐行读取文件 lianxi1.txt 的所有内容并输出。

3. 实训步骤

(1) 编写程序实现:向文件中写数据。使用 open('lianxi1.txt','w')方式打开一个新文件,使用 write 方法写入任意三句英文,使用 close 方法关闭文件,在资源管理器中打开 lianxi1.txt,查看写入的内容。

① 打开 Spyder 编程界面,新建一个空白程序文件。

② 输入代码并保存。

```
file = open('lianxi1.txt', 'w')
file.write("For this part,")
file.write("\n")
file.write("you are allowed 30.")
file.write("\n")
```

```
file.write("You should write at least 120 words following the outline given below.")
file.close()
```

③ 运行代码。

④ 分析理解打开文件、写文件及关闭文件的方法。

(2) 编写程序实现：使用 read 方法读取文件 lianxi1.txt 的前 12 个字符，并用 print 语句输出结果。

① 打开 Spyder 编程界面，新建一个空白程序文件。

② 输入代码并保存。

```
file=open('lianxi1.txt', 'r')
content=file.read(12)
print(content)
file.close()
```

③ 运行代码。程序运行结果为：

```
For this par
```

④ 分析理解使用 read()读文件的方法。

(3) 编写程序实现：使用 readlines 方法读取文件 lianxi1.txt 的所有内容并输出。

① 打开 Spyder 编程界面，新建一个空白程序文件。

② 输入代码并保存。

```
f = open('lianxi1.txt', 'r')
content = f.readlines()
print(content)
f.close()
```

③ 运行代码。程序运行结果为：

```
['For this part,\n', 'you are allowed 30.\n', 'You should write at least 120 words following the outline given below.']
```

④ 分析理解使用 readlines()读文件的方法。

(4) 编写程序实现：使用 readline 方法逐行读文件 lianxi1.txt 的所有内容并输出。

① 打开 Spyder 编程界面，新建一个空白程序文件。

② 输入代码并保存。

```
f = open('lianxi1.txt', 'r')
content = f.readline()
print("第 1 行:%s"%content)
content = f.readline()
print("第 2 行:%s"%content)
content = f.readline()
print("第 3 行:%s"%content)
f.close()
```

③ 运行代码。程序运行结果为:

```
第 1 行:For this part,

第 2 行:you are allowed 30.

第 3 行:You should write at least 120 words following the outline given below.
```

④ 分析理解使用 readline()读文件的方法。

实训项目 2　利用文件的知识改写简易的学生管理系统

1. 实训目的

(1) 熟练掌握打开文件的方法。

(2) 熟练掌握文件内容的读与写的方法。

2. 实训内容

实现一个简易的学生管理系统(见第 7 章实训项目 2),功能包括:添加学生信息、删除学生信息、修改学生信息、查询学生信息、显示学生信息和退出系统。

本实训项目要求:定义一个读文件函数,用于读取一个文本文件中的学生信息;定义一个保存文件函数,用于把学生信息保存到相应的文本文件中;在运行主函数前先调用一次读文件函数,将文本文件中的学生信息读入;在退出系统时调用保存文件函数将学生信息保存到文本文件中。其他功能函数定义同第 7 章实训项目 2。

3. 实训步骤

(1) 定义读文本文件的函数。代码如下:

```
def load_txt_file():
    """从文件中读取内容"""
    global students
    #判断文件是否存在
    if os.path.exists('zr2.txt'):
        f = open('zr2.txt', 'r', encoding='utf-8')
        content = f.read()
        students = eval(content)      #将字符串转成相应的对象(如 list、tuple、dict 和
                                       string 之间的转换)
```

(2) 定义保存文本文件的函数。代码如下:

```
def save_txt_file():
    """保存学生信息"""
    f = open('zr2.txt', 'w', encoding='utf-8')
    f.write(str(students))
    f.close()
```

(3) 定义主函数。代码如下：

```
#定义 main 函数
def main():
    while True:
        print_menu()         #打印菜单
        #获取用户选择的功能
        key = int(input("请选择功能(序号):"))
        #根据用户选择,完成相应功能
        if key == 1:
            add_info()
        elif key == 2:
            del_info()
        elif key == 3:
            modify_info()
        elif key == 4:
            chaxun()
        elif key == 5:
            show_infos()
        elif key == 6:
            #退出功能,尽量往不退出的方向引
            quitconfirm = input("确定要退出吗?(y或n)")
            if quitconfirm == 'y':
                print("欢迎使用本系统,再见!")
                save_txt_file()
                break;
        else:
            print("您输入有误,请重新输入")
```

(4) 其他功能函数的定义代码同第 7 章实训项目 2。

(5) 读入文本文件内容,调用主函数。代码如下：

```
load_txt_file()          #读取文件,只需要一次
main()
```

(6) 完整的代码如下：

```
import os
#定义一个空列表,用来保存后面输入的学生的所有信息
students= []
#定义打印功能菜单提示函数
def print_menu():
    #把功能列表显示给用户
        print("-" * 30)
        print("     简易学生管理系统   ")
        print(" 1.添加学生信息")
        print(" 2.删除学生信息")
        print(" 3.修改学生信息")
        print(" 4.查询学生信息")
        print(" 5.显示所有学生信息")
```

```
        print(" 6.退出系统")
        print('-' * 30)
#定义添加一个学生信息的函数
def add_info():
        print("您选择了添加学生信息功能")
        name = input("请输入学生姓名: ")
        stuId = input("请输入学生学号(学号不可重复): ")
        age = input("请输入学生年龄:")

        #验证学号是否唯一
        leap = 0
        for temp in students:
            if temp['id'] == stuId:
                leap = 1
                break
        if leap == 1:
            print("输入学生学号重复,添加失败!")

        else:
            #定义一个字典,存放单个学生信息
            stuInfo = {}
            stuInfo['name'] = name
            stuInfo['id'] = stuId
            stuInfo['age'] = age

            #单个学生信息放入列表
            students.append(stuInfo)
            print("添加成功!")
#定义一个删除一个学生信息的函数
def del_info():
        print("您选择了删除学生功能")
        delId=input("请输入要删除的学生学号:")
        #i记录要删除的下标,flag为标志位,如果找到 flag=1,否则为 0
        i = 0
        flag = 0
        for temp in students:
           if temp['id'] == delId:
                flag = 1
                break
           else:
               i=i+1
        if flag == 0:
            print("没有此学生学号,删除失败!")
        else:
            del students[i]
            print("删除成功!")

#定义一个修改一个学生的信息的函数
def modify_info():
        print(' ' * 10,'修改学生信息(不能修改学号)')
```

```
        print('-' * 30)
        xuehao1=input('请输入要修改的学生学号：')
        #检测是否有此学号,然后修改信息
        flag = 0
        for temp in students:
            if temp['id'] == xuehao1:
                flag = 1
                break
        if flag == 1:
            newname = input('请输入新的姓名：')
            newage = int(input('请输入新的年龄：'))
            temp['name'] = newname
            temp['age'] = newage
            print('学号为%s 的学生信息修改成功！' %xuehao1)
        else:
            print("没有此学号,修改失败!")
#定义一个查询某个学生信息的函数
def chaxun():
        print("您选择了查询学生信息功能")
        searchID=input("请输入你要查询的学生学号:")
        #验证是否有此学号
        flag = 0
        for temp in students:
            if temp['id'] == searchID:
                flag = 1
                break
        if flag == 0:
            print("没有此学生学号,查询失败!")
        else:
            print("找到此学生,信息如下：")
            print("学号：%s\n 姓名：%s\n 年龄：%s\n"%(temp['id'],temp['name'],temp
            ['age']))

#定义一个用于显示所有学生信息的函数
def show_infos():
    #遍历并输出所有学生的信息
        print('*' * 30)
        print("接下来遍历所有的学生信息...")
        print("id      姓名      年龄")
        for temp in students:
            print("%s      %s      %s"%(temp['id'],temp['name'],temp['age']))
        print("*" * 30)

def save_txt_file():
    """保存学生信息"""
    f = open('zr2.txt', 'w', encoding='utf-8')
    f.write(str(students))
    f.close()
def load_txt_file():
    """从文件中读取内容"""
```

```
    global students
    #判断文件是否存在
    if os.path.exists('zr2.txt'):
        f = open('zr2.txt', 'r', encoding='utf-8')
        content = f.read()
        students = eval(content)     #将字符串转成相应的对象(如 list、tuple、dict 和
                                      string 之间的转换)

#定义 main 函数
def main():
    while True:
        print_menu()                  #打印菜单
        #获取用户选择的功能
        key = int(input("请选择功能(序号): "))
        #根据用户选择,完成相应功能
        if key == 1:
            add_info()
        elif key == 2:
            del_info()
        elif key == 3:
            modify_info()
        elif key == 4:
            chaxun()
        elif key == 5:
            show_infos()
        elif key == 6:
            #退出功能,尽量往不退出的方向引
            quitconfirm = input("确定要退出吗?(y或 n)")
            if quitconfirm == 'y':
                print("欢迎使用本系统,再见!")
                save_txt_file()
                break;
        else:
            print("您输入有误,请重新输入")

load_txt_file()                       #读取文件,只需要一次
main()
```

(7) 运行程序,查看结果。

运行程序时首先看到的是功能菜单选项界面,运行结果如下:

```
============================================================
----------------------简易学生管理系统----------------------
                1.添加学生信息
                2.删除学生信息
                3.修改学生信息
                4.查询学生信息
                5.显示所有学生信息
                6.退出系统
============================================================
```

① 输入数字 1,然后按回车键,按提示输入相应内容后按回车键。运行结果如下:

```
请选择功能(序号): 1
您选择了添加学生信息功能


请输入学生姓名: wang


请输入学生学号(学号不可重复): 11


请输入学生年龄:17
添加成功!
```

在输入一个学生的信息按回车键后,再次出现功能菜单选择。

② 输入数字 5,查看输入的信息。运行结果如下:

```
请选择功能(序号): 5
******************************
接下来遍历所有的学生信息...
id      姓名年龄
11      wang     17
******************************
```

③ 再次出现功能菜单,输入数字 3,进行修改。运行结果如下:

```
请选择功能(序号): 3
                修改学生信息(不能修改学号)
------------------------------


请输入要修改的学生学号: 11


请输入新的姓名: liu


请输入新的年龄: 18
学号为 11 的学生信息修改成功!
```

④ 再次出现功能选择菜单,输入数字 4,查询某个学生的信息,进入界面首先选择要求输入要查询的学生的学号,如果有此学生则显示学生信息,运行结果如下:

```
请选择功能(序号): 4
您选择了查询学生信息功能


请输入你要查询学生的学号:11
找到此学生, 信息如下:
学号: 11
姓名: liu
年龄: 18
```

如果没有要查询的学号,则显示:“没有此学生学号,查询失败!”运行结果如下:

```
请选择功能(序号): 4
您选择了查询学生信息功能

请输入你要查询的学生学号:22
没有此学生学号, 查询失败!
```

⑤ 输入数字 2,删除学生信息,删除时要输入指定要删除的学生学号,根据学号进行删除。运行结果如下:

```
请选择功能(序号): 2
您选择了删除学生功能

请输入要删除的学生学号:11
删除成功!
```

⑥ 输入数字 5,再次查看学生信息。运行结果如下:

```
请选择功能(序号): 5
********************************
接下来遍历所有的学生信息...
id      姓名      年龄
********************************
```

可以看到学号 11 对应的学生信息已经删除了。

⑦ 再次输入数字 1,然后按回车键,按提示输入相应内容后按回车键。运行结果如下:

```
请选择功能(序号): 1
您选择了添加学生信息功能

请输入学生姓名: zhang

请输入学生学号(学号不可重复): 22

请输入学生年龄:20
添加成功!
```

⑧ 输入数字 6,按提示输入 y 则退出。运行结果如下:

```
请选择功能(序号): 6

确定要退出吗?(y或n)y
欢迎使用本系统, 再见!
```

⑨ 在资源管理器中，打开代码所在的文件夹，可以看到生成了 zr2.txt 文件，文件内容如图 10-18 所示。

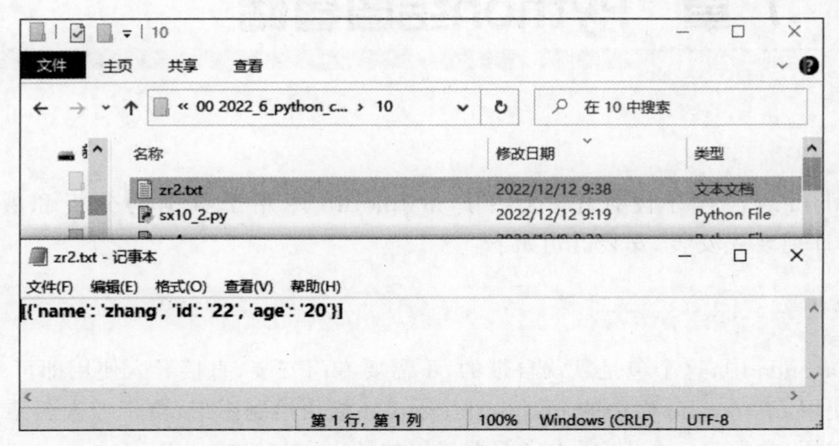

图 10-18　保存学生信息的文本文件内容

第11章 Python绘图基础

在 Python 语言程序设计中，提供了 matplotlib 库用于数据的分析和展示。使用 matplotlib 库前要先安装，安装语句如下：

```
pip install matplotlib
```

在 Anaconda 中，这个包是默认自带的，不需要专门安装，直接导入使用即可。

通常使用 matplotlib 库中的 matplotlib.pyplot 模块绘制图形，由于导入名字太长，所以为了使用方便，常常起一个别名，大家习惯使用的导入语句格式如下：

```
import matplotlib.pyplot as plt
```

之后所有用到 matplotlib.pyplot 的地方，都用 plt 代替。

在 Python 语言程序设计中，使用 matplotlib.pyplot 进行绘图的一般过程如下。

(1) 创建画布。

(2) 确定是否对画布进行划分，分别绘制子图。

(3) 调用各种绘图函数绘制图形。

(4) 保存绘制的图形到本地文件。

(5) 在屏幕上显示绘制的图形结果。

11.1 创建画布

在绘制图形之前，首先要新建一个画布。在 matplotlib.pyplot 模块中，提供了 figure 方法用于创建画布，常用的语法格式如下：

```
figure(num=None,figsize=None,dpi=None,facecolor=None,edgecolor=None,
frameon=True)
```

说明：

(1) num 参数用于指定绘制的图形窗口的编号或名称，不指定时系统会自动按绘图顺序编号。

(2) figsize 参数用于指定画布的大小，指定的宽与高的单位为英寸(1 英寸 = 2.54 厘米)。

(3) dpi 参数用于指定绘图对象的分辨率，即每英寸多少个像素，默认值为 80。

(4) facecolor 参数用于指定背景的颜色。

(5) edgecolor 参数用于指定边框的颜色。

(6) frameon 参数用于指定是否显示边框。

如果整个程序只绘制一个图形,则不需调用 figure 方法,会默认将图形画在一个画布中。figure 方法的调用格式为:

```
plt.figure(参数列表)
```

【例 11-1】 创建画布示例。

```
import matplotlib.pyplot as plt
plt.figure()
plt.figure(5,facecolor='r')
plt.figure(figsize=(5,3))
```

本程序运行后分别创建三个画布,如图 11-1 所示。

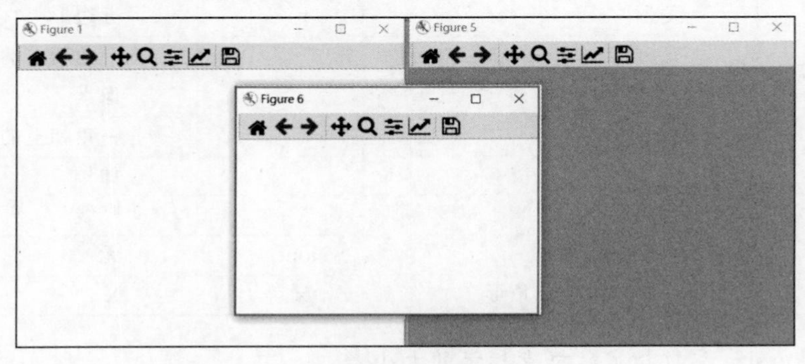

图 11-1 创建画布示例结果

代码解析:

(1) 第 1 行代码导入 matplotlib.pyplot 模块并起别名为 plt。

(2) 第 2 行代码使用 figure 方法的默认参数值新建一个画布,画布编号自动设置为 1,背景色默认为白色。

(3) 第 3 行代码使用 figure(5,facecolor='r')指定窗口编号为 5,背景色为红色。

(4) 第 4 行代码使用 figure(figsize=(5,3))指定了窗口大小。

11.2 绘制折线图

在 matplotlib.pyplot 模块中,提供了 plot 方法用于绘制折线图,常用的语法格式如下:

```
plt.plot(x, y, color,linestyle, linewidth,marker, markersize,label,...)
```

说明:

(1) x 参数指定横坐标。如果不指定,会自动根据 y 参数的长度,使用 range(len(y))生成一个整型数列。

(2) y参数指定纵坐标。

(3) color参数指定绘制线条的颜色。不指定时,默认为蓝色。常用的线条颜色如下:蓝色(b),绿色(g),红色(r),黄色(y),青色(c),黑色(k),洋红色(m),白色(w)。

(4) linestyle参数指定绘制线条的样式。不指定时,默认为实线。linestyle参数可以指定的值如下:-(实线),--(虚线),:(点线),-.(虚点线)。

(5) linewidth参数指定绘制线条的粗细。

(6) marker参数指定数据点标记的形状。不指定时,默认数据点位置没有任何标记。常用的点标记样式如表11-1所示。

plot语法及示例

表11-1 plt.plot()可以使用的点的标记样式

标记(maker)	描 述	标记(maker)	描 述
o	圆圈	8	八边形
.	点	<	一角朝左的三角形
D	菱形	p	五边形
s	正方形	>	一角朝右的三角形
h	六边形1	,	像素
*	星号	^	一角朝上的三角形
H	六边形2	+	加号
d	小菱形	\	竖线
_	水平线	None	无
v	一角朝下的三角形	x	X

(7) markersize参数指定数据点标记的大小。

(8) label参数指定图形上显示的标注内容。

【例11-2】 使用默认参数绘制折线图。

```
import matplotlib.pyplot as plt
y = [1,5,3,8,6,2,7]
plt.plot(y)
```

本程序的运行结果如图11-2所示。

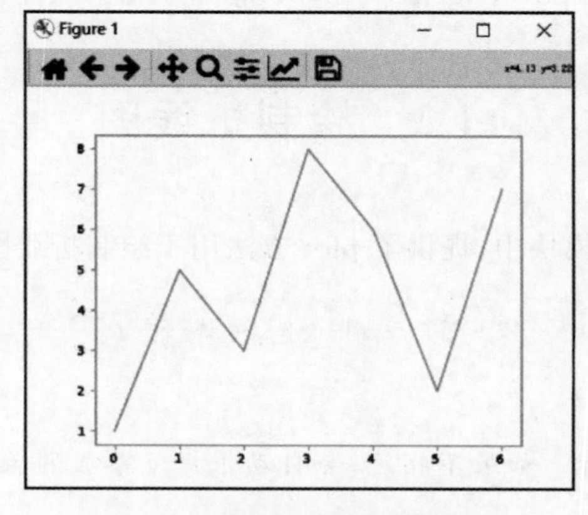

图11-2 默认参数绘制折线图

代码解析：

(1) 第1行代码导入 matplotlib.pyplot 模块。

(2) 第2行代码定义列表 y 的值。

(3) 第3行代码使用 plot(y)绘制折线图。因为没指定 x，所以自动计算 range(len(y))，生成 0,1,2,3,4,5,6 七个数作为横坐标。plot 方法没有指定任何参数值，所以使用默认颜色蓝色绘制，没有点标记。

【例 11-3】 指定不同参数绘制多条折线。

```
import matplotlib.pyplot as plt
m1 = [3, 5, 7, 9, 11]
m2 = [6, 8, 12, 14, 16]
m3 = [9, 12, 15, 16, 17]
plt.plot(m1, color="r",linestyle="-",marker="d")
plt.plot(m2, color="g",linestyle=":",marker="v")
plt.plot(m3, color="b",linestyle="-.",marker="p")
```

本程序的运行结果如图 11-3 所示。

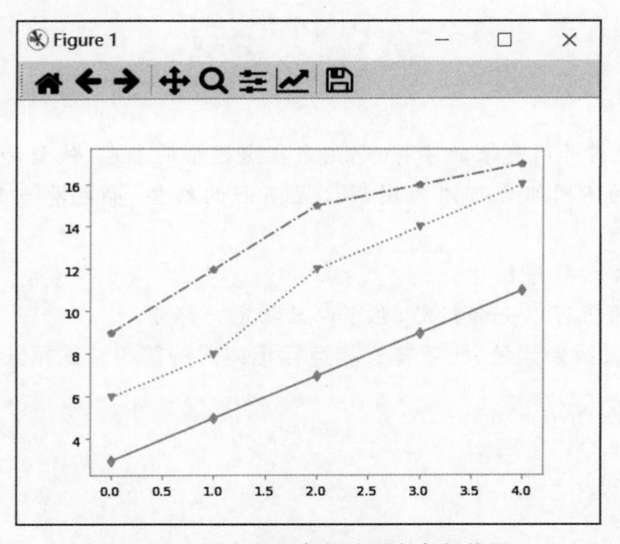

图 11-3 指定不同参数绘制多条折线图

【例 11-4】 指定线条粗细和点标记大小绘制折线图。

```
import matplotlib.pyplot as plt
m1 = [3, 5, 7, 9, 11]
plt.plot(m1, color="r",linestyle="-",linewidth=5,marker="d",markersize=20)
```

本程序的运行结果如图 11-4 所示。

在 Python 语言程序设计中，用于绘制折线图的 plot 方法是一种最常用的绘图方式，而且在实际应用中最常设置的参数为线条颜色、线条样式和点标记样式，所以在实际应用中出现了设置这三个参数的简单语法格式，代码如下：

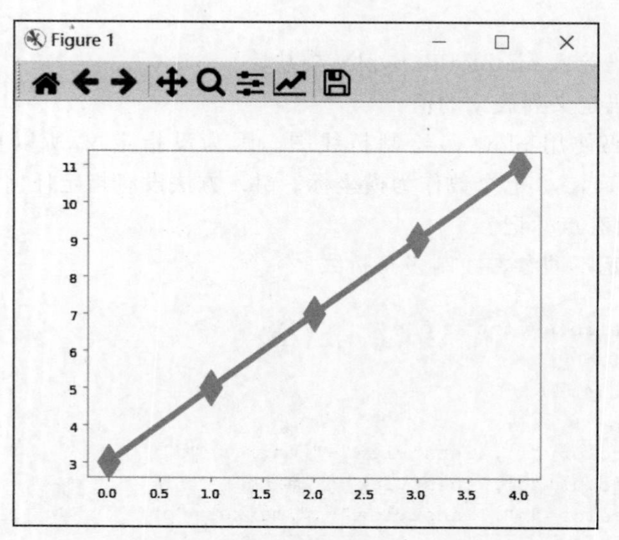

图 11-4　指定线条粗细和点标记大小绘制折线图

```
plot(x,y,string)
```

说明：

(1) string是用引号引起来的字符串，用来指定图形的颜色、线型和点标记样式。

(2) 三种参数的不同组合可以为图形设置不同的线型、颜色和点标记，各选项直接相连，不需要分隔符。

(3) 三个参数排列顺序任意。

(4) 三个参数的值可以全部指定，也可以只指定一部分。

【例 11-5】　设置线条颜色、线条样式和点标记样式的简单格式用法。

```
import matplotlib.pyplot as plt
m1 = [3, 5, 7, 9, 11]
m2 = [6, 8, 12, 14, 16]
m3 = [9, 12, 15, 16, 17]
plt.plot(m1, 'g-o')
plt.plot(m2, 'r:D')
plt.plot(m3, 'b-.s')
```

本程序的运行结果如图 11-5 所示。

【例 11-6】　只指定部分参数值的用法。

```
import matplotlib.pyplot as plt
m1 = [3, 5, 7, 9, 11]
m2 = [6, 8, 12, 14, 16]
m3 = [9, 12, 15, 16, 17]
plt.plot(m1, 'g-')
plt.plot(m2, 'rD')
plt.plot(m3, 'b-.s')
```

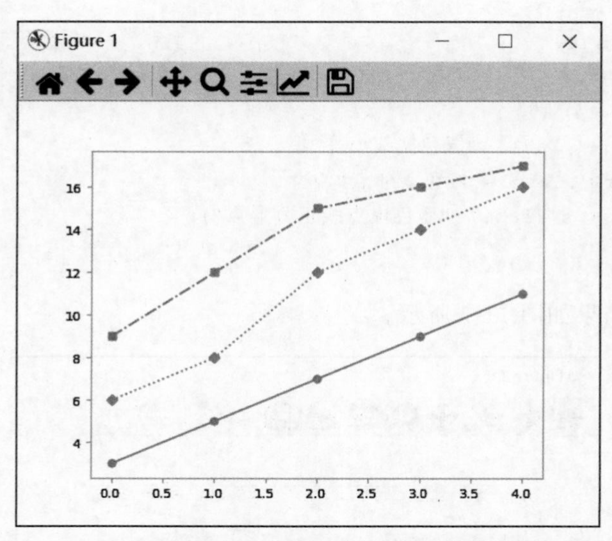

图 11-5　设置线条颜色、线条样式和点标记样式简单格式用法

本程序的运行结果如图 11-6 所示。

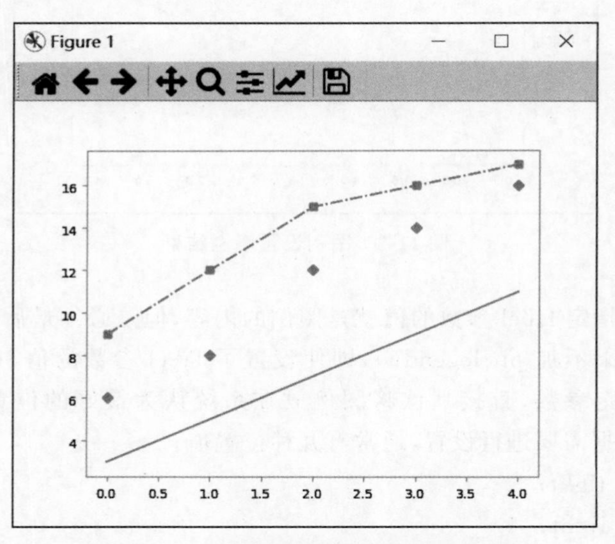

图 11-6　只指定部分参数值的用法结果

从图 11-6 可以看出，对 m1 数据只指定了绿色和实线，没有指定点标记样式，绘制了一条绿色的实线；对 m2 数据只指定了红色和菱形点标记，没有指定线型，只绘制了几个红点；对 m3 数据指定了三个参数，所以绘制的结果颜色、线型和点都有。

注意：当指定了点标记样式，但没指定线型时只绘制点。但是如果线型和点标记样式都省略时，使用默认线型绘制折线。

【例 11-7】　图例设置示例。

```
import matplotlib.pyplot as plt
plt.rcParams['font.sans-serif'] = ['SimHei']
```

```
m1 = [3, 5, 7, 9, 11]
m2 = [6, 8, 12, 14, 16]
m3 = [9, 12, 15, 16, 17]
plt.plot(m1, 'g-',label="绿色实线")
plt.plot(m2, 'rD',label="红色菱形点")
plt.plot(m3, 'b-.s',label="蓝色虚点线正方形点")
plt.legend()
```

本程序的运行结果如图 11-7 所示。

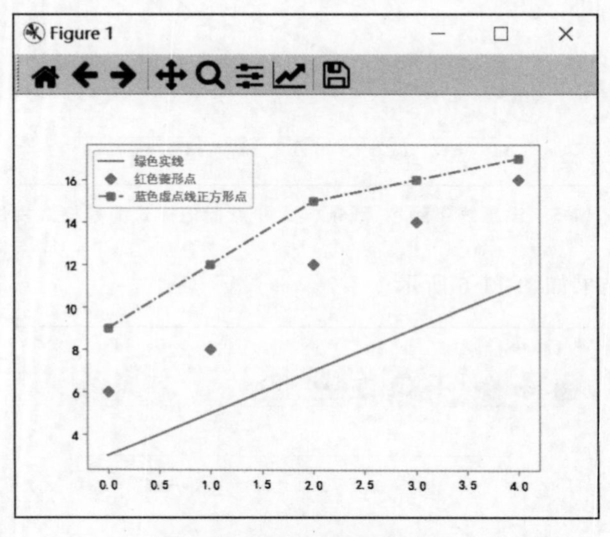

图 11-7　图例设置示例结果

在 plot 方法里指定 label 参数的值就是图例的内容,但是必须最后加 plt.legend()才可以显示出图例。如果不加 plt.legend(),即使设置了 label 参数的值,在图上也不会显示。legend()一般不指定参数,直接默认将图例放在系统认为最好的位置,即位置参数值为best,也可以自己根据需要进行设置,通常有九种位置值。

- 右上:upper right;
- 右下:lower right;
- 正右:right;
- 左上:upper left;
- 左下:lower left;
- 中央偏左:center left;
- 中央偏上:upper center;
- 中央偏下:lower center;
- 正中央:center。

设置位置的格式如下:

```
plt.legend(loc="upper right")
```

因为 label 参数的值使用了中文，所以本程序中添加一行调用中文的语句：

```
plt.rcParams['font.sans-serif'] = ['SimHei']
```

因为 Python 中默认使用的是英文字体，如果不加这一句，中文内容不能正确显示。

在 Python 语言程序设计中，还可以根据需要对图形进一步设置，例如，设置坐标轴范围、标题、网格属性等，常用设置方法名如表 11-2 所示。

表 11-2 常用的图形设置方法

方法及调用格式	功　能
plt.title("string")	设置图形标题
plt.xticks(ticks,[labels])	对 x 轴进行设置，ticks 参数为数组类型，用于设置 x 轴刻度间隔，labels 参数可以省略，用于设置每个刻度的显示标签
plt.xlabel("string")	设置 x 轴的标签文本
plt.ylabel("string")	设置 y 轴的标签文本
plt.legend(loc)	指定当前图形的图例

【例 11-8】 设置 xticks 绘制图形示例。

```
import matplotlib.pyplot as plt
x =[1,2,3]
y = [77,88,96]
plt.figure()
plt.plot(x,y)
plt.figure()
plt.plot(x,y)
names=["语文","数学","英语"]
plt.xticks(x,names)
```

本程序运行结果如图 11-8 所示。

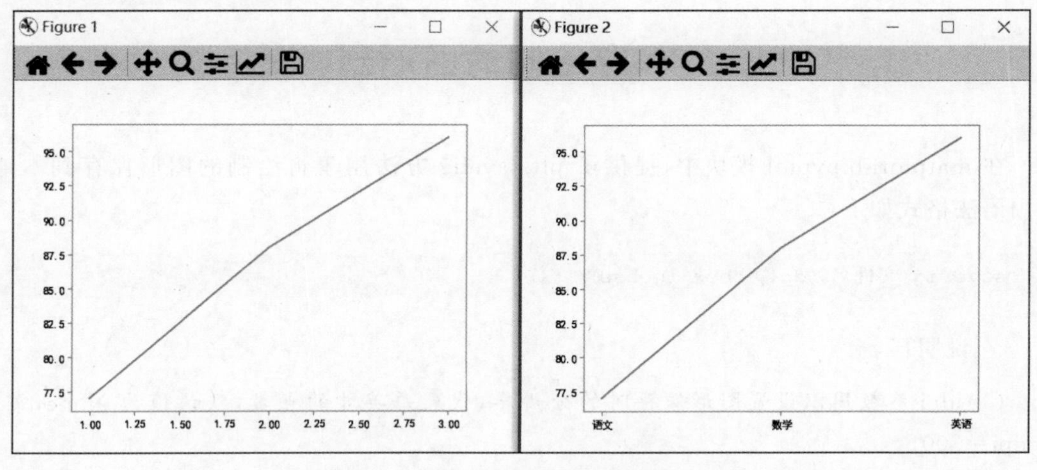

图 11-8 设置 xticks 绘制图形示例结果

【例 11-9】 设置标题、坐标轴标签文字示例。

```
import matplotlib.pyplot as plt
x =[1,2,3]
y = [77,88,96]
plt.plot(x,y)
plt.title('折线图')
plt.xlabel('课程')
plt.ylabel('成绩')
```

本程序的运行结果如图 11-9 所示。

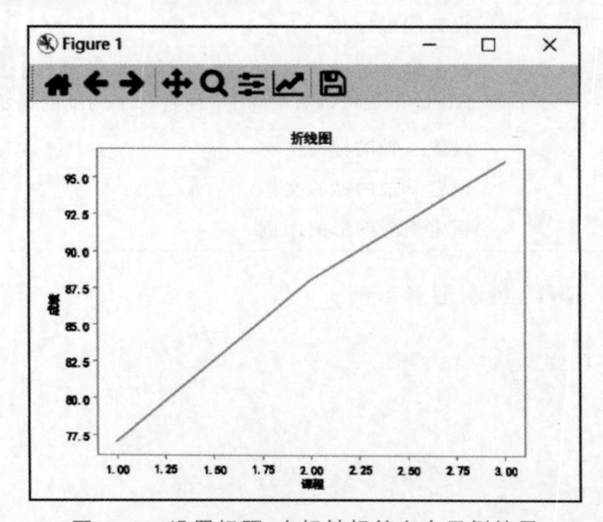

图 11-9 设置标题、坐标轴标签文字示例结果

当然,还可以对图形进行更多的设置,这里不再一一介绍,需要时可以上网查阅相关说明。

11.3 保存绘制的图形到本地

在 matplotlib.pyplot 模块中,提供了 plt.savefig 方法用于将绘制的图形保存到本地。常用语法格式如下:

```
savefig(文件名, dpi, bbox_inches)
```

说明:

(1) dpi 参数用以设置图形保存时的分辨率,代表每英寸的点数,默认值为 None,常使用 dpi=300。

(2) bbox_inches 参数可用以指定要保存图形部分。设置为"tight",用以恰当地匹配所保存的图形。例如,想将绘制的图形保存到 D 盘下的 zr1 文件夹下,保存的图形文件名分别为 tu1.png、tu2.png 及 tu3.png，可以使用以下三条保存语句。

```
plt.savefig('D:/zr1/tu_1.png')
plt.savefig('D:/zr1/tu_2.png',dpi=300)
plt.savefig('D:/zr1/tu_3.png',dpi=300, bbox_inches= 'tight')
```

本程序的运行结果如图 11-10 所示。

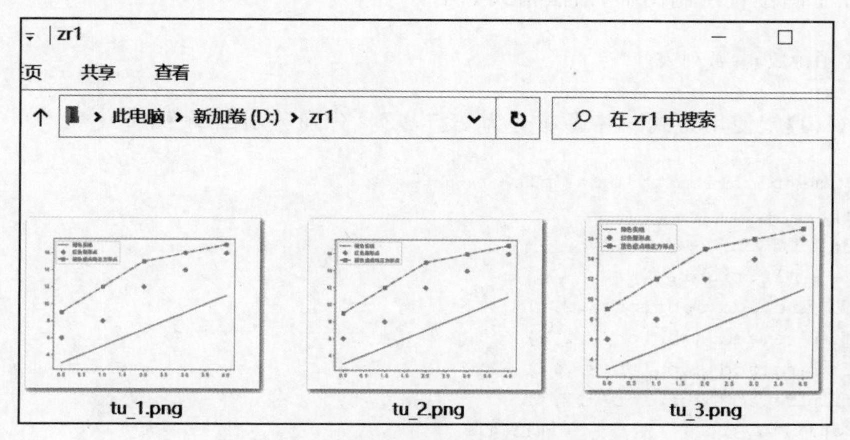

图 11-10 将绘制的图形保存到本地

从图 11-10 可以看出，tu_3.png 的图形效果更好一些。所以在实际应用中，经常使用第三句代码来保存绘制的图形。

在 matplotlib.pyplot 模块中，提供了 plt.show()用于将绘制的图形显示到屏幕上，不需要任何参数，直接调用就可以。

需要将 plt.savefig()调用放在绘制图形方法之后，plt.show()调用之前。

11.4 划分子图

在 Python 语言程序设计中，matplotlib.pyplot 模块支持将一个画布划分为多个部分，实现在同一个画布上显示多幅图形。通常有两种方式实现将一个画布划分为不同部分。

1. 方式一

(1) 新建画布，使用“画布名= plt.figure()”的方式在新建画布的同时给画布起一个名称，方便后面调用。

划分子图语法及示例

(2) 划分子图并且给每一个子图起一个名称，语法格式如下：

```
子图名 = figure.add_subplot(行数,列数,第几个子图)
```

说明：一个画布共分成“行数×列数”个部分，每一部分可以绘制一个子图。

(3) 在子图位置绘制图形，语法格式如下：

```
子图名.绘图函数(参数列表)
```

2. 方式二

(1) 新建画布,此方式可以不用给画布命名。

(2) 直接指明分成几个子图,现在要使用第几个子图,语法格式如下:

```
plt.subplot(行数,列数,第几个子图)
```

(3) 在子图位置绘制图形,语法格式如下:

```
plt.绘图函数(参数列表)
```

【例 11-10】 使用方式一将画布分为 2 行 2 列,分别绘制四个子图。

```
import matplotlib.pyplot as plt
x = [1,2,3,4,5,6]
y = [3,5,1,7,9,12]
figure = plt.figure()
a1 = figure.add_subplot(2,2,1)
a2 = figure.add_subplot(2,2,2)
a3 = figure.add_subplot(2,2,3)
a4 = figure.add_subplot(2,2,4)
a1.plot(x,y, 'ro')          #红色圆点
a2.plot(x,y, 'r-*')         #红色星花直线
a3.plot(x,y, 'bs')          #蓝色方块
a4.plot(x,y, 'md:')         #洋红小菱形虚线
```

本程序的运行结果如图 11-11 所示。

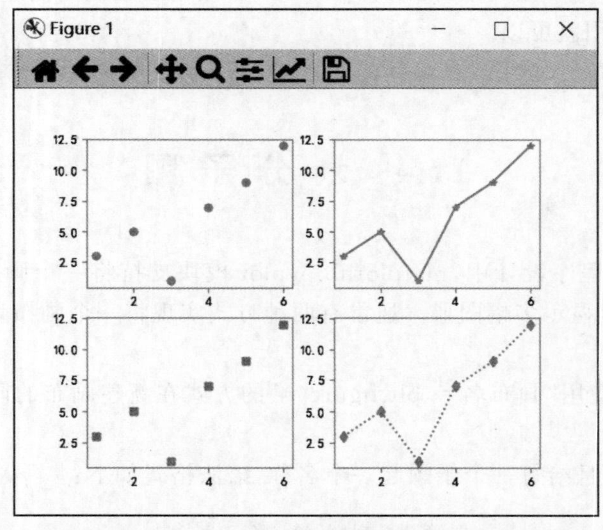

图 11-11 方式一划分子图的用法示例

【例 11-11】 使用方式二改写上例。

```
import matplotlib.pyplot as plt
x = [1,2,3,4,5,6]
```

```
y = [3,5,1,7,9,12]
plt.figure()
plt.subplot(2,2,1)
plt.plot(x,y, 'ro')          #红色圆点
plt.subplot(2,2,2)
plt.plot(x,y, 'r-*')         #红色星花直线
plt.subplot(2,2,3)
plt.plot(x,y, 'bs')          #蓝色方块
plt.subplot(2,2,4)
plt.plot(x,y, 'md:')         #洋红小菱形虚线
```

本程序的运行结果与上例完全相同。

11.5 绘制柱状图

在 matplotlib.pyplot 模块中，提供了 bar()用于绘制柱状图，常用的语法格式如下：

```
plt.bar(x, height, width, bottom, color,tick_label,align,orientation,...)
```

说明：

绘制柱状图语法及示例

(1) x 参数用于指定 x 轴数据。

(2) height 参数用于指定柱子的高度。

(3) width 参数用于指定每根柱子的宽度，取值范围为 0～1，默认值为 0.8。

(4) bottom 参数用于指定每根柱子的起始位置。

(5) color 参数用于指定柱子的颜色，默认为蓝色。

(6) tick_label 参数用于指定 x 轴显示的标签值，默认是没有内容。

(7) align 参数用于指定柱子的中心位置，如果不指定该参数，默认值是 center。该参数可以取 center 和 edge，center 表示每根柱子是根据下标来对齐的，edge 则表示每根柱子全部以下标为起点，然后显示到下标的右边。

(8) orientation 参数用于指定是竖直柱状图还是水平柱状图，竖直为 vertical，水平为 horizontal，默认为竖直柱状图。

【例 11-12】 使用默认参数绘制柱状图。

```
import matplotlib.pyplot as plt
x=[1,2,3]
m = [8,6,9]
figure = plt.figure()
plt.bar(x,m)
plt.show()
```

本程序的运行结果如图 11-12 所示。

【例 11-13】 读取本地 Excel 表格数据绘制柱状图。

本地文件“cj.xlsx”的内容如图 11-13 所示。

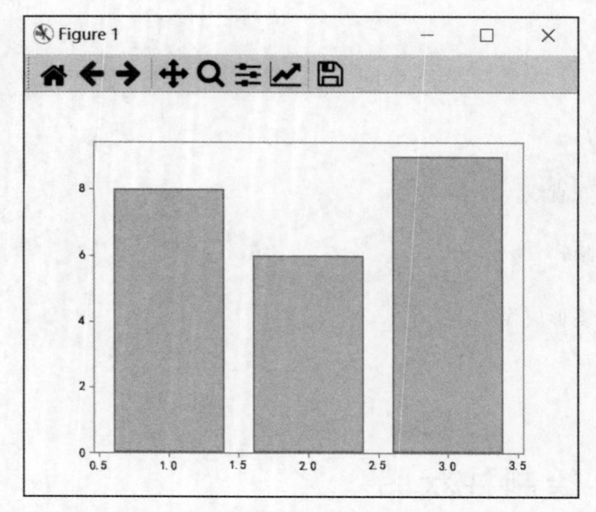

图 11-12 使用默认参数绘制柱状图

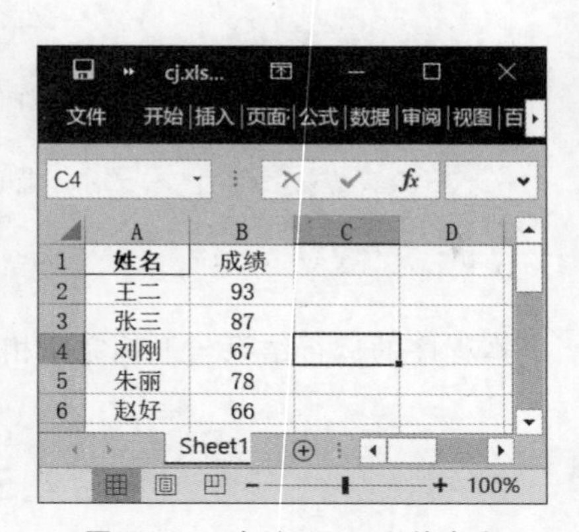

图 11-13 本地 Excel 文件内容

```
import matplotlib.pyplot as plt
import pandas as pd
plt.rcParams['font.sans-serif']=['SimHei']
df=pd.read_excel('cj.xlsx')
x=df['姓名'].values.tolist()
y=df['成绩'].values.tolist()
plt.bar(x, y)
```

本程序的运行结果如图 11-14 所示。

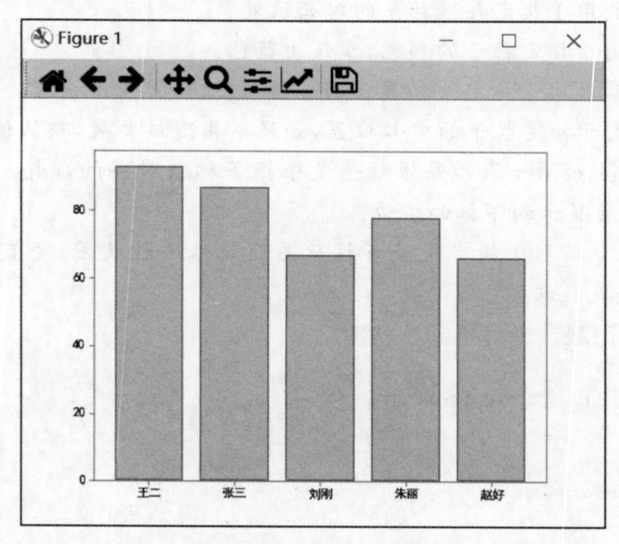

图 11-14 读取本地 Excel 文件绘制柱状图

将本程序的最后一行代码修改如下：

```
plt.bar(x, y,width=0.5,color='red')
```

则程序运行结果如图 11-15 所示。

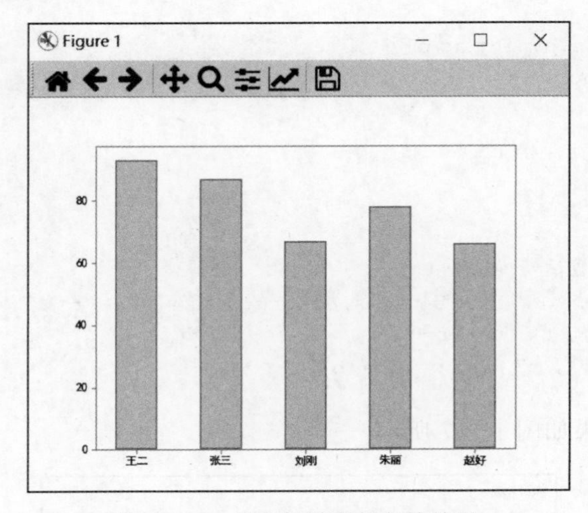

图 11-15 设置柱宽和颜色的结果

【例 11-14】 绘制多组数据柱状图。

多组条形图

```
import matplotlib.pyplot as plt
import numpy as np
x = np.arange(3)
m1= [78 ,87,89]
m2= [92, 88, 93]
m3=[88,78,92]
tk = 0.3
plt.bar(x,m1, tk,color='r')
plt.bar(x+ tk, m2, tk, color='g')
plt.bar(x+ tk + tk, m3, tk, color='b')
```

本程序的运行结果如图 11-16 所示。

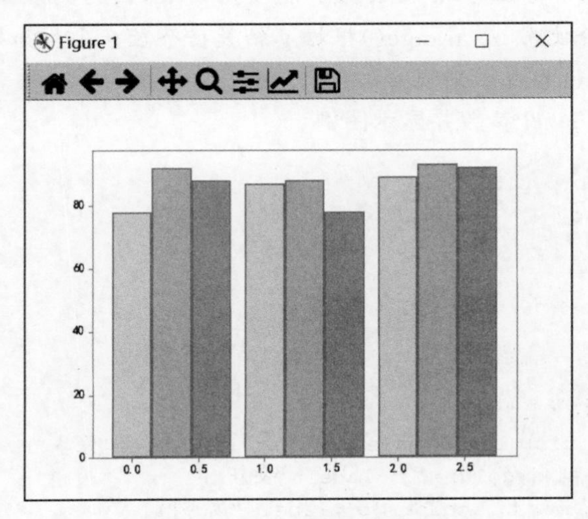

图 11-16 绘制多组柱状图

【例 11-15】 设置 tick_label 参数使多组柱状图 x 轴显示汉字。

```
import matplotlib.pyplot as plt
import numpy as np
x = np.arange(3)
m1= [78 ,87,89]
m2= [92, 88, 93]
m3=[88,78,92]
tk = 0.3
names= ["语文","数学","英语"]
plt.bar(x,m1, tk,tick_label=names,color='r')
plt.bar(x+ tk, m2, tk, color='g')
plt.bar(x+ tk + tk, m3, tk, color='b')
```

本程序的运行结果如图 11-17 所示。

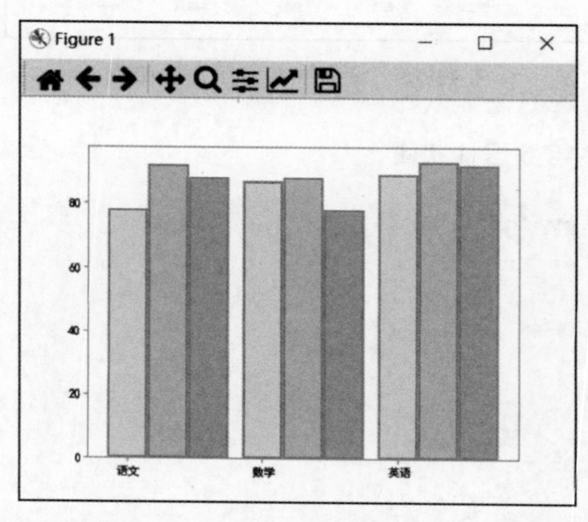

图 11-17 设置 tick_label 参数使多组柱状图 x 轴显示汉字

注意：绘制多组条形图时，x 轴数据不能使用列表，因为列表不能与条宽变量(通常为浮点数)相加，一般会使用 np.arange()根据 y 轴数据个数产生。如果想 x 轴上显示汉字，就要通过设置 tick_label 参数值实现。

【例 11-16】 设置 label 参数并显示图例。

```
import matplotlib.pyplot as plt
import numpy as np
x = np.arange(3)
m1= [78 ,87,89]
m2= [92, 88, 93]
m3=[88,78,92]
tk = 0.3
names= ["语文","数学","英语"]
plt.bar(x,m1, tk,tick_label=names,color='r',label="张华")
plt.bar(x+tk, m2, tk, color='g',label="文新")
plt.bar(x+tk+tk, m3, tk, color='b',label="高卉")
plt.legend()
```

本程序的运行结果如图 11-18 所示。

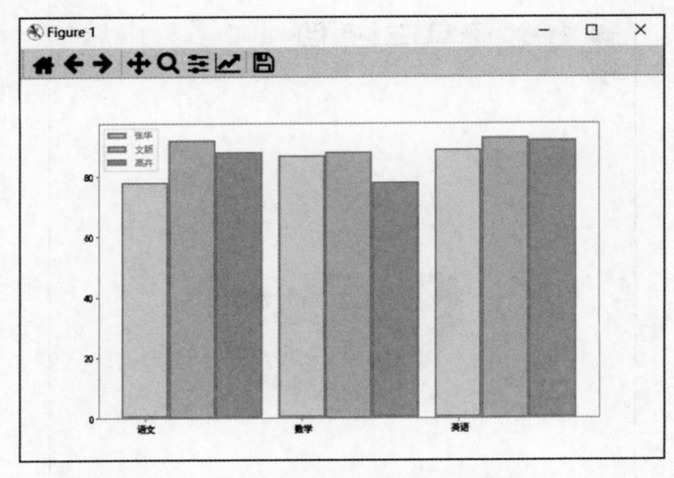

图 11-18 设置 label 参数并显示图例

11.6 绘制饼图

在 matplotlib.pyplot 模块中，提供了 pie()用于绘制饼图，常用的语法格式如下：

```
plt.pie(x, explode, labels, colors, autopct, shadow,...)
```

说明：

(1) x 参数指定绘图的数据。
(2) explode 参数指定饼图某些部分是否突出显示。
(3) labels 参数指定饼图中是否添加标签说明。
(4) colors 参数指定饼图的填充色。
(5) autopct 参数设置是否为饼图自动添加百分比标签，可以采用格式化的方法显示。
(6) shadow 参数指定是否为饼图添加阴影效果。

【例 11-17】 使用默认参数绘制饼图。

```
import matplotlib.pyplot as plt
m = [50, 40, 9]
plt.pie(x=m)
```

本程序的运行结果如图 11-19 所示。

【例 11-18】 通过设置 labels 参数在饼图上显示标签。

```
import matplotlib.pyplot as plt
str1 = ["熟练", "一般", "不熟练"]
m = [50, 40, 9]
plt.pie(x=m, labels=str1)
```

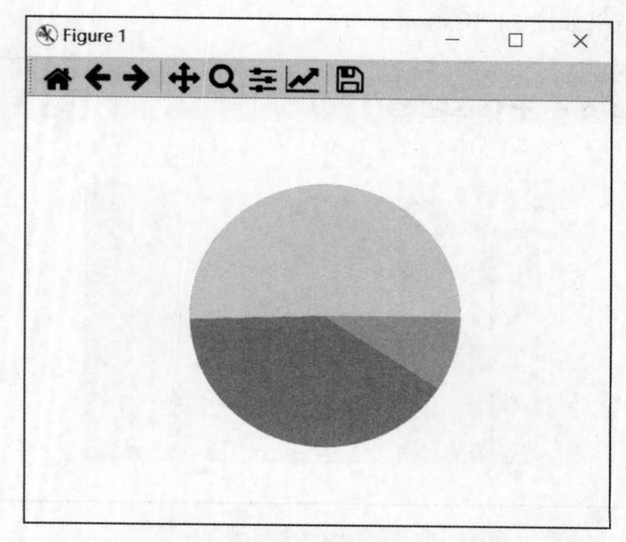

图 11-19　使用默认参数绘制饼图

本程序的运行结果如图 11-20 所示。

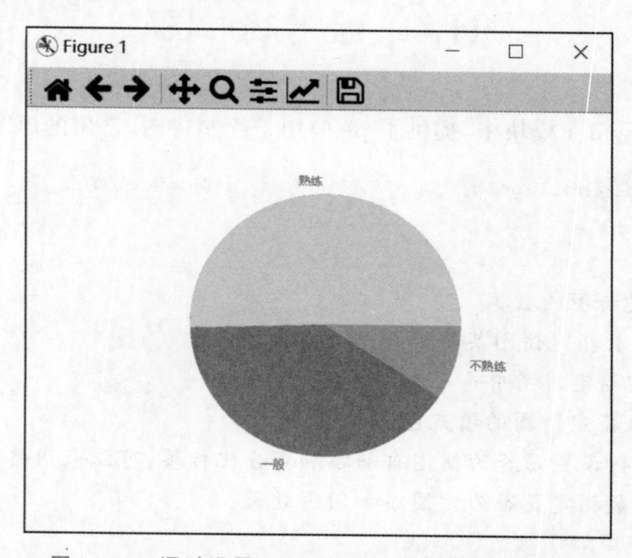

图 11-20　通过设置 labels 参数值在饼图上显示标签

【例 11-19】 通过设置 explode 与 shadow 参数给饼图添加阴影和突出。

```
import matplotlib.pyplot as plt
str1 = ["熟练", "一般", "不熟练"]
m = [50, 40, 9]
t= [0, 0.1, 0]
plt.pie(x=m, labels=str1,explode=t, shadow=True)
```

本程序的运行结果如图 11-21 所示。

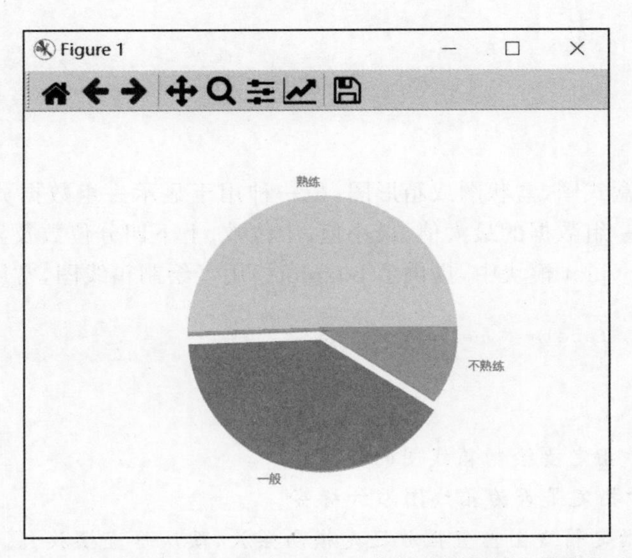

图 11-21 通过设置 explode 与 shadow 参数给饼图添加阴影和突出

【例 11-20】 通过设置 autopct 参数在饼图上显示数据标签。

```
import matplotlib.pyplot as plt
str1 = ["熟练", "一般", "不熟练"]
m = [50, 40, 9]
t= [0, 0.1, 0]
plt.pie(x=m, labels=str1,explode=t, shadow=True,autopct="%.2f%%")
```

本程序的运行结果如图 11-22 所示。

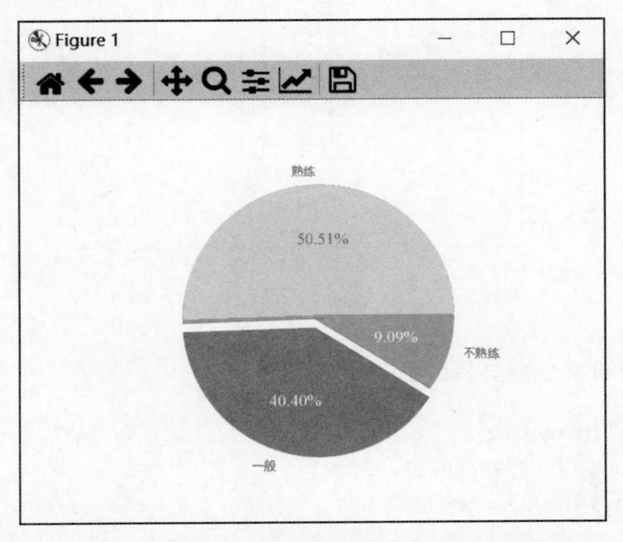

图 11-22 通过设置 autopct 参数在饼图上显示数据标签

11.7 绘制箱线图

箱线图又称为盒式图、盒状图或箱形图,是一种用于显示一组数据分散情况的统计图。箱线图中显示的是一组数据的最大值、最小值、中位数、上下四分位数及异常值。

在 matplotlib.pyplot 模块中,提供了 boxplot()用于绘制箱线图,常用的语法格式如下:

```
plt.boxplot(x, labels=None, vert=None,...)
```

说明:

(1) x 参数用于指定要绘制箱线图的数据。

(2) labels 用于指定是否为箱线图添加标签。

(3) vert 用于指定箱线图垂直摆放还是横向摆放,默认垂直摆放。

【例 11-21】 绘制单个竖向箱线图。

```
import matplotlib.pyplot as plt
cj=[78,91,72,83,77,65,93,88,67,89]
plt.boxplot(cj)
plt.show()
```

本程序的运行结果如图 11-23 所示。

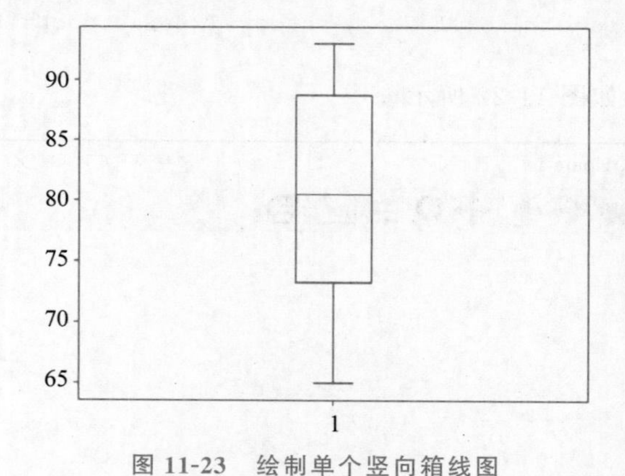

图 11-23 绘制单个竖向箱线图

【例 11-22】 绘制单个横向箱线图。

```
import matplotlib.pyplot as plt
cj=[78,91,72,83,77,65,93,88,67,89]
plt.boxplot(cj,vert = False)
plt.show()
```

本程序的运行结果如图 11-24 所示。

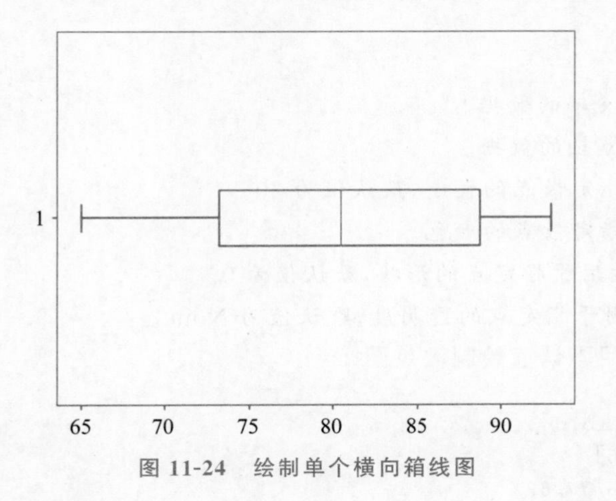

图 11-24 绘制单个横向箱线图

【例 11-23】 同时绘制多个箱线图实例。

```
import matplotlib.pyplot as plt
plt.rcParams['font.sans-serif']=['SimHei']
wangming=[78,91,83]
lihua=[77,65,93]
zhaowei=[88,67,89]
plt.boxplot((wangming,lihua,zhaowei),labels=('王明','李华','赵微'))
plt.show()
```

本程序的运行结果如图 11-25 所示。

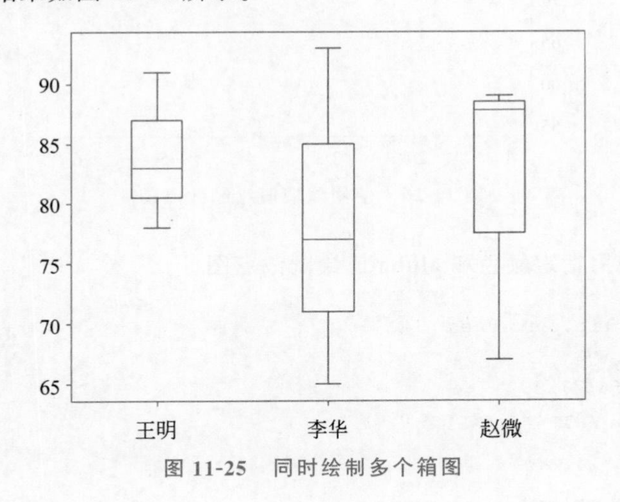

图 11-25 同时绘制多个箱图

11.8 绘制散点图

在 matplotlib.pyplot 模块中，提供了 scatter()用于绘制散点图，常用的语法格式如下：

```
plt.scatter(x, y, s, c ,marker, alpha)
```

说明:

(1) x 参数给定 x 轴的数据。

(2) y 参数给定 y 轴的数据。

(3) s 参数用于指定散点的大小,默认值为 20。

(4) c 参数用于指定散点的颜色。

(5) marker 参数用于指定点的形状,默认值为 0。

(6) alpha 参数用于指定点的透明度,默认值为 None。

【例 11-24】 使用默认值绘制散点图。

```
import matplotlib.pyplot as plt
x = [1,2,3,4,5,6]
y = [87,66,92,56,77,89]
plt.scatter(x, y)
plt.show()
```

本程序的运行结果如图 11-26 所示。

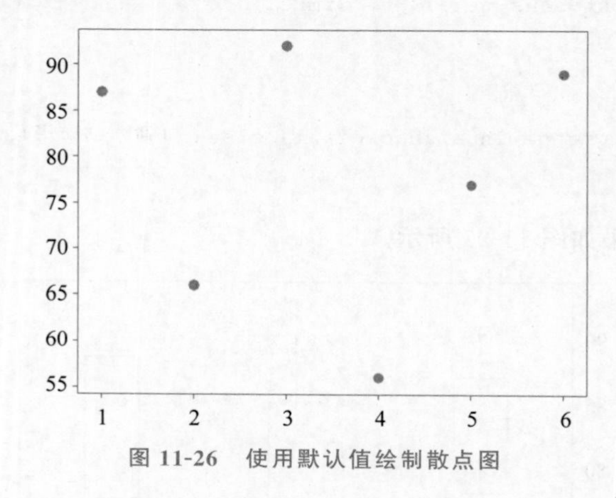

图 11-26 使用默认值绘制散点图

【例 11-25】 使用指定颜色和 alpha 值绘制散点图。

```
import matplotlib.pyplot as plt
x = [1,2,3,4,5,6]
y = [87,66,92,56,77,89]
plt.scatter(x, y,c='r',alpha=0.3)
plt.show()
```

本程序的运行结果如图 11-27 所示。

【例 11-26】 指定点形状绘制散点图。

```
import numpy as np
import matplotlib.pyplot as plt
x = np.arange(1,10)
y = x
plt.scatter(x,y,c = 'r',marker = 'v')
```

```
plt.title('散点图')
plt.xlabel('X 轴标题')
plt.ylabel('Y 轴标题')
plt.show()
```

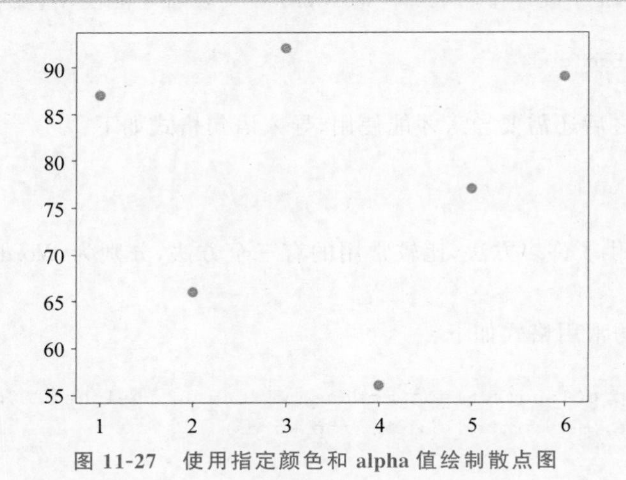

图 11-27 使用指定颜色和 alpha 值绘制散点图

本程序的运行结果如图 11-28 所示。

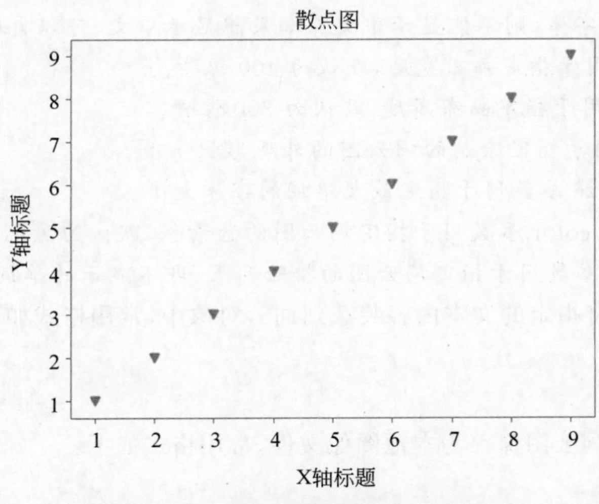

图 11-28 指定点形状绘制散点图

11.9 绘制词云图

词云图以词语为基本单位,更加直观、艺术地展示文本。词云图可以按频率高低决定词汇显示的大小,出现次数越多,默认字号越大。词云图可以对高频词汇进行突出显示。可以通过设置将整个词云图形状按特定的图像绘制。

11.9.1 词云库 wordcloud 简介

在 Python 语言程序设计中，词云库 wordcloud 安装后才能使用，安装语句格式如下：

```
pip install wordcloud
```

安装完词云库之后还需要导入才能使用，导入语句格式如下：

```
import wordcloud
```

wordcloud 库提供了许多方法，比较常用的有三个方法，分别为 WordCloud()、generate()及 to_file()。

WordCloud()的常用格式如下：

```
w=wordcloud.WordCloud(font_path=None, width=400, height=200, mask=None, max_font_size=None, background_color,stop_words)
```

说明：

(1) font_path 参数用于指定字体路径，默认为 wordcloud 库中的 DroidSansMono.ttf 字体。如果选用默认字体，则不能显示中文。如果想显示中文，可以自己设置字体。

(2) width 参数用于指定画布宽度，默认为 400 像素。

(3) height 参数用于指定画布高度，默认为 200 像素。

(4) mask 参数用于指定绘制的词云图的外观形状。

(5) max_font_size 参数用于指定最大单词的字体大小。

(6) background_color 参数用于指定词云图的背景色，默认为黑色。

(7) stop_words 参数用于指定词云图的排除列表，即不显示的单词列表。

generate()用于将指定的文本内容装载到词云对象中，常用格式如下：

```
w.generate(txt)
```

to_file()用于将词云图保存为本地图像文件，常用格式如下：

```
w.to_file(filename)
```

11.9.2 中文分词 jieba 库简介

如果想为中文文本绘制词云图，需要先对中文文本进行分词，常用的中文分词库为 jieba 库。jieba 库是 Python 中的一个第三方库。需要先进行安装，安装命令如下：

```
pip install jieba
```

安装完成后需要导入才能使用，导入命令如下：

```
import jieba
```

jieba 库中常用的几个方法如表 11-3 所示。

表 11-3 jieba 库中常用的几个方法

方法名及调用格式	功 能
jieba.cut(s)	精确模式，将文本精确地切开，适用于文本分析
jieba.cut(s,cut_all=True)	全模式，将文本里面所有可以成词的词语全部提取出来，速度较快，但是不能解决歧义问题
jieba.lcut(s)	精确模式，返回一个列表类型
jieba.lcut(s,cut_all=True)	全模式，返回一个列表类型
jieba.lcut_for_search(s)	搜索引擎模式，返回一个列表类型。搜索引擎模式是在精确模式的基础上将长词再次切分，供搜索使用

【例 11-27】 对比最常用的两种分词方法 cut()和 lcut()。

```
import jieba
str="今天晚上开会!"
a=jieba.cut(str)
b=jieba.lcut(str)
print('cut 结果: ',a)
print('lcut 结果: ',b)
```

本程序的运行结果为：

```
cut 结果: <generator object Tokenizer.cut at 0x000001650405FF90>
lcut 结果: ['今天', '晚上', '开会', '!']
```

从程序运行结果可以看出，cut()的返回值不能直接用 print()输出，而 lcut()返回的结果为列表类型，可以直接用 print()输出。

【例 11-28】 使用 join ()将 cut ()的切分结果连接成一个字符串输出。

```
import jieba
str="今天晚上开会!"
a=jieba.cut(str)
t=','.join(a)
print(t)
```

本程序的运行结果为：

```
今天,晚上,开会,!
```

11.9.3 绘制中文词云图的一般流程

在 Python 语言程序设计中，绘制中文词云图的一般流程如下：

(1) 读入文本数据。

(2) 对文本数据进行 jieba 中文分词,并且拼接成一个字符串。

(3) 定义 WordCloud 类实例,完成属性设置。

(4) 调用 generate()生成词云。

(5) 调用 to_file()保存词云图为本地图像文件或者直接显示词云图。

【例 11-29】 使用简单文本和默认形状绘制词云图。

```
import jieba
import wordcloud
from matplotlib import pyplot as plt
txt="习近平生态文明思想是习近平新时代中国特色社会主义思想的重要组成部分,全面准确地理解和认识习近平生态文明思想有助于从整体上把握习近平新时代中国特色社会主义思想,更好地贯彻党的十九大精神,推进绿色发展,实现中国的绿色崛起。习近平生态文明思想提出了一套相对完善的生态文明思想体系,形成了面向绿色发展的四大核心理念,成为新时代马克思主义中国化的思想武器。习近平生态文明思想不仅关注人类认识和改造自然中的一般规律,还以当代工业文明和科学技术发展现状及其历史趋势为研究对象,所要揭示的是工业文明社会发展到一定阶段后如何建设人与自然和谐共生的现代化社会运行的特殊规律。"
w=wordcloud.WordCloud(width=1000,font_path="msyh.ttc",height=700)
w.generate(",".join(jieba.lcut(txt)))
w.to_file(" tu1.png")
#显示图片
plt.figure()
plt.imshow(w)
plt.axis('off')         #关闭坐标轴
```

本程序的运行结果如图 11-29 所示。

图 11-29 使用简单文本和默认形状绘制词云图

本程序使用代码 plt.imshow(w)显示了绘制的词云图,还通过代码 w.to_file("tu1.png")将绘制好的词云图保存为本地文件 tu1.png。因为 Python 绘图时会默认自动绘制坐标轴,而词云图上显示坐标轴不美观,所以通过代码 plt.axis('off') 来关闭坐标轴。

【例 11-30】 指定背景色为白色，使用默认形状绘制党的二十大报告词云图。

中国共产党第二十届中央委员会第一次全体会议，于 2022 年 10 月 23 日在北京举行。习近平总书记作了重要讲话。

先将党的二十大报告的内容复制到一个新的文本文件，文本文件名为 baogao.txt，创建文本文件时要注意选择 utf-8 格式保存；然后读入文本文件内容并绘制词云图。

```
from matplotlib import pyplot as plt
import jieba
from wordcloud import WordCloud
#读入 txt 文本数据
text = open('baogao.txt', 'r', encoding='utf-8').read()
#分词连接成一个字符串
cut_text = jieba.cut(text)
fc1= ' '.join(cut_text)
#词云图初始化
w= WordCloud(font_path="msyh.ttc",
    background_color='white',
    width=1000,height=700)
#制作词云图
w.generate(fc1)
#显示
plt.figure('词云图例')
plt.imshow(w)
plt.axis('off')
```

本程序的运行结果如图 11-30 所示。

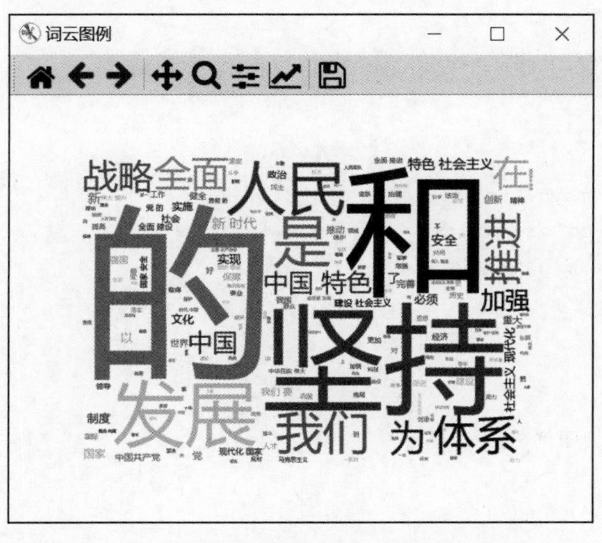

图 11-30 指定背景色为白色，使用默认形状绘制词云图

【例 11-31】 根据指定形状绘制词云图。

首先在 PowerPoint 中绘制一个五角星形状，保存为“五星.jpg”，如图 11-31 所示。

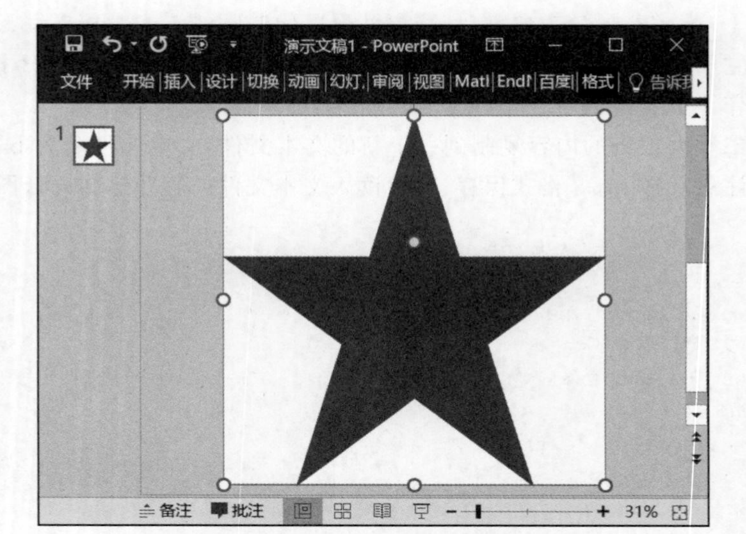

图 11-31　在 PowerPoint 中绘制五角星形状

指定形状绘制词云图

```
from matplotlib import pyplot as plt
import jieba
from wordcloud import WordCloud
import numpy as np
from PIL import Image
text = open('baogao.txt', 'r', encoding='utf-8').read()
cut_text = jieba.cut(text)
fcl= ' '.join(cut_text)
#获取词云形状图
image1=Image.open('五星.jpg')
bg1 = np.array(image1)
#词云图初始化
w= WordCloud(
    font_path="msyh.ttc",
    background_color='white',
    width=1000,height=700,
    mask=bg1
)
w.generate(fcl)
#显示图片
plt.figure('词云图例')
plt.imshow(w)
plt.axis('off')
```

本程序的运行结果如图 11-32 所示。

注意：也可以到网上下载自己喜欢的形状图片进行绘制，但是下载的图片背景最好是纯白的，或者透明背景的 png 格式图片。

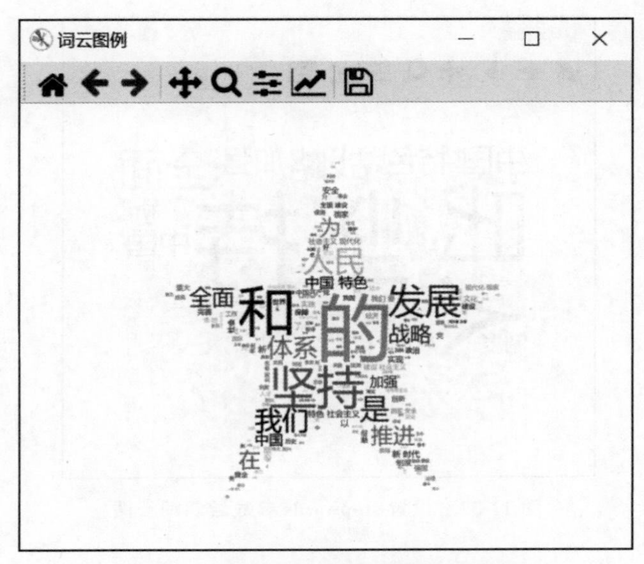

图 11-32 绘制五角星形状的词云图

通过对以上两个程序运行结果分析，发现词云图中出现频次很多的“的”“和”“我们”“是”等词对我们分析文本帮助不大，所以通过设置 stopwords 参数停用这些词，不让它们显示到词云图中。

【例 11-32】 设置 stopwords 参数绘制词云图。

```
from matplotlib import pyplot as plt
import jieba
from wordcloud import WordCloud
text = open('baogao.txt', 'r', encoding='utf-8').read()
cut_text = jieba.cut(text)
fc1= ' '.join(cut_text)
ting=['我', '我们', '的', '和', '在','为','是']

#词云图初始化
w= WordCloud(
    font_path="msyh.ttc",
    background_color='white',
    width=1000,height=700,stopwords=ting
)
w.generate(fc1)
#显示图片
plt.figure('词云图例')
plt.imshow(w)
plt.axis('off')
```

本程序的运行结果如图 11-33 所示。

从图 11-33 可以看出，“的”“和”等词已经没有了。

图 11-33 设置 stopwords 参数绘制词云图

11.10 pandas 绘图

在 Python 语言程序设计中，pandas 模块在 Matplotlib 绘图软件包的基础上单独封装了一个 plot()接口，通过调用该接口可以实现常用的绘图操作，用于数据分析。在实际应用中一般使用较多的是 DataFrame 数据类型，这里只考虑绘制 DataFrame 数据对象的绘图操作。

DataFrame 绘制简单折线图

对于 DataFrame 数据对象，plot()绘制图形时会按照数据的每一列进行绘制，并且会默认按照列索引名称在适当的位置上直接展示图例。DataFrame 数据对象的 plot()一般使用格式如下：

```
DataFrame 数据对象.plot(x, y, kind, figsize, title, grid, ...)
```

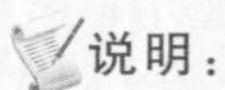说明：

(1) x、y 参数为给定的数据。

(2) kind 参数用于指定绘图的类型，不指定时，默认为折线图，常用的几种取值如表 11-4 所示。

表 11-4 kind 参数几种常用取值

参数值	功　能	参数值	功　能
bar	柱状图	box	箱线图
barh	横向柱状图	area	区域图
hist	直方图	scatter	散点图

其他参数的用法与之前绘图方法中的一样，不再介绍。

也可以将表 11-4 中第一列的参数值直接当绘图方法，使用 pandas 模块中的 plot()的第二种格式绘制图形，格式如下：

```
DataFrame 数据对象.plot.参数值(参数列表)
```

使用 pandas 模块中的 plot()绘制图形，不再需要导入 matplotlib.pyplot 了。

【例 11-33】 使用默认参数绘制 DataFrame 数据折线图。

```
import pandas as pd
data = {
    '苹果': [102, 120, 130, 140, 150, 162, 170, 180, 190, 250],
    '西瓜': [120, 133, 140, 150, 169, 170, 183, 190, 200, 210],
    '桃': [100, 120, 135, 140, 158, 160, 170, 180, 195, 200],
    "香蕉": [80, 100, 120, 137, 140, 150, 160, 170, 180, 197]
}
df=pd.DataFrame(data)
df.plot()
```

本程序的运行结果如图 11-34 所示。

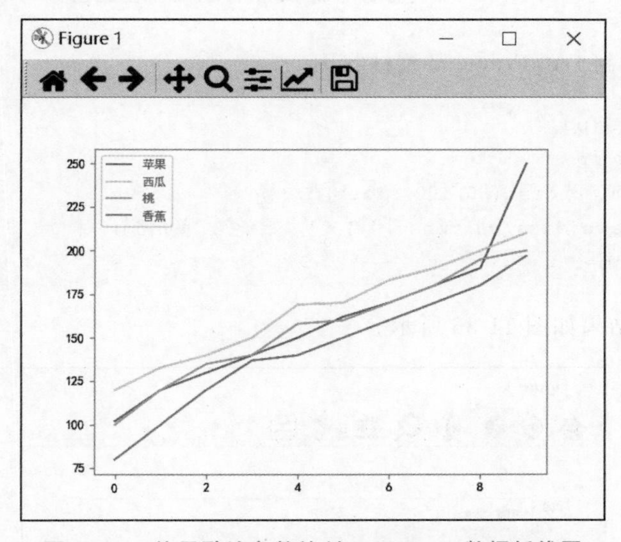

图 11-34 使用默认参数绘制 DataFrame 数据折线图

【例 11-34】 指定参数绘制 DataFrame 数据折线图。

```
import pandas as pd
data = {
    '苹果': [102, 120, 130, 140, 150, 162, 170, 180, 190, 250],
    '西瓜': [120, 133, 140, 150, 169, 170, 183, 190, 200, 210],
    '桃': [100, 120, 135, 140, 158, 160, 170, 180, 195, 200],
    "香蕉": [80, 100, 120, 137, 140, 150, 160, 170, 180, 197]
}
df=pd.DataFrame(data)
df.plot(title="每种水果的销售额对比",marker='o',linewidth=3,color=['r','g',
'b','m'])
```

本程序的运行结果如图 11-35 所示。

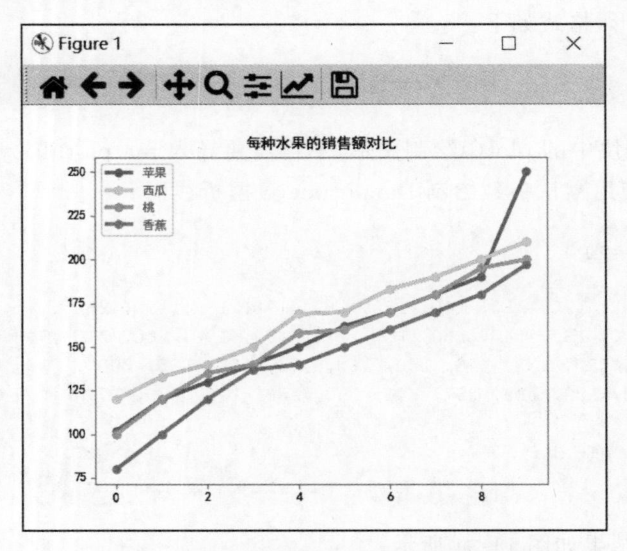

图 11-35　指定参数绘制 DataFrame 数据折线图

【例 11-35】 绘制 DataFrame 数据柱状图。

```
import pandas as pd
import numpy as np
data=np.random.randint(60,100,size=[5,3])
df = pd.DataFrame(data,columns=['语文','数学','英语'])
df.plot(kind='bar')
```

本程序的运行结果如图 11-36 所示。

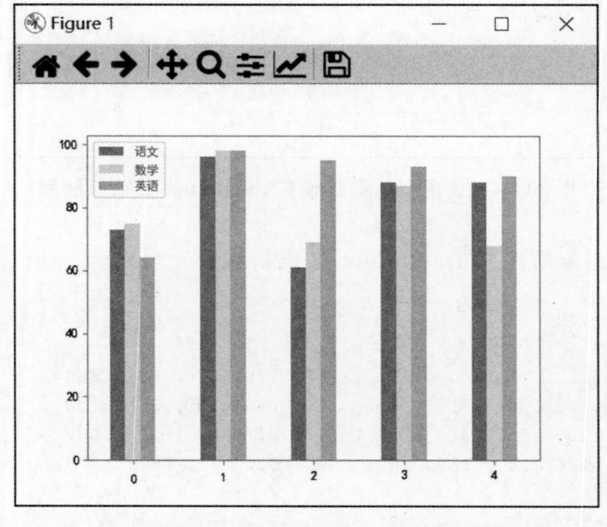

图 11-36　绘制 DataFrame 数据柱状图

也可以将本程序的最后一行代码修改如下：

```
df.plot.bar()
```

则程序运行的结果跟之前完全一样。

【例 11-36】 设置参数 stacked=True 绘制柱状堆叠图。

```
import pandas as pd
import numpy as np
data=np.random.randint(60,100,size=[5,3])
df = pd.DataFrame(data,columns=['语文','数学','英语'])
df.plot(kind='bar',stacked=True)
```

本程序的运行结果如图 11-37 所示。

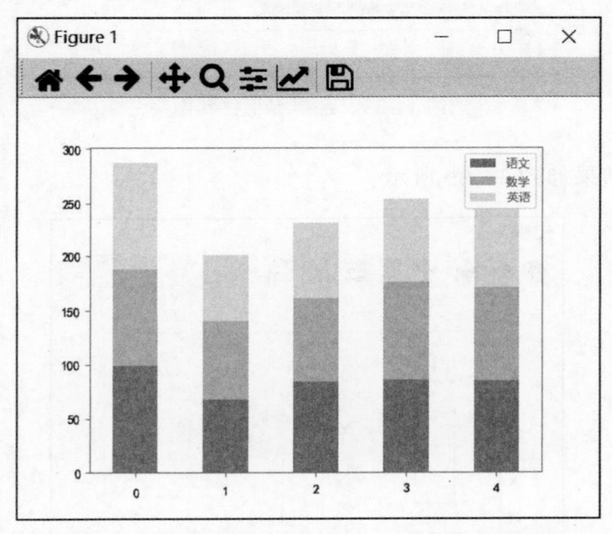

图 11-37 设置参数 stacked=True 绘制柱状堆叠图

【例 11-37】 绘制水平柱状图。

```
import pandas as pd
import numpy as np
data=np.random.randint(60,100,size=[5,3])
df = pd.DataFrame(data,columns=['语文','数学','英语'])
df.plot(kind='barh')
```

本程序的运行结果如图 11-38 所示。

【例 11-38】 绘制箱线图。

```
import pandas as pd
import numpy as np
data=np.random.randint(60,100,size=[5,3])
df = pd.DataFrame(data,columns=['语文','数学','英语'])
df.plot.box()
```

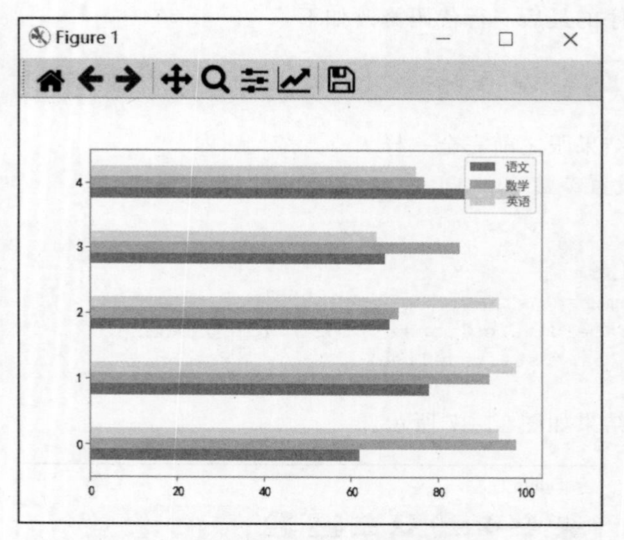

图 11-38　绘制水平柱状图

本程序的运行结果如图 11-39 所示。

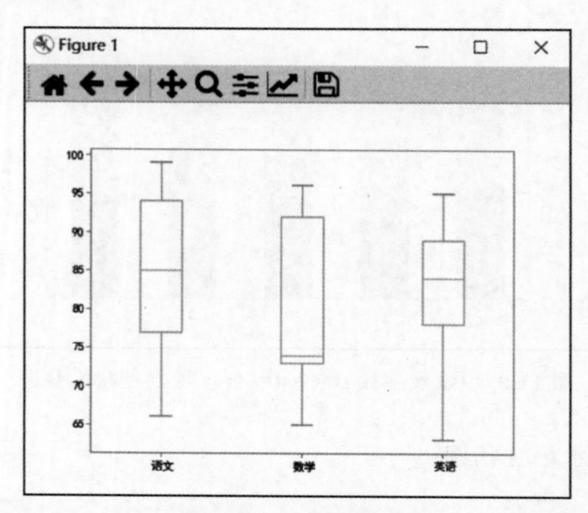

图 11-39　绘制箱线图

【例 11-39】　绘制区域图。

```
import pandas as pd
import numpy as np
data=np.random.randint(60,100,size=[5,3])
df = pd.DataFrame(data,columns=['语文','数学','英语'])
df.plot.area()
```

本程序的运行结果如图 11-40 所示。

【例 11-40】　绘制散点图。

绘制散点图时要给出 x、y 参数,必须指定某一列当 x 数据,某一列当 y 数据进行绘制。

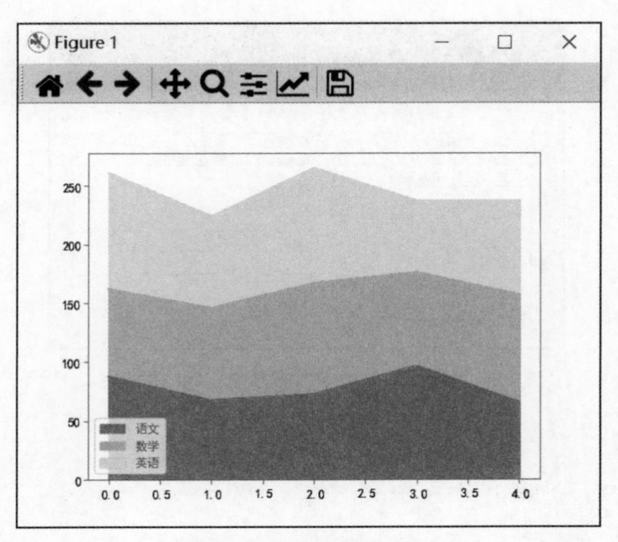

图 11-40 绘制区域图

```
import pandas as pd
import numpy as np
data=np.random.randint(60,100,size=[5,3])
df = pd.DataFrame(data,columns=['语文','数学','英语'])
df.plot.scatter(x='语文',y='英语')
```

本程序的运行结果如图 11-41 所示。

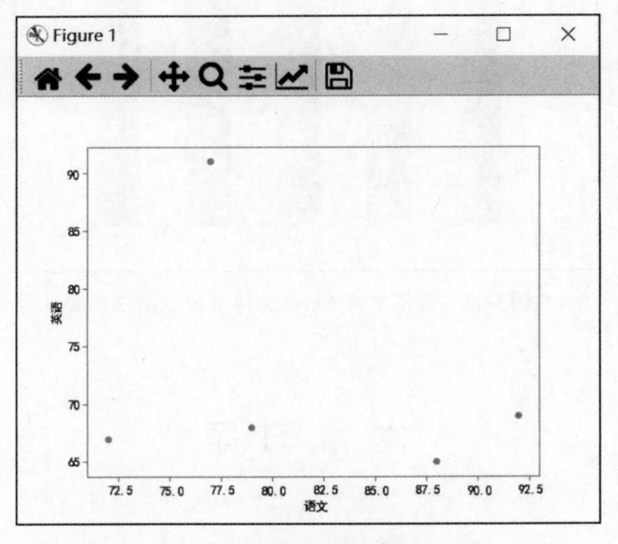

图 11-41 绘制散点图

【例 11-41】 读取本地 Excel 文件数据绘制柱状图。

本地文件“成绩管理.xlsx”内容如图 11-42 所示。

	A	B	C	D	E	F
1	姓名	Python	IT			
2	王晨	90	93			
3	吴华	89	87			
4	张文	91	92			
5	常华	77	81			
6	李卉	88	89			

图 11-42　本地文件“成绩管理.xlsx”内容

```
import pandas as pd
df=pd.read_excel('成绩管理.xlsx')
df.plot(kind='bar')
```

本程序的运行结果如图 11-43 所示。

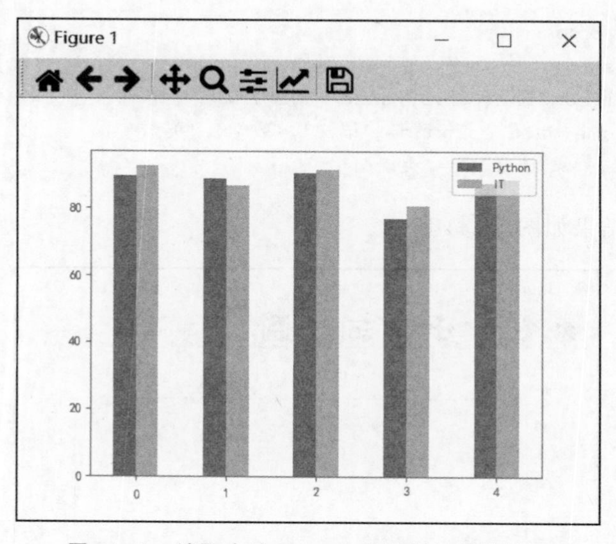

图 11-43　读取本地 Excel 文件数据绘制柱状图

本 章 习 题

判断题

1. 在 matplotlib.pyplot 模块中,提供了 figure()用于创建画布。　(　　)
2. 若整个程序只绘制一个图形则不需调用 figure(),系统会默认创建一个画布。　(　　)
3. 在 matplotlib.pyplot 模块中,提供了 plot()用于绘制折线图。　(　　)

4. plot()中 linestyle 参数指定绘制线条的样式。不指定时,默认为实线。 ( )
5. plt.title()可以设置图形标题。 ( )
6. plt.xlabel()设置 x 轴的标签文本。 ( )
7. plt.ylabel()设置 y 轴的标签文本。 ( )
8. plt.savefig()用于将绘制的图形保存到本地。 ( )
9. 在 matplotlib.pyplot 模块中,提供了 bar()用于绘制柱状图。 ( )
10. 在 matplotlib.pyplot 模块中,提供了 pie()用于绘制饼图。 ( )

实训项目1 Python 绘图基础练习

1. 实训目的

(1) 熟练掌握 Python 绘制图形的一般流程。

(2) 熟练掌握 Python 绘图中划分子图的方法。

(3) 熟练掌握折线图、柱状图、散点图、饼图及箱线图的绘制方法。

2. 实训内容

(1) 编写程序实现:使用 numpy 中的函数生成 6 个整数当 x 轴数据,随机生成 6 个浮点数当 y 轴数据,新建一个画布,划分为 2 行 2 列,分别在每个子图中绘制折线图、柱状图、散点图和箱线图。

(2) 编写程序实现:绘制正弦曲线。

(3) 编写程序实现:绘制函数 y=x * sin(x)的曲线。

(4) 2022 年度电影票房榜 TOP 10 影片如表 11-5 所示,自己创建一个 Excel 表格 dianying_top10.xlsx,保存此表数据内容,编程实现:先读入 Excel 数据,再绘制柱状图,可视化分析此数据。

表 11-5 2022 年度电影票房榜 TOP 10 影片

电 影 名	票房/亿元	电 影 名	票房/亿元
水门桥	40.67	奇迹 · 笨小孩	13.79
独行月球	31	侏罗纪世界 3	10.59
这个杀手不太冷静	26.27	熊出没 · 重返地球	9.77
人生大事	17.12	神探大战	7.12
万里归途	14.16	明日战记	6.76

3. 实训步骤

(1) 编写程序实现:使用 numpy 中的随机函数随机生成 x、y 轴数据(自己设置生成个数,两个坐标轴数据个数要一致),新建一个画布,划分为 2 行 2 列,分别在每个子图中绘制折线图、柱状图、散点图和饼图,绘制饼图只使用 y 轴数据。

① 打开 Spyder 编程界面,新建一个空白程序文件。

② 输入代码并保存。

```
import numpy as np
import matplotlib.pyplot as plt
x = np.arange(1,7)
y=np.random.random(6)
plt.figure()
plt.subplot(2,2,1)
plt.plot(x,y, 'r-*')
plt.subplot(2,2,2)
plt.bar(x,y,width=0.3,color='g')
plt.subplot(2,2,3)
plt.scatter(x, y,c='r')
plt.subplot(2,2,4)
plt.pie(y)
plt.show()
```

③ 运行代码。程序运行结果如图 11-44 所示。

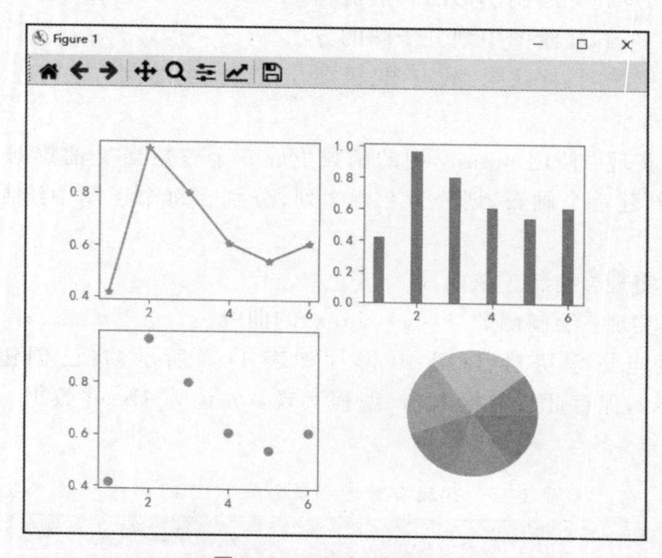

图 11-44 运行结果(1)

④ 分析和理解子图划分的方法,绘制折线图、柱状图、散点图和饼图的方法。

(2) 编写程序实现:绘制正弦曲线。

① 打开 Spyder 编程界面,新建一个空白程序文件。

② 输入代码并保存。

```
import matplotlib.pyplot as plt
import matplotlib
import numpy as np
matplotlib.rcParams['axes.unicode_minus']=False        #正确显示坐标轴上的负号
x=np.linspace(0,2*np.pi, 100)
y=np.sin(x)
plt.plot(x, y)
plt.show()
```

③ 运行代码。程序运行结果如图 11-45 所示。

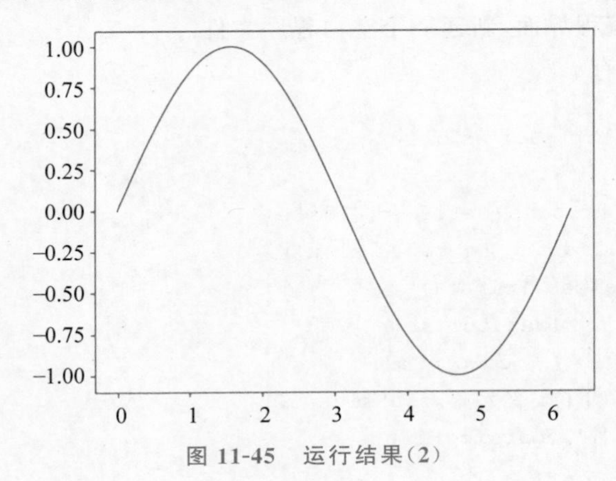

图 11-45 运行结果(2)

④ 分析和理解 plot 函数绘制函数曲线的用法及坐标轴上负号正确显示的方法。

(3) 编写程序实现:绘制函数 y=x * sin(x)的曲线。

① 打开 Spyder 编程界面,新建一个空白程序文件。

② 输入代码并保存。

```
from matplotlib import pyplot as plt
import numpy as np
import matplotlib
matplotlib.rcParams['axes.unicode_minus']=False  #正确显示坐标轴上的负号
x=np.linspace(-1,1,100)
y=x * np.sin(x)
plt.plot(x,y,c='r')
plt.show()
```

③ 运行代码。程序运行结果如图 11-46 所示。

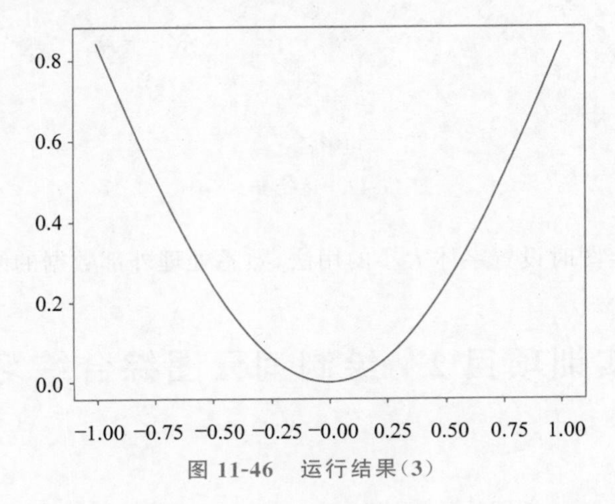

图 11-46 运行结果(3)

④ 分析和理解 plot 函数绘制函数曲线的用法及坐标轴上负号正确显示的方法。

(4) 针对2022年度电影票房榜TOP 10影片,绘制柱状图可视化分析此数据。

① 打开Spyder编程界面,新建一个空白程序文件。

② 输入代码并保存。

```
import matplotlib.pyplot as plt
import pandas as pd
plt.rcParams['font.sans-serif']=['SimHei']
df=pd.read_excel('dianying_top10.xlsx')
x=df['电影名'].values.tolist()
y=df['票房/亿元'].values.tolist()
plt.bar(x, y,width=0.6,color='g')
plt.ylabel('票房(单位: 亿元)',fontsize=12)
plt.xlabel('电影名',fontsize=12)
plt.show()
```

③ 运行代码。程序运行结果如图11-47所示。

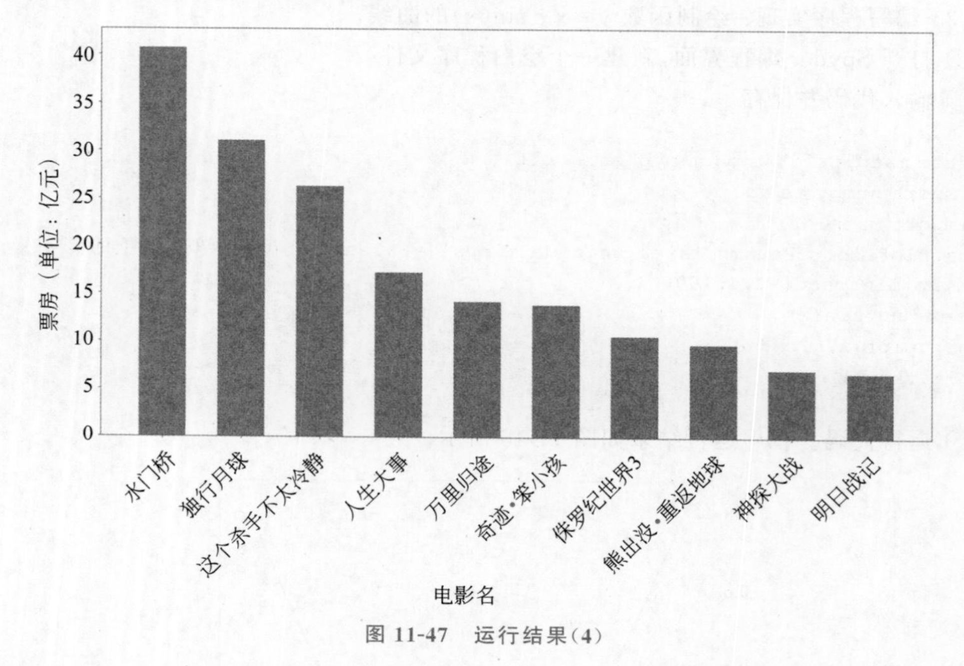

图 11-47 运行结果(4)

④ 分析和理解绘图时设置字体大小的用法,熟悉处理外部数据的绘图方法。

实训项目2 绘制词云图综合练习

1. 实训目的

(1) 熟练掌握Python常用的绘图方法。

(2) 熟练掌握Python绘制词云图的方法。

2. 实训内容

从网上搜索"习近平总书记4月25日在中国人民大学考察调研时发表的重要讲话"内容,复制内容文本存入一个文本文件,在Spyder中编程实现:读入文本文件,进行数据处理和分析,绘制相应的结果图形。

(1) 用自己的姓名或学号新建一个文件夹,在文件夹中新建一个文本文件"111.txt"。

(2) 从网上复制"习近平总书记4月25日在中国人民大学考察调研时发表的重要讲话"中的文本内容保存到"111.txt"中。

(3) 使用wordcloud和matplotlib.pyplot方法为"111.txt"中的内容制作词云图,使用自制任意形状的图片作为背景图,保存词云图为本地图片"词云图1.png"。

(4) 不指定背景,不指定图形窗口大小,为"111.txt"中的内容制作词云图,保存词云图为本地图片"词云图2.png"。

3. 实训步骤

(1) 用自己的姓名或学号新建一个文件夹,在文件夹中新建一个文本文件"111.txt"。

(2) 从网上复制"习近平总书记4月25日在中国人民大学考察调研时发表的重要讲话"中的文本内容保存到"111.txt"中。

(3) 使用wordcloud和matplotlib.pyplot方法为"111.txt"中的内容制作词云图,使用自制图片作为背景图,保存词云图为本地图片"词云图1.png"。

参考代码如下:

```
from matplotlib import pyplot as plt
import jieba
from wordcloud import WordCloud
import numpy as np
from PIL import Image
#导入文字
text = open('111.txt', 'r', encoding='utf-8').read()
#分词
cut_text = jieba.cut(text)
#将分词连接成一个字符串
fc1= ' '.join(cut_text)
#制作背景图
bg1 = np.array(Image.open('./zi.jpg'))
#词云图初始化
cy1 = WordCloud(
    font_path='C:\WINDOWS\Fonts\SIMLI.TTF',
    background_color='white',
    width=500,
    height=400,
    max_font_size=50,
    min_font_size=10,
    mask=bg1)
#制作词云图
cy1.generate(fc1)
#显示图片
```

```
plt.figure('词云图例')          #figure 标题
plt.imshow(cy1)
plt.axis('off')                 #关闭坐标轴
plt.savefig('词云图 1.png')
plt.show()
```

程序运行结果如图 11-48 所示。

图 11-48　运行结果(5)

(4) 不指定背景,不指定图形窗口大小,为“111.txt”中的内容制作词云图,保存词云图为本地图片“词云图 2.png”。

```
from matplotlib import pyplot as plt
import jieba
from wordcloud import WordCloud
#导入文字
text = open('111.txt', 'r', encoding='utf-8').read()
#分词
cut_text = jieba.cut(text)
#将分词连接成一个字符串
fc1= ' '.join(cut_text)
#词云图初始化
cy1 = WordCloud(
    font_path='C:\WINDOWS\Fonts\SIMLI.TTF',
    background_color='white',
    max_font_size=50,
    min_font_size=10)
#制作词云图
cy1.generate(fc1)
#显示图片
```

```
plt.figure('词云图例')             #figure 标题
plt.imshow(cy1)
plt.axis('off')                    #关闭坐标轴
plt.savefig('词云图 2.png')
plt.show()
```

程序运行结果如图 11-49 所示。

图 11-49　运行结果(6)

参考文献

[1] 董付国. Python 程序设计[M]. 3 版. 北京：清华大学出版社，2020.
[2] 董付国. Python 程序设计基础[M]. 2 版. 北京：清华大学出版社，2018.
[3] 苏琳，宋宇翔，胡洋. Python 程序设计基础[M]. 北京：清华大学出版社，2022.
[4] 黑马程序员. Python 快速编程入门[M]. 2 版. 北京：人民邮电出版社，2021.